中国自主基础软件
技术与应用丛书

"十四五"时期国家重点出版物出版专项规划项目

Linux
网络程序设计
基于龙芯平台

赵洪 李兆斌 魏占祯 ◎编著

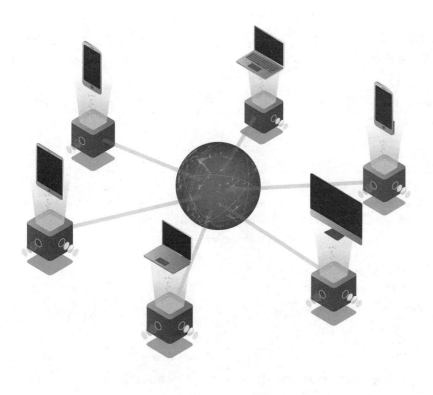

人民邮电出版社
北 京

图书在版编目（CIP）数据

Linux网络程序设计：基于龙芯平台 / 赵洪，李兆斌，魏占祯编著. -- 北京：人民邮电出版社，2024.4
（中国自主基础软件技术与应用丛书）
ISBN 978-7-115-62897-8

Ⅰ．①L… Ⅱ．①赵… ②李… ③魏… Ⅲ．①Linux操作系统－程序设计 Ⅳ．①TP316.85

中国国家版本馆CIP数据核字(2023)第192578号

内 容 提 要

本书着重阐述基于龙芯平台（龙芯 CPU 和 Loongnix 操作系统）的网络程序开发。本书首先介绍龙芯平台下的 C 语言编译工具链，包括 Loongnix 操作系统的安装、Loongnix 操作系统的基本使用方法、Loongnix 操作系统中 C 语言的编程工具和代码管理工具 Git；然后介绍在龙芯平台上基于编译工具链编写网络程序的相关知识，包括网络程序的基本原理，套接字应用程序接口的基本使用方法，多线程、多进程和 I/O 复用网络程序的编程方法，原始套接字的编程方法；最后通过一个综合性的网络软件项目案例，介绍使用 Qt 编写图形界面的网络程序的基本方法。

本书适合作为应用型普通高校的电子信息类专业、计算机科学与技术等专业的教材，也可作为高职院校相关专业的扩展教材。自主信息技术领域的相关技术人员也可将本书用作网络程序开发的参考资料。

◆ 编　著　赵　洪　李兆斌　魏占祯
　　责任编辑　赵祥妮
　　责任印制　陈　犇
◆ 人民邮电出版社出版发行　　北京市丰台区成寿寺路 11 号
　　邮编　100164　电子邮件　315@ptpress.com.cn
　　网址　https://www.ptpress.com.cn
　　三河市兴达印务有限公司印刷
◆ 开本：787×1092　1/16
　　印张：19.75　　　　　　　　2024 年 4 月第 1 版
　　字数：532 千字　　　　　　2024 年 4 月河北第 1 次印刷

定价：79.90 元

读者服务热线：(010)81055410　印装质量热线：(010)81055316
反盗版热线：(010)81055315
广告经营许可证：京东市监广登字 20170147 号

前　言

随着自主信息技术应用规模的不断扩大,培养熟练掌握相关技术的高水平人才成为当务之急,这对各高校信息技术人才的培养提出了新要求。目前,自主信息技术的相关教材还比较缺乏,这不利于相关人才的培养。

龙芯 CPU 及操作系统是自主信息技术的重要组成部分,已经在服务器、个人计算机、嵌入式系统领域得到广泛应用。本书的核心内容是介绍如何在龙芯操作系统 Loongnix 中编写网络程序,让读者既能学习 TCP/IP 网络程序设计的相关知识,又能掌握国产整机和操作系统的相关使用技能。

本书在讲解内容时力求浅显易懂,绝大部分的示例代码都是使用 C 语言编写的,读者只需具备 C 语言编程基础就可以学习本书。本书注重以实际项目中使用的方法来编写和管理源代码,比如组织多文件的源代码,以库的方式联合开发、管理代码版本,参与开源项目等。通过本书的学习,读者能够从一个编程语言的初学者,升级成为能够参与公司项目或某个开源项目的开发者。

本书提供了丰富的案例,每个案例都经过精心设计,力求以清晰的代码和详细的讲解来展示网络程序设计的原理和实现方式。通过这些案例,读者可以逐步建立起设计网络程序的信心,掌握解决问题的方法,从而在实际项目中更加自如地应用所学技能。

由衷希望本书能够成为读者学习网络程序设计和自主信息技术的良师益友,能够为读者打开自主创新之门,让读者在学习网络程序设计的旅程中快速成长,为推进我国自主信息技术体系的建设贡献一份力量。

由于编者水平所限,加之自主信息技术发展迅速,书中难免有不足之处,恳请广大读者批评指正。

资源与支持

资源获取

本书提供如下资源：

- PPT
- 教学讲义

要获得以上资源，您可以扫描下方二维码，根据指引领取。本书源代码下载请访问 https://gitee.com/zflood/net_code_demo。

提交勘误

虽然作者和编辑已尽最大努力来确保书中内容的准确性，但难免会存在疏漏。欢迎您将发现的问题反馈给我们，帮助我们提升图书的质量。

当您发现错误时，请登录异步社区（https://www.epubit.com），按书名搜索，进入本书页面，点击"发表勘误"，输入勘误信息，点击"提交勘误"按钮即可（见下图）。本书的作者和编辑会对您提交的勘误进行审核，若勘误被确认并接受，那么您将获赠异步社区的 100 积分。积分可用于在异步社区兑换优惠券、样书或奖品。

与我们联系

我们的联系邮箱是 contact@epubit.com.cn。

如果您对本书有任何疑问或建议，请您发邮件给我们，并在邮件标题中注明本书书名，以便我们更高效地做出反馈。

如果您对图书出版、教学视频录制、图书翻译、技术审校等工作有兴趣，也可以发邮件联系我们。

如果您所在的学校、培训机构或企业需要批量购买本书或异步社区出版的其他图书，也可以发邮件给我们。

如果您在网上发现有针对异步社区出品图书的各种形式的盗版行为，包括对图书全部或部分内容的非授权传播，请您将疑似有侵权行为的链接以邮件的形式发给我们。您的这一举动是对作者权益的保护，也是我们持续为您提供有价值的内容的动力之源。

关于异步社区和异步图书

"异步社区"（www.epubit.com）是由人民邮电出版社创办的 IT 专业图书社区，于 2015 年 8 月上线运营，致力于优质内容的出版和分享，为读者提供高品质的学习内容，为作译者提供专业的出版服务，实现作者与读者在线交流互动，以及传统出版与数字出版的融合发展。

"异步图书"是异步社区策划出版的精品 IT 图书的品牌，依托于人民邮电出版社在计算机图书领域 30 余年的发展与积淀。异步图书面向 IT 行业以及各行业使用 IT 技术的用户。

目　录

第 1 章

信创平台概述

1.1 信创 CPU 简介

中央处理器（Central Processing Unit，CPU）是信息产业中最基础的核心部件之一。指令集是计算机程序执行的基础单元功能集，是 CPU 产品生态体系的"基石"，可以分为复杂指令集和精简指令集两大类。其中，复杂指令集指令丰富，寻址方式灵活，以微程序控制器为核心，指令长度可变，功能强大，复杂程序执行效率高；精简指令集指令结构简单，易于设计，能够提高 CPU 的能效比。在现行的主流指令集架构中，x86 架构是复杂指令集的代表，而 ARM 架构、MIPS 架构和 Alpha 架构等是精简指令集的代表。

CPU 是支撑数字底座生态架构发展的基础，负责为整个计算机体系提供算力支撑，可通过与上层的操作系统紧密配合，实现软硬件的基础调度、控制与资源支持，是整个信创体系的"大脑"，也是决定信创底层发展逻辑的关键，更是我国软硬件实现自主可控的根本。

目前信创 CPU 有六大主流厂商：龙芯、飞腾、鲲鹏、海光、申威、兆芯。从指令集的角度看，主要可以分为以下 3 类。

① IP 内核授权：以兆芯为代表，获得的是 x86 内核层级的授权，可基于指令集系统进行单片系统（System on Chip，SoC）集成设计，具备良好的生态和性能起点。

② 指令集架构授权：以海光为代表，获得的是 x86 架构授权；以鲲鹏和飞腾为代表，获得的是 ARM 架构授权，可基于指令集架构进行核心 CPU 设计，安全可控程度较高。

③ 指令集架构授权+自研：以龙芯和申威为代表，分别获得的是 MIPS 架构和 Alpha 架构授权，并进行了自主研发，形成自有的指令集架构，安全可控程度非常高。龙芯中科技术股份有限公司（简称龙芯）已经推出自主指令系统龙架构（LoongArch），成为底层自主化程度非常高的信创 CPU 厂商。

1.1.1 龙芯 CPU

龙芯在指令系统上实现了自主创新。2020 年，龙芯推出了自主指令系统 LoongArch。2021 年 7 月初，公司信息化业务已经转向基于龙芯自主指令系统 LoongArch 的 3A5000 系列处理器，工控业务也开始转向基于 LoongArch 的系列处理器的研发。2023 年，高性能 CPU 龙芯 3A6000 开始交付流片并发布。作为数字经济产业底层技术生态首个完全自主的芯片产品，龙芯 3A6000 对我国自主设计 CPU 具有重要意义。

　　龙芯研制的芯片包括龙芯一号、龙芯二号、龙芯三号三大系列处理器芯片及桥片等配套芯片。

　　① 龙芯一号系列：低功耗、低成本的专用嵌入式 SoC 或微控制单元（Microcontroller Unit，MCU），通常集成 1 个 32 位低功耗处理器核心，用于物联网终端、仪器设备、数据采集等嵌入式专用领域。

　　② 龙芯二号系列：低功耗通用处理器芯片，采用单芯片 SoC 设计，通常集成 1～4 个 64 位低功耗处理器核心，用于工业控制领域和终端等设备，如网络设备、行业终端、智能制造等。

　　③ 龙芯三号系列：高性能通用处理器芯片，通常集成 4 个及以上 64 位高性能处理器核心，与桥片配套使用，用于桌面和服务器等信息化领域。

　　④ 配套芯片：包括桥片及正在研发、尚未实现销售的电源芯片、时钟芯片等，其中桥片主要与龙芯三号系列处理器芯片配套使用和销售，电源芯片和时钟芯片主要与龙芯二号、龙芯三号系列处理器配套使用。龙芯一号、龙芯二号、龙芯三号系列处理器芯片及配套芯片的主要客户是板卡厂商、整机厂商。

1.1.2　其他信创 CPU

　　鲲鹏 CPU 是华为自主研发的一款处理器，基于 Armv8 架构。它获得指令集架构授权，并且处理器核心、微架构和芯片均由华为自主设计，具有较高的自主化程度。鲲鹏 CPU 在兼容性方面没有指令翻译环节，可以直接运行 ARM 架构的应用软件，无须进行指令转换。这意味着它在运行过程中没有性能损失，可以充分发挥 ARM 架构的性能优势。

　　海光 CPU 主要通过超威半导体公司（Advanced Micro Devices，AMD）获得了 Zen1 架构和 x86 架构的永久使用权，兼容 x86 架构，性能与国际同类型主流处理器产品相当，支持国内外主流操作系统、数据库、虚拟化平台或云计算平台，能够有效兼容目前存在的数百万款基于 x86 架构的系统软件和应用软件，具有生态系统优势。此外，海光 CPU 支持国密算法，扩充了安全算法指令，集成了安全算法专用加速电路，支持可信计算，提升了安全性。

　　飞腾 CPU 基于 Armv8 架构，获得指令集架构授权，芯片产品主要分为高性能服务器芯片、桌面芯片和高端嵌入式芯片。飞腾桌面芯片采用自主研发的高能效处理器核心，芯片性能卓越、功耗适度，最新产品内置硬件级安全机制，能够同时满足信息化领域对性能、能耗比和安全性的应用需求。

　　兆芯 CPU 是一种基于 x86 架构的处理器，具备 x86 架构授权。兆芯通过合资公司获得了 x86 架构授权。这使得兆芯在 x86 生态方面具有一定的优势。

　　申威 CPU 是由国家高性能集成电路（上海）设计中心（简称上海高集中心）研制的处理器，其设计基于美国数字设备公司（Digital Equipment Corporation，DEC）的 Alpha 架构。申威 CPU 在 Alpha 架构的基础上进行了指令集扩展和微结构的自主创新，以满足特定需求和提高性能。申威 CPU 成功应用在国产超级计算机中，标志着中国在高性能计算领域的自主研发和创新能力的提升。

1.2　Linux 及信创操作系统

1.2.1　Linux 操作系统简介

Linux 是一个自由开放源代码的类 UNIX 操作系统，最初由林纳斯·托瓦尔兹（Linus Torvalds）和众多爱好者共同开发完成。它的内核（Linux 内核）是其核心组成部分，完整的 Linux 操作系统是由 Linux 内核及各种软件、工具和数据库（如 GNU 工具链）组成的。

虽然严格来说，Linux 操作系统只指代 Linux 内核，但习惯上人们将基于 Linux 内核的整个操作系统统称为 Linux。

Linux 操作系统基于可移植操作系统接口（Portable Operating System Interface，POSIX）和 UNIX 标准，并具有支持多用户、多任务、多线程和多 CPU 的特性。它能够支持主要的 UNIX 工具软件、应用程序和网络协议，并且支持 32 位和 64 位硬件。Linux 的设计思想是以网络为核心，具有稳定性和性能优势，适用于各种设备和系统。

虽然存在许多不同的 Linux 发行版，但它们都使用了 Linux 内核，并在此基础上添加了各自的软件包和配置。Linux 可以安装在各种硬件设备上，包括手机、平板计算机、路由器、游戏控制台、台式计算机、大型机和超级计算机。

1.2.2　Linux 与 Windows 的差异

Linux 和 Windows 是两种不同的操作系统，它们在许多方面存在差异，其中主要体现在开源性、成本、软件兼容性、用户界面和稳定性等方面。

第一，开源性是 Linux 和 Windows 之间的一大差异。Linux 是一种开源的操作系统，源代码可以被任何人访问、修改和共享。这使得 Linux 具有更高的自由度和可定制性，用户可以根据需求来定制和优化 Linux 操作系统。而 Windows 则是一种源代码封闭的操作系统，只有微软公司能够访问和修改其源代码，用户不具有修改和定制的自由度。

第二，Linux 和 Windows 之间存在成本差异。Linux 是开源的，可以免费下载、使用和分发，这使得它在成本方面具有优势。而使用 Windows 时用户需要购买授权，需要支付一定的费用才能合法使用。相比之下 Linux 在个人用户和小型企业中更具优势。

第三，软件兼容性是 Linux 和 Windows 之间的一大差异。大多数软件开发商会将它们的应用程序优先开发为 Windows 版本，因为 Windows 在桌面市场上占据主导地位。而 Linux 上的应用程序则需要针对不同的 Linux 发行版进行优化，应用程序的迭代、更新较慢。尽管如此，Linux 上也有许多流行的应用程序，并且随着 Linux 用户群的增长，越来越多的软件开发商开始为 Linux 开发应用程序。

第四，用户界面也是 Linux 和 Windows 之间的一大差异。Windows 通常使用图形用户界面（Graphical User Interface，GUI），而 Linux 通常提供多种用户界面供用户选择，包括命令行界面（Command-Line Interface，CLI）和 GUI。这使得 Linux 更加灵活，可以适应不同类型的用户需求。

第五，稳定性也是 Linux 和 Windows 之间的重要差异。Linux 通常被认为比 Windows 更加稳定，不容易出现系统崩溃和受到恶意软件攻击。这是因为 Linux 内核的设计和管理方式使它更加健壮和安全。而 Windows 则存在一些安全漏洞和稳定性问题，需要定期更新以确保系统的安全和稳定。

总之，虽然 Linux 和 Windows 之间存在一些差异，但它们各自都有自己的优点和适用场景。用户可以根据自己的需求和偏好来选择适合自己的操作系统。

1.2.3　常见的 Linux 发行版

Linux 发行版是指将 Linux 内核与各种软件组合打包成的可供用户安装和使用的操作系统。Linux 内核是开源的，因此任何人都可以基于它构建自己的操作系统，这就导致了众多的 Linux 发行版的产生。Linux 发行版为用户提供整合了内核和必要软件的打包版本，使得用户可以更加便捷地使用 Linux 操作系统。具体来说，Linux 发行版的作用包括以下几点。

① 提供方便的安装程序和管理工具。Linux 发行版通常包含方便的安装程序和管理工具，可以帮助用户轻松地安装和升级软件包、管理系统配置等。

② 提供软件包管理系统。Linux 发行版通常会提供软件包管理系统，用户可以方便地从中心仓库下载并安装软件包。用户无须手动下载和编译软件包，同时也可以避免软件之间的兼容性问题。

③ 提供统一的用户界面。Linux 发行版通常会提供统一的用户界面，用户可以更加轻松地使用 Linux 操作系统。

④ 提供社区和技术支持。许多 Linux 发行版都有强大的社区和技术支持，使得用户可以提出问题并获得帮助。这些社区通常由开发者和用户组成，提供文档、教程和论坛等资源，帮助用户共同学习和解决问题。

总之，Linux 发行版的作用在于为用户提供方便、稳定、易用的 Linux 操作系统。但是 Linux 操作系统的种类很多，对应的具体发行版种类也很多。我们该如何区分不同的 Linux 发行版呢？包管理器是区分不同 Linux 发行版种类的关键，它是一种软件包管理工具，可以自动安装、升级、卸载软件包，以及处理依赖关系。不同的 Linux 发行版使用不同的包管理器。

这里简单介绍 4 个主要的 Linux 发行版 "家族成员"：Debian、Red Hat、SUSE、Arch。

① Debian 是一个非常受欢迎的、自由和开源的 Linux 发行版，由一个志愿者社区维护并提供技术支持。Debian 的主要目标是为用户提供功能齐全、自由和高质量的操作系统。它秉承自由软件的理念，鼓励用户自由使用、修改和分发软件。Debian 的软件仓库包含数以万计的软件包，涵盖几乎所有常见的应用程序和工具。Debian 的包管理器是 dpkg 和高级包装工具（Advanced Package Tool，APT）。这个组合使得用户可以方便地安装、升级和管理软件包，同时处理依赖关系，确保系统的稳定性和一致性。Debian 还提供多种桌面环境选择，包括 GNOME、KDE Plasma、Xfce 和 LXQt 等。这些桌面环境为用户提供了友好的图形界面，使得用户可以轻松地完成日常任务和定制。Debian 社区提供了广泛的文档和技术支持，包括官方手册、邮件列表、互联网中继交谈（Internet Relay Chat，IRC）和论坛等。这些资源确保用户可以分享经验、获得帮助并解决问题。Debian 以其长期支持（Long Term Support，LTS）计划和稳定版本的发布模式而闻名，其稳定版本经过了严格的测试和验证，以确保高度的稳定性和安全性。这使得 Debian 在服务器和桌面应用程序中都有广泛的应用。

② Red Hat 是一种商业化的 Linux 发行版，以稳定、可靠和安全的特性而闻名。它可提供商业支持和服务，为企业提供广泛的解决方案。Red Hat 的包管理器 YUM（Yellowdog Updater Modified）和 RPM（Red Hat Package Manager）是其常用的软件包管理工具。它们使用户能够方便地安装、升级和删除软件包，并管理系统的依赖关系。Red Hat Enterprise Linux（RHEL）是 Red Hat 的主要产品，专为企业级应用程序而设计。RHEL 提供了广泛的功能和工具，以满足企业对高性能、高可靠性和安全性的需求。RHEL 还受到许多行业标准和规范的认可，成为许多企业首选的操作系统。

③ SUSE 是一种商业化的 Linux 发行版，以稳定、可靠和安全的特性受到许多企业用户的青睐。SUSE 提供了广泛的企业级解决方案，涵盖多个领域，包括服务器、云计算、高性能计算、虚拟化和存储等。SUSE 的产品组合包括 SLES（SUSE Linux Enterprise Server）、SLED（SUSE Linux Enterprise Desktop）和 SLERT（SUSE Linux Enterprise Real Time）等。SLES 是 SUSE 的主要产品，被广泛用于企业级应用程序中，例如数据库服务器、文件服务器、Web 服务器和应用程序服务器等。SLES 注重稳定性、可靠性和安全性，并可提供 LTS 版本，因此企业能够在生产环境中使用 SLES 并获得持续的支持和更新。SUSE 使用 RPM 作为其主要的包管理器，并提供了名为 Zypper 的命令行工具和图形界面工具来管理软件包。RPM 包管理器是一种常见的、被广泛使用的包管理器。

④ Arch 是一种流行的基于滚动更新的 Linux 发行版，以简洁、灵活和定制的特性受到许多 Linux 用户的喜爱。Arch 的设计目标是提供简单、现代、轻量级和用户定制的 Linux 发行版。与其他 Linux 发行版不同，Arch 没有预装默认的桌面环境或窗口管理器，这意味着用户可以自由选择他们喜欢的桌面环境、窗口管理器或其他组件来构建理想的工作环境。Arch 的包管理器被称为 Pacman（Package Manager），它是一个强大而简单的工具，用于安装、升级和管理软件包，使得用户可以轻松地从官方软件仓库或第三方软件仓库中获取所需的软件包，并自动处理依赖关系。

总之，Debian、Red Hat、SUSE 和 Arch 都是流行的 Linux 发行版，都有自己独特的特点和用途。Debian 以自由和开源的特性、LTS 计划和稳定版本的发布模式而闻名。Red Hat 和 SUSE 以商业支持和服务、稳定性和安全性而闻名，并被广泛用于企业级应用程序中。Arch 则以灵活、定制和滚动更新的特性而闻名，适合那些希望构建自己应用程序的定制化用户。Linux 发行版为用户提供了不同的选择，使得用户可以根据自己的需求和习惯选择适合自己的 Linux 操作系统。同时，Linux 发行版也为开发者提供了广阔的平台，使其可以在不同的 Linux 发行版上开发和测试应用程序。

1.2.4 信创操作系统

2020 年，龙芯基于近 20 年的 CPU 研发和生态建设经验推出了 LoongArch 架构，包括基础架构部分和向量指令、虚拟化、二进制翻译等扩展部分，涉及近 2000 条指令。LoongArch 架构具有较好的自主性、先进性与兼容性。从整个架构的顶层规划，到各部分的功能定义，再到每条指令的编码、名称、含义，都进行了自主设计。LoongArch 架构摒弃了传统指令系统中部分不适应当前软硬件设计技术发展趋势的陈旧内容，吸纳了近年来指令系统设计领域中诸多先进的技术发展成果。同原有兼容指令系统相比，LoongArch 构架不仅在硬件方面更易于实现高性能、低功耗设计，而且在软件方面更易于实现编译优化和操作系统、虚拟机的开发。LoongArch 架构在设计时充分考虑了兼容生态需求，融合了国际主流指令系统的主要功能特性，同时依托龙芯团队在二进制翻译方面 10 余年的技术积累、创新经验，能够实现多种国际主流指令系统的高效二进制翻译。龙芯从 2020 年起研发的 CPU 均支持 LoongArch 架构。

如今，LoongArch 架构已得到国际开源软件界的广泛认可与支持，成为与 x86、ARM 并列的顶层开源生态系统，获得大量开源社区的支持。指令系统是软件生态的起点，只有从指令系统的根源上实现自主，才能打破软件生态发展受制于人的瓶颈。LoongArch 架构的推出，是龙芯长期坚持自主研发理念的重要成果体现，是全面转向生态建设历史关头的重大技术跨越。

Loongnix 操作系统是龙芯开源社区推出的一款基于 Linux 内核，并针对 LoongArch 架构进行优化和定制的操作系统。其作为龙芯软件生态建设的成果验证和展示环境，集成了内核、工具链、龙芯浏览器、Java 虚拟机、音视频库、图形库、云计算、打印机驱动等操作系统基础设施方面的最新研发成果，可直接应用于日常办公、生产、生活等应用环境。编者编写此书时 Loongnix 最新的桌面版本为 Loongnix-20.3.loongarch64，该版本支持的 GNU 编译器套件（GNU Compiler Collection，GCC）的最高版本为 8.3.0。此版本的 GCC 已经可以比较完整地支持 C++17 的特性。Loongnix 支持的 GNU 调试器（The GNU Project Debugger，GDB）的最高版本为 8.1.50。目前支持的 GCC 和 GDB 版本都不是最新的，但完全可满足 C 语言开发需求。

Loongnix 实行"以开源社区版为基础支持商业版和定制版发展"的生态模式，即龙芯发布开源的社区版操作系统 Loongnix，以此作为技术和产品源头，一方面支持品牌操作系统厂商研发其商业版产品，另一方面支持云厂商、原始设备制造商（Original Equipment Manufacturer，OEM）等企业根据需求研发其定制版产品。

Loongnix 包括 Loongnix-Server、Loongnix-Client 和 Loongnix-Cloud 这 3 个产品系列，分别面向服务器、个人计算机和云计算领域。

Loongnix 的发展采用了"遵循统一系统架构和规范 API"的技术路线。其中"系统架构"是操作系统和整机硬件间的界面，"API"是操作系统与应用软件间的界面。基于《龙芯 CPU 统一系统架构规范》，龙芯发布支持高级配置和电源管理接口（Advanced Configuration and Power Management Interface，ACPI）标准的统一可扩展固体接口（Unified Extensible Firmware Interface，UEFI）固件和系统，实现操作系统跨主板整机兼容和 CPU 代际兼容，达到"任意一套龙芯操作系统都可以安装在不同厂商、不同时期的龙芯整机"的目标。龙芯为此建立了专业团队，研发和维护 Java 虚拟机、浏览器、图形库等重要应用程序接口（Application Program Interface，API），通过规范 API 建立操作系统平台对 API 环境支持的版本识别度，在技术创新的同时保持 API 兼容。

在云计算方面，龙芯平台完全支持 OpenStack/KVM、Docker/Kubernetes 等典型云计算方案，已经发布了 Loongnix 和 Alpine 等龙芯平台操作系统容器镜像，用户可以直接下载使用。

第 **2** 章

龙芯信创平台

2.1 龙芯桌面计算机硬件平台

龙芯桌面计算机硬件平台是由我国自主研发的龙芯处理器和相关硬件组成的一款桌面计算机平台。本章以基于龙芯 CPU（3A5000）的整机为例来对该平台进行详细介绍。

① 龙芯处理器：龙芯 3A5000/3B5000（3A6000 也已研制成功）是面向个人计算机、服务器等信息化领域的通用处理器，基于龙芯自主指令系统的 LA464 微结构，并进一步提升频率、降低功耗、优化性能。其在与龙芯 3A4000 处理器保持引脚兼容的基础上，将频率提升至 2.5GHz，功耗降低 30% 以上，性能提升 50% 以上。龙芯 3B5000 在龙芯 3A5000 的基础上支持多路互连。

② 桥片：龙芯 7A2000 是面向服务器及个人计算机领域的第二代龙芯三号系列处理器配套桥片。龙芯 7A2000 在第一代桥片 7A1000 的基础上进行了优化升级。首先，PCIE、USB 和 SATA 均升级为 3.0；其次，显示接口升级为 2 路 HDMI 和 1 路 VGA，可直连显示器；然后，内置 1 个网络 PHY，直接提供网络端口输出；最后，片内首次集成自研图形处理单元（Graphics Processing Unit，GPU），采用统一渲染架构，搭配 32 位 DDR4 显存接口，最大支持 16GB 显存容量。

③ 主板：主板输入输出（Input/Output，I/O）处提供 1 个 VGA 视频口，1 个串行 COM 接口，4 个 USB 2.0 接口，2 个 USB 3.2 Gen1 5Gbit/s 接口，1 个有线网口。

④ 显卡：龙芯桌面计算机硬件平台支持的基于国产 GPU 芯片的显卡。例如长沙景美集成电路设计有限公司推出的国产 GPU 芯片 JM7201 和基于该芯片的显卡。JM7201 具有完全自主知识产权，填补了桌面计算机系统国产显卡核心芯片的空白。JM7201 采用 28nm 互补金属氧化物半导体（Complementary Metal Oxide Semiconductor，CMOS）工艺，支持 4K 超高清显示，支持 4 路独立显示输出，支持多屏同时输出，可提供多种丰富的外设接口，可高效完成二维、三维图形加速；支持 H.264、VC-1、VP8、MPEG2 和 MPEG4 等格式高清视频硬件解码，在运行桌面计算机系统时可将 CPU 资源占用率降至最低，可提供符合 OpenGL 规范的驱动程序。

⑤ 存储：龙芯桌面计算机硬件平台的存储方案采用固态硬盘，它拥有更快的读写速度和更低的延迟，可以提供更快的系统启动速度和更快的应用程序响应速度。在"2022 全球闪存峰会"上，长江存储科技有限责任公司（简称长江存储）正式推出基于晶栈 3.0 的 232 层三维闪存。长江存储的 232 层存储器的推出，标志着中国在存储器领域第一次达到了国际领先水平。

⑥ 内存：采用了 2 根 8GB、DDR4 且频率为 3200MHz 的国产内存条。长鑫存储技术有限公

司是中国规模最大、技术最先进的动态随机存储器（Dynamic Random Access Memory，DRAM）设计制造一体化企业，其 DRAM 产品广泛应用于移动终端、计算机、服务器、虚拟现实和物联网等领域。

⑦ 其他硬件：除了以上提到的硬件之外，龙芯桌面计算机硬件平台还包括声卡、网卡等其他硬件。这些硬件都采用了国产元器件，具有良好的兼容性和稳定性。

总体来说，龙芯桌面计算机硬件平台是由我国自主研发的硬件平台，它具有性能高、功耗低、稳定性好等特点。该平台的推出标志着我国在计算机硬件领域取得了重要的进展。

2.2 Loongnix 操作系统

本书中所使用的操作系统为 Loongnix 操作系统。在龙芯 3A5000 桌面计算机安装 Loongnix-20.3.loongarch64 操作系统的方式有 3 种，分别为 DVD 安装、U 盘安装和网络安装。本节以 U 盘安装为示例进行讲解。

这里建议使用容量大于 4GB 的 U 盘，用户从 Loongnix 镜像站点下载系统镜像后，在 Linux 下使用 dd 命令制作、安装 U 盘。镜像制作命令如下。

```
dd   if=镜像文件地址   of=/dev 下识别的 U 盘设备 bs=8M   &&   sync
```

下载的镜像文件地址为 "/home/loongson/Loongnix-20.3.livecd.mate.loongarch64.iso"，系统识别的 U 盘设备为 "/dev/sdb"（可通过 fdisk -l 或者 lsblk 命令查看）。在 Linux 操作系统的终端中执行镜像制作命令 " dd   if=/home/loongson/Loongnix-20.3.livecd.mate.loongarch64.iso   of=/dev/sdb bs=8M && sync"，就可以完成镜像制作。

Loongnix 桌面版镜像有 mate 主题版本和 cartoon 主题版本。本节以 cartoon 主题版本的安装步骤为例进行讲解。mate 主题版本的 ISO 安装步骤与 cartoon 主题版本的安装步骤类似。

1. 引导和开始安装

主机启动后，基本输入输出系统（Basic Input/Output System，BIOS）从 U 盘或 DVD-ROM 引导启动系统，出现引导程序界面，如图 2-1 所示。

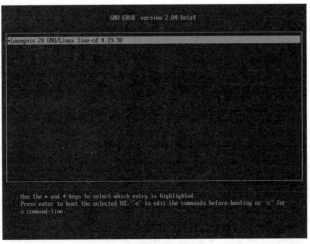

图 2-1   引导程序界面

2. 单击安装程序

选择内核引导后，系统启动并进入桌面（见图 2-2），可单击桌面上的 Install Loongnix-Desktop 安装程序开始安装。

图 2-2 系统桌面

3. 选择语言

安装程序自动检测，并选好符合当前环境的安装器语言，也可切换成其他语言。选好语言后，如图 2-3 所示，单击"下一步"即可。

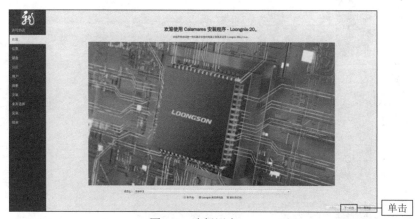

图 2-3 选择语言

4. 选择地区、系统语言等

选择地区、系统语言、数字和日期地域，也可直接在地图中单击"区域"；同时安装程序检测并选好符合当前环境的设置，也可切换成想要更改的其他设置。选好后，单击"下一步"。

5. 选择键盘布局

安装器会自动检测出适合当前环境的键盘布局，建议选择安装器检测出的键盘布局，如图 2-4 所示，直接单击"下一步"。

6. 开始分区

选择分区，安装器可提供 3 种安装系统的方式：抹除磁盘（新手推荐）、取代一个分区、手动分区。图 2-5 所示为默认分区格式和默认文件系统安装（新手推荐），选好后单击"下一步"。

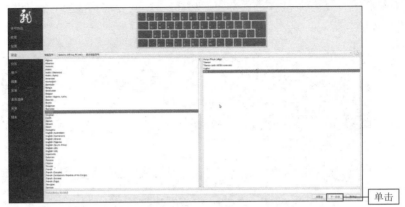

图 2-4　选择键盘布局

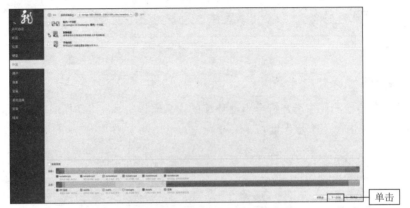

图 2-5　默认分区格式和默认文件系统安装

　　图 2-6 所示为取代一个分区，Loongnix 操作系统将取代一个分区，该分区的大小至少为 10GB 才可用于安装 Loongnix 操作系统。

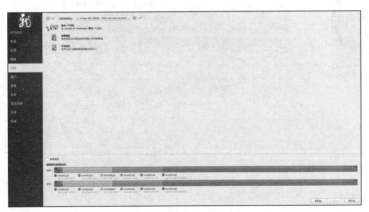

图 2-6　取代一个分区

　　图 2-7 所示为手动分区，单击"手动分区"，然后单击"下一步"，即可出现此界面，可按照所需要的分区方式进行分区。注意：必须先分/boot 分区，文件系统类型建议使用 ext。分区完成后单击"下一步"。如果 BIOS 为 uefi bios，需要增加/boot/efi 分区，/boot/efi 分区需要设置成 fat32 格

式，大小为 4GB 左右即可。

图 2-7　手动分区

7. 新建一个用户

新建一个用户，用来登录操作系统。设置用户名和密码后，如图 2-8 所示，单击"下一步"。

图 2-8　新建一个用户

8. 安装基本系统

在设置完所有的配置项之后，会出现一个确认界面，显示之前设置的配置项。再次确认无误后，如图 2-9 所示，单击"安装"。

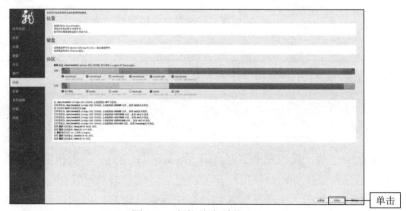

图 2-9　安装基本系统

图 2-10 所示为正在安装界面，请耐心等候。

图 2-10　正在安装界面

9. 完成安装并重启

图 2-11 所示为系统安装完成界面，如需直接使用新系统，则勾选"现在重启"，然后单击"完成"即可；反之，取消勾选"现在重启"，单击"完成"。

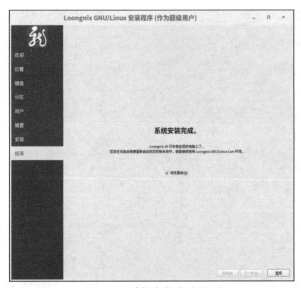

图 2-11　系统安装完成界面

2.3　Loongnix 操作系统使用入门

2.3.1　常用命令

在介绍常用命令之前，我们先来了解 GUI 与 CLI。GUI 是一种人机交互方式，通过图形化的方式向用户展示信息和操作界面，使得用户可以更加方便、直观地使用计算机系统。GUI 通常包括窗口、菜单、按钮、图标、滚动条等各种可视化元素，用户可以通过鼠标、键盘等输入设备与这些元素进行交互，完成各种操作。如今，GUI 已经成为现代操作系统和应用程序的标准用户界面，是计算机系统不可或缺的一部分。CLI 是一种计算机用户界面，通过命令行来向计算机系统发送指令，控制系统进行各种操作。CLI 通常是一个简单的文本界面，用户需要手动输入命令，按 Enter 键后计算机才会执行对应的操作。与 GUI 相比，CLI 更加高效、灵活，能够在大多数操作系统中使用，尤其在服务器和网络设备管理等领域得到广泛应用。

虽然 GUI 在计算机系统中已经成为标准用户界面，但 CLI 仍然具有其独特的优势，具体如下。

① 自动化操作。CLI 可以通过脚本和批处理文件等方式，实现自动化操作；相比之下，GUI 通常需要手动操作，无法进行自动化操作。

② 远程管理。CLI 可以通过安全外壳（Secure Shell，SSH）等协议，远程管理服务器和网络设备，不需要图形化界面的支持，从而提高了管理效率。

③ 系统维护。CLI 可以提供更加丰富的系统维护和故障排除工具，如各种命令行工具和脚本等，便于开发者和系统管理员进行系统维护。

④ 资源占用。相比 GUI，CLI 的资源占用更少，在性能受限的系统上运行更加流畅。

⑤ 精确控制。通过 CLI，系统可以直接执行命令，精确控制系统的各种操作，相比于通过 GUI，控制更加灵活和精确。

综上所述，虽然 GUI 提供了更加直观的用户交互方式，但在某些场景下，CLI 仍然是必不可少的应用工具。CLI 可以帮助用户更加高效地完成各种操作，更好地理解计算机系统的工作原理和内部机制。

Linux 文件系统采用一种类似于树形结构的层级结构，"树根"为"/"，所有文件和目录都位于根目录下。在 Linux 文件系统中，目录和文件都可以使用字母、数字和特殊字符命名，其中有一些字符是有特殊含义的。例如，"."表示当前目录，".."表示上级目录，"/"表示路径分隔符。这种文件结构可以让用户更加方便地组织和管理文件，同时也可以为系统管理和维护提供便利。需要注意的是，Linux 文件系统的文件名是区分大小写的。

Loongnix 操作系统 GUI 形式的根目录如图 2-12 所示。

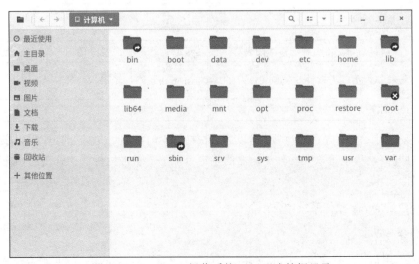

图 2-12　Loongnix 操作系统 GUI 形式的根目录

Loongnix 操作系统 CLI 形式的根目录如图 2-13 所示。

```
总用量 17
lrwxrwxrwx   1 root root    7 6月   15  2022 bin -> usr/bin
drwxr-xr-x   5 root root 1024 6月   15  2022 boot
drwxr-xr-x   6 root root   52 10月  11 22:02 data
drwxr-xr-x  17 root root 3600 3月   20 08:17 dev
drwxr-xr-x 138 root root 8192 3月   20 08:18 etc
drwxr-xr-x   3 root root   17 1月   27 18:08 home
lrwxrwxrwx   1 root root    7 6月   15  2022 lib -> usr/lib
drwxr-xr-x   2 root root   69 6月   15  2022 lib64
drwxr-xr-x   3 root root   17 10月  12 08:07 media
drwxr-xr-x   2 root root    6 6月   15  2022 mnt
drwxr-xr-x   8 root root  108 11月  12 20:43 opt
dr-xr-xr-x 255 root root    0 3月   20 08:17 proc
drwxr-xr-x   2 root root    6 10月  11 22:02 restore
drwx------   9 root root  175 2月   20 11:01 root
drwxr-xr-x  26 root root  880 3月   20 08:18 run
lrwxrwxrwx   1 root root    8 6月   15  2022 sbin -> usr/sbin
drwxr-xr-x   2 root root    6 6月   15  2022 srv
dr-xr-xr-x  12 root root    0 3月   20 08:17 sys
drwxrwxrwt  15 root root 4096 3月   20 09:43 tmp
drwxr-xr-x  12 root root  132 6月   15  2022 usr
drwxr-xr-x  11 root root  139 6月   15  2022 var
zzx@zzx-pc:/$
```

图 2-13　Loongnix 操作系统 CLI 形式的根目录

Loongnix 的主要目录及其说明如表 2-1 所示。

表 2-1　Loongnix 的主要目录及其说明

目录	说明	目录	说明
bin	常用系统命令的可执行文件	sbin	需要管理员权限的命令
boot	系统启动所需文件	srv	服务所需数据目录
dev	硬件设备相关文件	tmp	临时文件目录
etc	配置文件	media	挂载目录、媒体设备（光盘）
home	用户目录，每个用户在这个目录下有自己单独的子目录	usr	应用程序目录
lib	库文件，如动态链接库和静态链接库	var	系统运行时的一些动态变化文件,比如日志、缓存等
lib64	64 位的库文件	proc	主要保存系统信息和进程信息,提供给程序运行时访问
mnt	挂载目录，比如 U 盘、移动硬盘等	sys	主要保存与内核有关的运行信息
opt	一般作为第三方软件安装位置	lost+found	系统意外崩溃时产生的文件,用于系统恢复
root	root 用户目录		

在 GUI 下使用终端的方式有两种：可以通过快捷键 Ctrl + Alt + T 或者在应用程序菜单中找到终端程序来打开终端；也可以在文件浏览器的特定目录下，右击鼠标，在弹出的快捷菜单中选择在"终端中打开"。

下面介绍 Loongnix 操作系统中常用的命令。

1. ls 命令

ls 命令的作用是列出指定目录中的文件和子目录。例如，在终端中执行 ls 命令，会输出当前目录下的文件和子目录的列表。如果想查看指定目录下的文件和子目录，可以将目录路径作为 ls 命令的参数。ls 命令也支持各种选项和参数，可用于控制输出格式、排列顺序、过滤特定类型的文件等。例如，可以使用"ls -l"命令以长格式显示目录中的文件和子目录，或使用"ls -a"命令显示所有文件和子目录，包括隐藏文件。相比于"ls -l"命令的执行结果，"ls -a"命令的执行结果中有很多以"."开头的文件和子目录，在 Loongnix 操作系统中以"."开头的文件和子目录是隐藏的。

演示如下。

```
:~$ ls
公共    视频    文档    音乐    chapter2    chapter4    Code    openssl-1.1.1d
模板    图片    下载    桌面    chapter3    chapter9    GmSSL   sensors
:~$ ls -a
.                  .bash_logout   .dmrc              sensors
..                 .bashrc        .gitconfig         .ssh
公共               .cache         GmSSL              .sunlogin
模板               chapter2       .gnupg             .sunpinyin
视频               chapter3       .ICEauthority      .tmux.conf
图片               chapter4       .local             .viminfo
文档               chapter9       openssl-1.1.1d     .vimrc.swp
下载               Code           .pki               .vscode
音乐               .config        .presage           .Xauthority
桌面               .dbus          .profile           .xsession-errors
.bash_history      .designer      .rpmdb             .xsession-errors.old
:~$ ls -l
总用量 12
drwxr-xr-x  2 zzx  zzx     6 10月  11  2022 公共
drwxr-xr-x  2 zzx  zzx    89 6月   15  2022 模板
drwxr-xr-x  2 zzx  zzx     6 10月  11  2022 视频
drwxr-xr-x  2 zzx  zzx     6 10月  11  2022 图片
drwxr-xr-x  4 zzx  zzx    38 11月  14  2022 文档
drwxr-xr-x  3 zzx  zzx  4096 7月   11 16:47 下载
drwxr-xr-x  2 zzx  zzx     6 10月  11  2022 音乐
drwxr-xr-x 11 zzx  zzx  4096 7月   13 11:04 桌面
drwxr-xr-x  3 zzx  zzx    50 4月    9 18:30 chapter2
drwxr-xr-x 17 zzx  zzx   274 10月  30  2022 chapter3
drwxr-xr-x 14 zzx  zzx   200 7月   12 16:56 chapter4
drwxr-xr-x  7 zzx  zzx    97 4月   13 08:12 chapter9
drwxr-xr-x  7 zzx  zzx   116 4月   11 15:53 Code
drwxr-xr-x 25 root root 4096 11月  13  2022 GmSSL
drwxr-xr-x  3 zzx  zzx    28 11月  14  2022 openssl-1.1.1d
drwxr-xr-x  2 zzx  zzx    22 6月    9 10:04 sensors
```

还可以将"ls -a"和"ls -l"两个命令结合起来（ls -al）使用，以长格式显示目录中的所有文件和子目录。

演示如下。

```
:~$ ls -al
总用量 20824
drwxr-xr-x 31 zzx  zzx   4096 7月   12 22:25 .
drwxr-xr-x  3 root root    17 1月   27 18:08 ..
drwxr-xr-x  2 zzx  zzx     6 10月 11  2022 公共
drwxr-xr-x  2 zzx  zzx    89 6月  15  2022 模板
drwxr-xr-x  2 zzx  zzx     6 10月 11  2022 视频
drwxr-xr-x  2 zzx  zzx     6 10月 11  2022 图片
drwxr-xr-x  4 zzx  zzx    38 11月 14  2022 文档
drwxr-xr-x  3 zzx  zzx  4096 7月  11 16:47 下载
drwxr-xr-x  2 zzx  zzx     6 10月 11  2022 音乐
drwxr-xr-x 11 zzx  zzx  4096 7月  13 11:05 桌面
-rw-------  1 zzx  zzx 26811 7月  12 22:25 .bash_history
-rw-r--r--  1 zzx  zzx   220 1月  28  2022 .bash_logout
-rw-r--r--  1 zzx  zzx  3869 11月 12  2022 .bashrc
```

```
drwxr-xr-x 14 zzx   zzx       4096 7月     12 08:01 .cache
drwxr-xr-x  3 zzx   zzx         50 4月      9 18:30 chapter?
......
```

可以使用"ls -l filename"命令查看 filename 文件详情。

演示如下。

```
:~$ ls -l .config/monitors.xml
-rw-r--r-- 1 zzx zzx 557 10月27  22:09 .config/monitors.xml
```

使用"ls -l .config/monitors.xml"命令输出文件.config/monitors.xml 的详细信息时,可以看到文件的信息分为了 7 列。

- 第一列为"-rw-r--r--",该列表示文件的访问权限。文件的权限包括 3 个部分,分别对应文件所有者、文件所有者所在的组和其他用户。第一个字符表示文件类型,例如"-"表示普通文件、"d"表示目录等。接下来的 3 组字符(每组 3 个字符)分别表示文件所有者、文件所有者所在的组和其他用户对文件的读、写和执行权限,其中"r"表示可读,"w"表示可写,"x"表示可执行,"-"表示没有该权限。所以"-rw-r--r--"的意思就是文件是普通文件,文件所有者有读、写权限,文件所有者所在的组和其他用户只有读的权限。

- 第二列为"1",该列表示硬链接计数,即指向文件的硬链接数量,如果文件没有硬链接,该列为"1"。

- 第三列为"zzx",该列表示文件所有者的名称。

- 第四列为"zzx",该列表示文件所有者所在组的名称。

- 第五列为"557",该列表示文件大小,并且以字节(B)为单位。

- 第六列为"10 月 27 22:09",该列表示文件的最后修改时间。

- 第七列为".config/monitors.xml",该列表示文件名。

在 GUI 中找到该文件并右击,再从弹出的快捷菜单中选择"属性",即可查看文件的详细信息,如图 2-14 和图 2-15 所示。

图 2-14　在 GUI 中查看文件信息(1)

图 2-15　在 GUI 中查看文件信息(2)

通配符是 Loongnix 命令行中常用的一种特殊字符,它可以用来匹配文件名、路径名等。在 Loongnix 操作系统中,通配符可以用于许多命令中,如 ls、cp、rm 等,以便进行文件或目录的匹配和操作。下面介绍 3 种简单的通配符。

- 星号（*）：通配符中十分常用的一种，它可以匹配任意长度、任意字符的字符串。例如，*.txt
可以匹配当前目录下所有扩展名为 txt 的文件，file*可以匹配所有以 file 开头的文件或目录。

- 问号（?）：可以匹配一个任意字符。例如，file?.txt 可以匹配 file1.txt、file2.txt 等文件，但
无法匹配 file.txt 或 file11.txt 等文件。

- 中括号（[]）：可以用来匹配一组字符中的任意一个字符。例如，[abc]可以匹配字符 a、b
或 c，[0-9]可以匹配所有数字字符。在中括号中可以使用"-"来表示字符范围。例如，[a-z]
可以匹配所有小写字母。

这些通配符可以与许多 Linux 命令一起使用，例如，使用"ls *.conf"命令可以查看目录中所
有以 conf 为扩展名的文件，使用"ls *[a-c].conf"命令可以查看目录中所有名称以 a.conf、b.conf
和 c.conf 结尾的文件，使用"ls pnm2p?a.conf"命令可以查看目录中所有名称为 pnm2p?a.conf 且
"?"代表任意一个字符的所有文件。通配符是 Loongnix 命令行中非常强大且灵活的工具，可以帮
助用户提高工作效率。

演示如下。

```
:/etc$ ls *.conf
adduser.conf          libaudit.conf      resolv.conf
apg.conf              locale.conf        rsyslog.conf
ca-certificates.conf  logrotate.conf     rygel.conf
debconf.conf          mke2fs.conf        sensors3.conf
deluser.conf          netscsid.conf      sestatus.conf
dracut.conf           nftables.conf      sysctl.conf
fuse.conf             nsswitch.conf      ucf.conf
gai.conf              ntp.conf           usb_modeswitch.conf
host.conf             orayconfig.conf    vconsole.conf
ld.so.conf            pam.conf           wodim.conf
lftp.conf             pnm2ppa.conf       xattr.conf
libao.conf            request-key.conf   zhcon.conf
:/etc$ ls *[a-c].conf
pnm2ppa.conf
:/etc$ ls pnm2p?a.conf
pnm2ppa.conf
```

2. cd 命令

cd 命令用于切换当前工作目录。当 cd 命令不带任何参数时，该命令用于将当前工作目录切
换为当前用户的主目录（即/home/用户名）；当 cd 命令后跟着目录时，该命令用于将当前工作目
录切换为该目录。cd 命令还支持一些特殊参数，例如"cd .."，该命令用于将当前工作目录切换到
上一级目录。需要注意的是，使用 cd 命令只能切换到已存在的目录。如果要切换到的目录不存在，
则需要先创建该目录。

使用"cd .local"命令进入.local 文件夹，然后使用"cd wine"命令进入 wine 文件夹，再使用
"cd .."命令返回到上一级目录，也就是.local 文件夹，最后使用"cd .."命令返回到最开始的地方。

演示如下。

```
:~$ ls -a
.               .bash_logout    .dmrc           sensors
..              .bashrc         .gitconfig      .ssh
公共            .cache          GmSSL           .sunlogin
模板            chapter2        .gnupg          .sunpinyin
```

```
视频            chapter3      .ICEauthority    .tmux.conf
图片            chapter4      .local           .viminfo
…
:~$ cd .local
:~/.local$ ls
share  wine
:~/.local$ cd wine
:~/.local/wine$ ls
uos-wechat
:~/.local/wine$ cd ..
:~/.local$ ls
share  wine
:~/.local$ cd ..
$ ls
公共  视频  文档  音乐  chapter2  chapter4  Code    openssl-1.1.1d
模板  图片  下载  桌面  chapter3  chapter9  GmSSL   sensors
```

先使用"cd .local/share/evolution/addressbook/system/"命令进入.local/share/evolution/addressbook/system/，再使用"cd"命令，会直接返回到主目录/home/zzx。对于 root 用户来说，"cd~"相当于"cd /root"；对于普通用户来说，"cd~"相当于"cd　/home/当前用户名"。而使用"cd -"命令则会返回进入此目录之前所在的目录。

演示如下。

```
:~$ cd .local/share/evolution/addressbook/system/
:~/.local/share/evolution/addressbook/system$ ls
contacts.db  photos
:~/.local/share/evolution/addressbook/system$ cd
:~$ ls
公共  视频  文档  音乐  chapter2  chapter4  Code    openssl-1.1.1d
模板  图片  下载  桌面  chapter3  chapter9  GmSSL   sensors
:~$ cd .local/share/evolution/
:~/.local/share/evolution$ cd~/.local/share/evolution/addressbook/system/
:~/.local/share/evolution/addressbook/system$ cd -
:~/.local/share/evolution$
```

3. 命令行常用快捷键

在命令行中输入命令时，使用快捷键能让输入效率更高，以下是一些常用的快捷键。

① Tab 键。只需输入文件名或目录名的前几个字符，然后按 Tab 键，如果当前目录下的其他文件名和目录名不包含这几个字符，则完整的文件名会立即自动在命令行中出现；反之，再按 Tab 键，系统会列出当前目录下所有名称以这几个字符开头的文件或目录。在命令行下输入"cd ."命令，再连续按两次 Tab 键，系统将列出所有以"."开头的命令。在命令行下输入"cd .c"命令，再连续按两次 Tab 键，系统将列出所有以".c"开头的命令。在命令行下输入"cd .co"命令时，目录下无相同的，此时按一次 Tab 键，完整的文件名会立即自动在命令行出现。

演示如下。

```
:~$ ls -a
.              .bashrc     GmSSL            .sunlogin
..             .cache      .gnupg           .sunpinyin
公共           chapter2    .ICEauthority    .tmux.conf
模板           chapter3    .local           .viminfo
视频           chapter4    new              .vimrc.swp
图片           chapter9    openssl-1.1.1d   .vscode
文档           Code        .pki             .Xauthority
下载           .config     .presage         .xsession-errors
音乐           .dbus       .profile         .xsession-errors.old
```

```
桌面             .designer    .rpmdb
.bash_history  .dmrc        sensors
.bash_logout   .gitconfig   .ssh
:~$ cd .
./             .config/     .gnupg/      .presage/    .sunlogin/
../            .dbus/       .local/      .rpmdb/      .sunpinyin/
.cache/        .designer/   .pki/        .ssh/        .vscode/
:~$ cd .c
.cache/  .config/
```

② 上、下方向键。其作用是翻看历史命令。

③ Ctrl+L 快捷键。其作用是清屏，等同于在命令行执行"clear"命令。

④ Ctrl+D 快捷键。其作用是退出终端，等同于在命令行执行"exit"命令。

⑤ Ctrl+C 快捷键：其作用是强制中断程序执行。

4. mkdir 命令和 touch 命令

mkdir 命令用于创建新的目录，其常用的语法格式为"mkdir 目录名"，其中目录名表示要创建的目录名称。使用 mkdir 命令可以同时创建多个目录，目录名之间用空格隔开。

touch 命令用于创建新的空文件，其常用的语法格式为"touch 文件名"，其中文件名表示要创建的文件名称。使用 touch 命令可以同时创建多个文件，文件名之间用空格隔开。例如，可使用"mkdir Hello"命令创建名为 Hello 的目录，使用"touch hello.c"命令创建名为 hello.c 的文件。

演示如下。

```
:~/chapter2$ mkdir Hello
Hello
:~/chapter2$ cd Hello/
:~/chapter2/Hello$ touch hello.c
:~/chapter2/Hello$ ls
hello.c
```

5. mv 命令

mv 命令的作用是移动或重命名文件和目录。例如，使用"mv hello.c helloWorld.c"命令，将 Hello 目录下的 hello.c 文件重命名为 helloWorld.c；再使用"mv helloWorld.c ../"命令，将 helloWorld.c 文件移动到上一级目录 chapter2 中；最后使用"mv helloWorld.c Hello/"命令，将 helloWorld.c 文件移动到 Hello 目录下。

演示如下。

```
:~/chapter2/Hello$ ls
hello.c
:~/chapter2/Hello$ mv hello.c helloWorld.c
:~/chapter2/Hello$ ls
helloWorld.c
:~/chapter2/Hello$ mv helloWorld.c ../
:~/chapter2/Hello$ ls
:~/chapter2/Hello$ cd ..
:~/chapter2$ ls
Hello helloWorld.c
:~/chapter2$ mv helloWorld.c Hello/
:~/chapter2$ ls
Hello
:~/chapter2$ cd Hello/
:~/chapter2/Hello$ ls
helloWorld.c
```

6. cp 命令

cp 命令的作用是复制文件或目录。例如，使用"cp helloWorld.c test.c"命令可复制 helloWorld.c 文件并将得到的文件重命名为 test.c。可以看到，之前 Hello 目录下只有 helloWorld.c 一个文件，现在有 helloWorld.c 和 test.c 两个文件。回到上一级目录，使用"cp Hello HelloWorld"命令会出现错误，会提示"cp：未指定 -r；略过目录 'Hello'"。这是因为使用 cp 命令复制目录时，需要加上-r 参数，加上-r 参数后将递归复制目录下所有的子目录和文件。使用"cp -r Hello HelloWorld"命令可以看到复制成功，进入 HelloWorld 目录下可以看到和 Hello 目录下一样的文件。

演示如下。

```
:~/chapter2/Hello$ ls
helloWorld.c
:~/chapter2/Hello$ cp helloWorld.c test.c
:~/chapter2/Hello$ ls
helloWorld.c  test.c
:~/chapter2/Hello$ cd ..
:~/chapter2$ ls
Hello
:~/chapter2$ cp Hello HelloWorld
cp: 未指定 -r；略过目录'Hello'
:~/chapter2$ cp -r Hello HelloWorld
:~/chapter2$ ls
Hello  HelloWorld
:~/chapter2$ cd HelloWorld/
:~/chapter2/HelloWorld$ ls
helloWorld.c  test.c
```

7. rm 命令

rm 命令的作用是删除文件或目录。需要注意的是，使用 rm 命令删除文件或目录后，这些文件或目录将无法恢复，因此在使用 rm 命令时应特别小心，避免误删重要文件。例如，使用"rm test.c"命令可删除 test.c 文件。在使用"rm HelloWorld"命令删除 HelloWorld 目录时，系统会提示"rm：无法删除 'HelloWorld'：是一个目录"。同样需要加上-r 参数，该参数的作用是删除指定目录及其包含的所有内容，即删除该目录下所有的子目录和文件。使用"rm -r HelloWorld"命令可成功删除 HelloWorld 目录。

演示如下。

```
:~/chapter2/HelloWorld$ ls
helloWorld.c  test.c
:~/chapter2/HelloWorld$ rm test.c
:~/chapter2/HelloWorld$ ls
helloWorld.c
:~/chapter2/HelloWorld$  cd ..
:~/chapter2$ ls
Hello HelloWorld
:~/chapter2$ rm HelloWorld
rm: 无法删除'HelloWorld'：是一个目录
:~/chapter2$ rm -r HelloWorld/
:~/chapter2$ ls
Hello
```

8. chmod 命令

chmod 命令是 Loongnix 操作系统中用于修改文件或目录权限的命令。通过该命令，用户可以修改文件或目录的读、写、执行权限，以及文件或目录的所属用户和所属组等。但只有文件所有者和超级用户才能修改文件和目录的权限。例如，使用"chmod u+x demo.txt"命令增加文件所有者的可执行权限，再使用"ls -l demo.txt"命令查看文件详情，可以看到相比于之前，demo.txt 文件所有者的访问权限多了可执行权限，并且第七列文件名变为了绿色。执行该可执行文件，就会显示出当前的环境变量 PATH。使用"chmod u-x demo.txt"命令去除 demo.txt 文件所有者的可执行权限后，再去执行该文件时，系统会提示权限不够。可以使用"chmod g-w demo.txt"命令去除组用户的写权限，以及可以使用"chmod +x demo.txt"命令直接增加所有用户对 demo.txt 文件的可执行权限。

演示如下。

```
:~/chapter2$ ls -l demo.txt
-rw-rw-r-- 1 zzx zzx 11 3月  29 19:40 demo.txt
:~/chapter2$ cat demo.txt
echo $PATH
:~/chapter2$ chmod u+x demo.txt
:~/chapter2$ ls -l demo.txt
-rwxrw-r-- 1 zzx zzx 11 3月  29 19:40 demo.txt
:~/chapter2$ ./demo.txt
/usr/local/bin:/usr/bin:/bin:/usr/local/games:/usr/games:/usr/local/git/bin
:~/chapter2$ chmod u-x demo.txt
:~/chapter2$ ls -l demo.txt
-rw-rw-r-- 1 zzx zzx 11 3月  29 19:40 demo.txt
:~/chapter2$ ./demo.txt
bash: ./demo.txt: 权限不够
:~/chapter2$ chmod g-w demo.txt
:~/chapter2$ ls -l demo.txt
-rw-r--r-- 1 zzx zzx 11 3月  29 19:40 demo.txt
:~/chapter2$ chmod +x demo.txt
:~/chapter2$ ls -l demo.txt
-rwxr-xr-x 1 zzx zzx 11 3月  29 19:40 demo.txt
```

"chmod 777 filename"是一条 Loongnix 命令，用于将文件 filename 的权限设置为最高权限，即用户、用户组和其他用户均有读、写、执行权限。其中，数字 7 表示权限标志的组合。其中每个数字分别代表一种用户类型（文件所有者、文件所有者所在的组、其他用户），每个数字对应的 3 个权限分别为读取权限（4）、写入权限（2）和执行权限（1）。将它们加起来可以得到一个数字，表示用户类型的权限。

因此，"chmod 777 filename"用于将文件 filename 的权限设置为文件所有者拥有读、写、执行权限（4+2+1=7），文件所有者所在的组拥有读、写、执行权限（4+2+1=7），其他用户拥有读、写、执行权限（4+2+1=7）。这意味着所有用户都可以读、写和执行该文件。

9. 命令输出重定向

在 Loongnix 操作系统中，命令输出重定向是一种将命令执行结果从屏幕上输出到文件中的方法。通过重定向符号">"或">>"，我们可以将命令执行结果写入指定的文件，而不是输出到屏幕上。具体来说，">"用于将命令的执行结果写入文件，并覆盖文件中原有的内容，例如，"ls -l > file.txt"命令用于将"ls -l"命令的执行结果写入 file.txt 文件，并覆盖该文件中原有的内容（如果存在的话）；">>"用于将命令输出追加到文件末尾，例如，"echo "Hello, World!" >> file.txt"命令用于将字符串"Hello, World!"追加到 file.txt 文件的末尾。

使用"ls -l > demo.txt"命令将"ls -l"命令的执行结果写入 demo.txt 文件，再使用"cat demo.txt"命令查看 demo.txt 文件内容，可以看到 demo.txt 中原有的内容已经被"ls -l"命令的输出覆盖了。使用"echo "111111" > demo.txt"命令将"111111"内容写入 demo.txt，并覆盖原有的内容。使用

"echo "222222" >> demo.txt" 命令将 "222222" 内容写入 demo.txt，和刚才不同的是，该命令会将 "222222" 内容写入文件末尾，而不是覆盖原有的内容。

演示如下。

```
:~/chapter2$ ls
Hello
:~/chapter2$ ls -l > demo.txt
:~/chapter2$ ls
demo.txt  Hello
:~/chapter2$ cat demo.txt
总用量 0
-rw-r--r--  2 zzx  zzx     0 3月  20  10:25 demo.txt
drwxr-xr-x 2 zzx  zzx    89 6月  15  10:14 Hello
:~/chapter2$ echo "111111" > demo.txt
:~/chapter2$ cat demo.txt
111111
:~/chapter2$ echo "222222" >> demo.txt
:~/chapter2$ cat demo.txt
111111
222222
```

10. sudo 命令

在 Loongnix 操作系统中，sudo 命令可以让普通用户以超级用户（root 用户）的权限执行命令或访问系统资源。使用 sudo 命令时，用户不需要将系统管理员的账户密码共享给其他用户，因此系统安全性得到了提升。sudo 命令的语法格式为 sudo command，其中 command 是以 root 用户的权限执行的命令。当用户执行该命令时，系统会要求用户输入自己的密码，如果密码正确，则执行 command 命令，否则拒绝执行。

使用 sudo 命令时需要注意，只有具有 sudo 权限的用户才能使用 sudo 命令。在使用 sudo 命令时，用户要仔细确认要执行的命令是否正确，以免出现不必要的错误或安全问题。

使用 "cp chapter2/demo.txt /opt/" 命令将 demo.txt 文件复制到/opt/目录下时，系统会提示权限不够，这时我们可以使用 sudo 命令，即使用 "sudo cp chapter2/demo.txt /opt/" 命令在/opt/目录下添加 demo.txt 文件。使用 "mkdir temp" 命令在/opt/目录下创建 temp 目录时，系统同样会提示权限不够，这时也可使用 sudo 命令。最后在/opt/目录下删除新建的 temp 目录时也需要使用 sudo 命令。

演示如下。

```
:~$ ls
公共  图片  音乐      chapter3  Code    openssl-1.1.1d
模板  文档  桌面      chapter4  GmSSL   sensors
视频  下载  chapter2  chapter9
:~$ cp chapter2/demo.txt /opt/
cp: 无法创建普通文件'/opt/demo.txt': 权限不够
:~$ sudo cp chapter2/demo.txt /opt/
:~$ ls /opt
apps          deepinwine            demo.txt  sogoupinyin
cmake-3.26.0  deepin-wine6-stable  kingsoft  westone
:~$ cd /opt
/opt$ mkdir temp
mkdir: 无法创建目录 "temp": 权限不够
:/opt$ sudo mkdir temp
:/opt$ ls
apps          deepinwine            demo.txt  sogoupinyin  westone
cmake-3.26.0  deepin-wine6-stable  kingsoft  temp
:/opt$ rm temp/
rm: 无法删除'temp/': 是一个目录
```

```
:/opt$ sudo rm -r temp/
:/opt$ ls
apps          deepinwine            demo.txt   sogoupinyin
cmake-3.26.0  deepin-wine6-stable   kingsoft   westone
```

2.3.2　应用软件安装与卸载

在 Loongnix 操作系统中，应用软件的安装主要有 3 种方式：通过 apt 命令安装，通过 deb 包安装，以及源代码安装。

1. 通过 apt 命令安装

下面将通过使用 apt 命令安装 cmake 软件包的示例来介绍安装过程。使用"apt list cmake"命令和"apt show cmake"命令查看 cmake 软件包的信息。

```
:~$ apt list cmake
正在列表... 完成
cmake/Debian 3.13.4-1.lnd.2 loongarch64
:~$ apt show cmake
Package: cmake
Version: 3.13.4-1.lnd.2
Priority: optional
Section: devel
Maintainer: Debian CMake Team <pkg-cmake-team@lists.alioth.debian.org>
Installed-Size: 16.4 MB
Depends: cmake-data (= 3.13.4-1.lnd.2), procps, libarchive13 (>= 3.0.4), libc6 (>=
2.28), libcurl4 (>= 7.16.2), libexpat1 (>= 2.0.1), libgcc1 (>= 1:3.0), libjsoncpp1
(>= 1.7.4), librhash0 (>= 1.2.6), libstdc++6, libuv1 (>= 1.11.0), zlib1g (>= 1:1.2.3.3)
Recommends: gcc, make
Suggests: cmake-doc, ninja-build
Homepage: https://cmake.org/
Download-Size: 3,078 KB
APT-Sources: http://pkg.loongnix.cn/loongnix DaoXiangHu-stable/main loongarch64 Packages
Description: cross-platform, open-source make system
 CMake is used to control the software compilation process using
```

使用"sudo apt install cmake"命令安装 cmake 软件包，安装步骤如下。使用"cmake --version"命令查看 cmake 软件包的版本时，若显示 cmake 软件包的版本则表示安装成功。

```
:~$ sudo apt install cmake
正在读取软件包列表... 完成
正在分析软件包的依赖关系树
正在读取状态信息... 完成
建议安装:
  cmake-doc ninja-build
下列【新】软件包将被安装:
  cmake
升级了 0 个软件包，新安装了 1 个软件包，要卸载 0 个软件包，有 225 个软件包未被升级。
需要下载 0 B/4,792 KB 的归档。
解压缩后会消耗 16.4 MB 的额外空间。
您希望继续执行吗？ [Y/n] y
正在选中未选择的软件包 cmake。
(正在读取数据库 ... 系统当前共安装有 285979 个文件和目录。)
准备解压 .../cmake_3.13.4-1.lnd.2_loongarch64.deb ...
正在解压 cmake-data (3.13.4-1.lnd.2) ...
正在设置 cmake (3.13.4-1.lnd.2) ...
正在处理用于 man-db (2.8.5-2.1) 的触发器 ...
:~$ cmake --version
cmake version 3.13.4

CMake suite maintained and supported by Kitware (kitware.com/cmake).
```

使用"sudo apt remove cmake"命令卸载刚刚安装的 cmake 软件包。

```
:~$ sudo apt remove cmake
[sudo] zzx 的密码：
正在读取软件包列表... 完成
正在分析软件包的依赖关系树
正在读取状态信息... 完成
下列软件包是自动安装的并且现在不需要了：
  cmake-data librhash0 libuv1
使用'sudo apt autoremove'来卸载它(它们)。
下列软件包将被【卸载】：
  cmake
升级了 0 个软件包，新安装了 0 个软件包，要卸载 1 个软件包，有 225 个软件包未被升级。
解压缩后将会空出 16.4 MB 的空间。
您希望继续执行吗？[Y/n] y
(正在读取数据库 ... 系统当前共安装有 289304 个文件和目录。)
正在卸载 cmake (3.13.4-1.lnd.2) ...
正在处理用于 man-db (2.8.5-2.1) 的触发器 ...
:~$ cmake --version
bash: /usr/bin/cmake: 没有那个文件或目录
```

使用"sudo apt autoremove cmake"命令自动卸载不使用的软件包。

```
:~$ sudo apt autoremove cmake
[sudo] zzx 的密码：
正在读取软件包列表... 完成
正在分析软件包的依赖关系树
正在读取状态信息... 完成
软件包 cmake 未安装，所以不会被卸载
下列软件包将被【卸载】：
  cmake-data librhash0 libuv1
升级了 0 个软件包，新安装了 0 个软件包，要卸载 3 个软件包，有 225 个软件包未被升级。
解压缩后将会空出 7,942 KB 的空间。
您希望继续执行吗？ [Y/n] y
(正在读取数据库 ... 系统当前共安装有 289304 个文件和目录。)
正在卸载 cmake-data (3.13.4-1.lnd.2) ...
正在卸载 librhash0:loongarch64 (1.3.8-1.lnd.2) ...
正在卸载 libuv1:loongarch64 (1.24.1-1+deb10u1.lnd.2) ...
正在处理用于 man-db (2.8.5-2.1) 的触发器 ...
正在处理用于 libc-bin (2.28-10.lnd.32) 的触发器...
```

2. 通过 deb 包安装

下面我们以安装搜狗输入法为例来演示如何通过 deb 包安装应用软件。先在浏览器中直接打开搜狗输入法的官网，下载 deb 包。可以在 GUI 中安装 deb 包，也可以在终端中执行"sudo dpkg - i ×××.deb"命令来安装。在 GUI 中安装 deb 过程如下。

找到下载的 deb 包，右击鼠标，在弹出的快捷菜单中选择"使用其他程序打开"，在打开方式中选择"软件包安装器"，将 deb 包拖曳到龙芯软件包安装器中，此时系统会提示输入密码授权完成软件安装。搜狗输入法安装成功如图 2-16 所示。

此时，可以使用搜狗输入法输入中文。

图 2-16　搜狗输入法安装成功

```
:~$ 搜狗输入法安装成功^C
:~$ 现在可以输入中文了^C
```

龙芯还提供了龙芯应用合作社网站，这个网站提供了大量热门软件的 deb 包，用户可以方便、快捷地下载并安装这些软件。这与我们在 Windows 操作系统中安装软件的体验非常相似，因此用户无须学习新的操作方法便可很快上手。

3．源代码安装

一般来说，我们可以在终端中使用"sudo apt install git"命令来安装 Git，然后通过使用"git --version"命令来检查 Git 是否已经安装成功，如果安装成功则会输出当前安装的 Git 版本号。不过，使用这种方式安装的 Git 版本较旧，可能不支持一些新的 git 命令，例如 restore 命令。因此，为了更好地学习和使用 Git，我们需要及时下载 Git 源代码进行编译、安装，以确保拥有最新版本的 Git。

首先，我们需要使用"git --version"命令检查系统是否已经安装了 Git。如果已经安装了旧版本的 Git，则可以使用"sudo apt-get remove git"命令删除已有的 Git，并再次使用"git --version"命令来检查 Git 是否已被成功删除。

在编写本书时，最新的 Git 版本为 2.39.2。我们可以从 Git 官网上下载该版本的源代码，并将下载的 Git 安装包解压缩后移动到/usr/src/目录下，然后进入/usr/src/git-2.39.2/文件夹，在终端中执行"sudo make configure"命令进行配置。

接下来，我们需要使用"./configure prefix=/usr/local/git/"命令配置 Git 的安装路径，然后使用"sudo make && sudo make install"命令编译并安装。为了将 git 命令添加到 bash 的环境变量中，以便用户可以直接在终端中执行 git 命令，我们可以使用"sudo gedit /etc/profile"命令打开 profile 配置文件，并在最后一行添加"export PATH=\$PATH:/usr/local/git/bin"命令。最后，使用"source /etc/profile"命令使 profile 配置文件立即生效。执行"Git --version"命令，如果输出的 Git 版本号为 2.39.2，即可确认 Git 已经安装成功并且是最新版本。

2.3.3　Vim 编辑器基本使用方法

Vim 是一种经典的命令行文本编辑器，拥有强大的功能并支持众多快捷键，可以根据文件扩展名自动判别编程语言，具备代码缩进、代码高亮等功能。在终端中使用 Vim 编辑器可以高效地编辑文本和编写代码，因此 Vim 编辑器是很多程序员的首选编辑器。Vim 编辑器的主要优点是用户不需要打开图形化编辑器或集成开发环境（Integrated Development Environment，IDE），即可快速进行文本编辑和代码编写。由于 Vim 是基于终端的编辑器，用户可以在远程服务器或终端上编辑文件。Vim 编辑器的另一个优点是拥有可定制性，用户可以通过配置文件来自定义其外观和功能。

Vim 编辑器有 3 种模式，分别是命令模式、输入模式和底线命令模式，如图 2-17 所示。在命令模式下，可以执行各种命令，例如移动光标、复制、粘贴等。在输入模式下，可以输入文本，并对文本进行编辑。在底线命令模式下，可以执行一些末行指令，例如查找、替换、保存、退出等。

用户可以直接在终端中通过执行"vim filename"命令，来使用 Vim 编辑器打开名为 filename 的文件，如果该文件存在，则打开它；如果该文件不存在，则打开一个新的文件，并将其命名为

filename。此时进入的模式就是命令模式，在该模式下按键盘上按键的动作会被 Vim 编辑器识别为命令，而非输入字符。在命令模式下按英文冒号"："则会进入底线命令模式，在最下面的命令行中输入命令，输入完成后按 Enter 键结束，此时又会返回到命令模式。在命令模式下按 I 键、O 键或 A 键则会进入输入模式，只有在该模式下我们才能编辑文件内容。编辑完成后按 Esc 键则会返回命令模式。此时，刚刚对文件做出的编辑还没有保存，可执行"：w"命令完成保存。如果想关闭 Vim 编辑器打开的文件，并回到终端中，可以执行"：wq"命令来保存并退出。当不保存进行中的修改并返回到终端时，可以使用"：q!"命令。

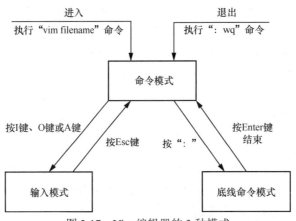

图 2-17　Vim 编辑器的 3 种模式

现在使用 Vim 编辑器来创建一个名为 hello.c 的文件，在终端中执行"vim hello.c"命令，结果如图 2-18 所示。

图 2-18　使用 Vim 编辑器创建并打开 hello.c 文件

按 I 键进入输入模式，在输入模式中可以发现左下角状态栏中会出现"插入"的字样，这就是可以输入任意字符的提示。此时，键盘上除 Esc 键之外的其他按键均被视为一般的输入按键，可以使用它们进行任何的编辑。如图 2-19 所示，编辑完成，按 Esc 键回到命令模式，在命令模式下执行"：w"命令保存对文件的修改。

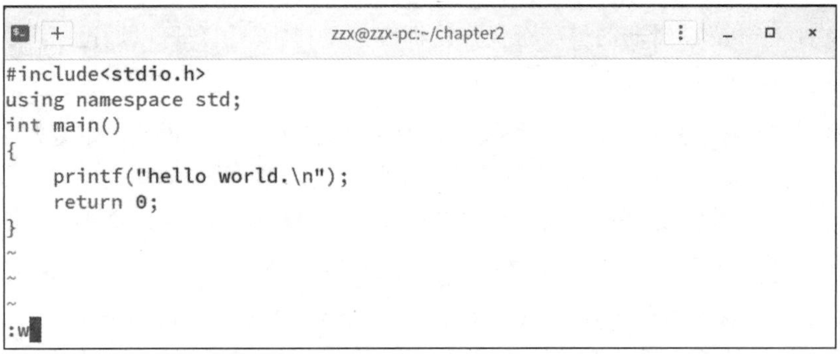

```
#include<stdio.h>
using namespace std;
int main()
{
    printf("hello world.\n");
    return 0;
}
~
~
~
:w
```

图 2-19　编辑并保存对 hello.c 文件的修改

在命令模式下，将光标移动到第五行。光标的移动可以通过键盘上的上、下、左、右方向键实现，也可以通过 H、J、K、L 键实现。J、K 键分别用来下移、上移光标，H、L 键分别用来左移、右移光标。执行"dd"命令，则会删除该行。执行"u"命令可以撤销上一步的操作，回到修改前的状态。按 Ctrl + R 快捷键可以恢复上一步被撤销的操作。

在命令模式下按 V 键，然后按方向键可以选中文本，如图 2-20 所示。如果想复制选中的内容，按 Y 键即可，再按 P 键粘贴刚刚复制的内容。如果想删除选中的内容，按 D 键即可。

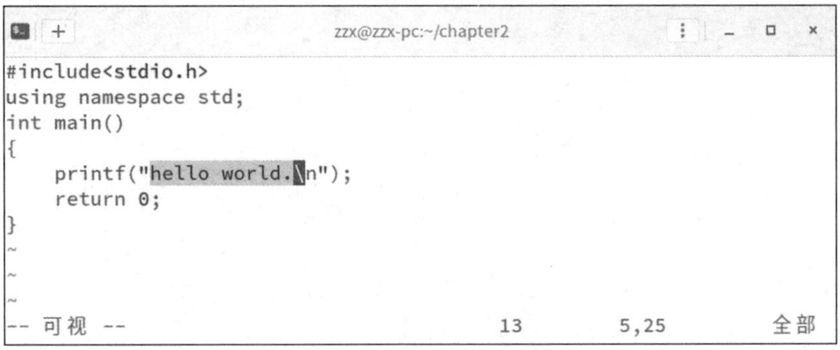

图 2-20　选中文本

Vim 是一款功能强大的文本编辑器，除了可用于进行基本的编辑操作外，还有许多其他强大的功能。例如，Vim 编辑器可以用于在文件中快速跳转、查找和替换文本、自定义键盘映射，还可以使用多个窗口和标签页来管理多个文件，甚至可以与外部程序集成等。此外，Vim 编辑器也可以安装插件来扩展其功能，如自动完成、语法高亮、文件浏览器等。

对于初学者来说，要熟练使用 Vim 编辑器可能需要一定的时间和经验。建议新手从简单的命令开始学习，逐渐增加难度和复杂度。此外，Vim 编辑器的快捷键也需要使用者花费时间来熟悉和记忆。一旦掌握了 Vim 编辑器的基本操作方法和快捷键的使用方法，你就会发现，它可以大大提高你的编程效率和文本编辑能力，从而成为你不可或缺的工具。

第 **3** 章

信创平台 C 语言编程环境

本章内容分为 4 个部分：第一部分介绍如何使用 GCC 编译程序和使用 GDB 调试程序，第二部分介绍使用 Make 构建程序的相关知识，第三部分介绍如何使用 CMake 编译程序生成可执行文件及库文件，第四部分介绍如何使用 VSCode 开发 C 程序。

读者通过本章的学习，基本能掌握信创平台（龙芯 CPU+Loongnix 操作系统）下 C 语言编程的完整工具链的相关知识，包括编译器、静态链接库、动态链接库、代码构建工具 Make、CMake 和 VSCode。

3.1　GCC 与 GDB

为了让计算机执行程序，首先需要将程序编译成 CPU 可执行的指令。什么是编译？编译就是将高级语言翻译成汇编语言或者机器语言的过程，通俗地说就是把程序员编写的代码翻译成计算机能够理解的语言。计算机只认识 0 和 1 组成的二进制指令，因此程序员编写的 C 语言代码、C++ 代码、Go 语言代码等，计算机根本无法识别，只有将程序中的每条语句翻译成对应的二进制指令，计算机才能执行。任何应用程序的开发都离不开编译器和调试器。在 Linux 操作系统中进行 C 语言开发，可依靠一套优秀的编译和调试工具，也就是 GCC 和 GDB。

GCC 是 GNU Compiler Collection 的缩写，是一套由自由软件基金会（Free Software Foundation，FSF）开发的编程工具，用于编译和链接程序。GNU 是 GNU's Not UNIX（GNU 不是 UNIX）的递归缩写，它由自由软件基金会支持和管理。从诞生起，GCC 历经了上百个版本的迭代，一直在改进，截至 2023 年，GCC 已经发展到了 12.2 版本。作为一款十分受欢迎的编译器，GCC 被移植到许多不同的硬件/软件平台上，几乎所有的 Linux 发行版也都默认支持 GCC。

GDB 是 The GNU Project Debugger 的缩写，是 Linux 操作系统下功能全面的调试工具。它支持断点、单步执行、输出变量、观察变量、查看寄存器、查看堆栈等调试手段。在 Linux 操作系统的软件开发中，GDB 是主要的调试工具，用来调试 C 语言程序和 C++程序。

当然还有很多很好的编译器，比如 Clang 编译器。相比于 GCC，Clang 编译器具有更快的编译速度、更小的内存占用、更简单的设计和可读性更高的诊断信息等优点。截至 2022 年底，信创平台支持的 Clang 编译器最高版本为 8.0.1。当前信创平台下的 Clang 编译器还在不断完善中。

3.1.1　编译的基本概念

编译是程序开发过程中必不可少的环节，是将用高级语言（例如 C、C++、Java）编写的程序转换成计算机能够理解和执行的指令的过程。在编译过程中，我们不仅可以检查程序中的错误，还能够优化代码以提高程序的执行效率。将程序编译成可执行文件的过程可以分为 4 个步骤：预处理、编译、汇编和链接。编译流程如图 3-1 所示。

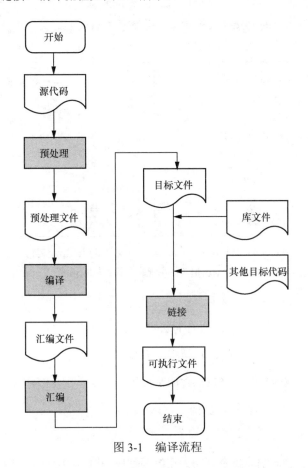

图 3-1　编译流程

　　接下来我们以将 hello.c 文件编译成可执行文件为例，对编译的过程进行介绍。前提是需要安装 GCC，在 Loongnix 操作系统中，推荐直接安装"build-essential"，这一操作将一并安装编译所需的许多工具，在终端中执行以下命令即可。

```
sudo apt install build-essential
```

hello.c 文件中的内容如下。

```
1. #include <stdio.h>
2. #define str "world."
3. int main()
4. {
5.     //这是注释
6.     printf("hello %s\n",str);
7.     return 0;
8. }
```

　　预处理是编译过程的第一步，这是一个可选步骤，可以根据需要选择执行或不执行。在预处理阶段，编译器会对程序进行预处理，包括对头文件进行解析、宏替换、条件编译等操作。预处理生成的是完整的 C 程序。在命令行中执行以下命令，对 hello.c 文件进行预处理，得到 hello.i

文件。

```
gcc -o hello.i -E hello.c
```

此过程中，预处理器会将包含头文件的具体内容读取到文本中来替换"#include<stdio.h>"，同时删除所有注释，将所有的"#define"删除，并展开所有的宏定义，生成 hello.i 文件，示例如下（左边为 hello.c 文件，右边为 hello.i 文件）。

```
1. #include<stdio.h>
2. #define str world.
3. int  main()
4. {
5.     //这是注释
6.     print("hello %s\n",str);
7.     return 0;
8. }
```

```
...
721 # 879 "/usr/include/stdio.h" 3 4
722
723 # 2 "hello.c" 2
724
725
726 # 3 "hello.c"
727 int main()
728 {
729
730     print("hello %s\n","world.");
731     return 0;
732 }
```

可以看到原本的 hello.c 文件中只有 8 行代码，而现在的 hello.i 文件中有 732 行代码，并且注释被删掉了，变量"str"被替换为"world."，并删除了"#define"。

在预处理过程中具体进行如下操作。

① 将所有的#define 删除，并展开所有的宏定义。

② 处理所有的预编译指令，例如#if、#elif、#else、#endi 等。

③ 处理#include 预编译指令，将被包含的文件插入预编译指令的位置。

④ 添加行号信息、文件名标识，以便于调试。

⑤ 删除所有的注释。

⑥ 保留所有的#pragma 编译指令，因为在编写程序的时候，我们经常要用#pragma 编译指令来设定编译的状态，或指示编译器完成一些特定的动作。

⑦ 生成文件（去注释、宏替换、头文件展开），编译生成的文件不包含任何宏定义，因为宏定义已经被展开，并且包含的文件已经被插入文件。

预处理完成得到 hello.i 文件后，进行第二步——编译。在编译阶段，编译器将预处理后的代码翻译成汇编代码。编译器会对代码进行语法和语义分析，检查代码的正确性和合理性，并将代码转换为汇编语言的形式。在命令行中执行以下命令，对 hello.i 文件进行编译，得到 hello.s 文件。

```
gcc -S hello.i
```

hello.s 文件中的内容如图 3-2 所示，可以看到 hello.s 文件中的内容全是汇编代码。

在编译中，具体操作如下。

① 进行扫描、语法分析、语义分析、源代码分析、目标代码生成、目标代码优化。通过这些操作，源代码将会被转换为目标代码。目标代码是机器可以直接执行的代码，也被称为汇编代码。

② 生成汇编代码。汇编代码是汇编器所能接受的代码形式，以机器语言的助记符形式表示，与机器语言一一对应。

```
 1 >---.file>--"hello.c"
 2 >---.text
 3 >---.section>---.rodata
 4 >---.align>-3
 5 .LC0:
 6 >---.ascii>-"world.\000"
 7 >---.align>-3
 8 .LC1:
 9 >---.ascii>-"hello %s\012\000"
10 >---.text
11 >---.align>-2
12 >---.globl>-main
13 >---.type>--main, @function
14 main:
15 .LFB0 = .
16 >---.cfi_startproc
17 >---addi.d>-$r3,$r3,-16
18 >---.cfi_def_cfa_offset 16
19 >---st.d>---$r1,$r3,8
```

图 3-2　hello.s 文件中的内容

③ 汇总符号。在编译过程中，全局变量和函数都有各自的符号。这些符号需要被统一汇总，以便在链接过程中进行正确的链接。

④ 生成 hello.s 文件。

完成编译并得到 hello.s 文件后，进行第三步——汇编。在命令行中执行以下命令，对 hello.s 文件进行汇编，得到 hello.o 文件，这个过程将汇编代码翻译成机器语言指令，把这些指令打包成一种被叫作可重定位目标程序的格式，并将结果保存在新生成的二进制文件 hello.o 中。

```
gcc -c hello.s
```

在汇编中，具体操作如下。

① 根据汇编代码和特定平台，把汇编代码翻译成二进制形式，以便计算机能够理解和执行。

② 合并各个 section（操作系统或编程语言中的一种数据结构），包括代码段、数据段、BSS（未初始化数据）段等，将它们组成完整的可执行文件。

③ 合并符号，将各个源文件中的符号信息整合到同一个符号表中，以方便链接器进行下一步操作。

④ 生成 hello.o 文件，目标文件包含汇编代码和符号表等信息。目标文件仍然不能被直接执行，需要进行进一步的链接处理。

进行程序编译成可执行文件的最后一步——链接。在命令行中执行以下命令，对 hello.o 文件进行链接，得到可执行文件。处理可重定位文件，把各种符号引用和符号定义转换成可执行文件中的合适信息，通常是虚拟地址。

```
gcc -o hello.o
```

在链接中，具体操作如下。

① 合并各个 hello.o 文件的代码段、数据段、BSS 段等 section，合并符号表，进行符号解析。

② 进行符号地址重定位。链接器会根据符号表中的符号信息，将所有的符号引用和定义进行匹配，确定每个符号的最终地址，同时在目标文件中修正每个符号的引用地址。

③ 进行代码和数据的重定位。链接器会根据重定位表（relocation table）中的信息，计算出每个代码或数据的最终地址，同时在目标文件中修正每个引用地址。

④ 生成可执行文件。链接器将所有目标文件的代码段、数据段、BSS 段等组合在一起，生成可执行文件。

链接操作完成后即可生成可执行文件。但在不同操作系统下，可执行文件格式并不相同。在 Linux 操作系统中，常见的可执行文件格式为以 out 为扩展名的格式或者可执行与可链接格式（Executable and Linkable Format，ELF），而 ELF 的可执行文件是没有扩展名的。在 Windows 操作系统中，常见的可执行文件格式为以 exe 和 dll 为扩展名的格式。而在 macOS 操作系统中，常见的可执行文件格式为 Mach-O 格式。需要注意的是，为特定操作系统生成的可执行文件在其他操作系统中无法执行。因此，在开发时我们需要根据目标操作系统选择合适的编译器并生成对应格式的可执行文件。

3.1.2　编译应用程序

前文为了说明编译的具体过程，分了许多步骤进行讲解。在实践中，我们不需要生成中间过程文件，可以直接生成目标文件，甚至可执行文件。下面以一个稍微复杂的文件 main.c 为例，讲解在实际情况下如何编译源代码文件。main.c 中的内容如下。

```
1.  #include<stdio.h>
2.  int multi(int a,int b)
3.  {
4.      return a*b;
5.  }
6.  int main()
7.  {
8.      int a=3,b=4;
9.      int res=multi(a,b);
10.     printf("%d*%d=%d\n",a,b,res);
11.     return 0;
12. }
```

编译运行，即直接使用"gcc -o multi main.c"命令生成可执行文件 multi，然后利用"./运行文件名"命令运行该可执行文件。

```
:~/chapter3/gcc/multi$ ls
main.c
:~/chapter3/gcc/multi$ gcc -o multi main.c
:~/chapter3/gcc/multi$ ls
main.c multi
:~/chapter3/gcc/multi$ ./multi
3*4=12
```

在实际开发中，如果将上千行、上万行、上百万行的代码放在一个源文件中，不但检索麻烦，而且打开文件也很慢，更不用说阅读和编写，所以必须将代码分散到多个文件中。对于分散到多个文件中的源代码，通常将函数定义放到源文件（.c 文件）中，将函数的声明放到头文件（.h 文件）中。在 C 语言中，单独的模块一般体现为同名的.c 和.h 文件。使用函数时引入对应的头文件即可，编译器会在链接阶段找到函数定义。

因此，下面将子函数放到其他单独的文件中，并分成 main.c 文件和 multi.c 文件。

main.c 文件中的内容如下。

```
1. #include<stdio.h>
2. extern int multi(int a,int b);
3. int main()
4. {
5.     int a=3,b=4;
6.     int res=multi(a,b);
7.     printf("%d*%d=%d\n",a,b,res);
8.     return 0;
9. }
```

multi.c 文件中的内容如下。

```
1. int multi(int a,int b)
2. {
3.     return a*b;
4. }
```

main.c 文件中的 extern 关键字的作用是表明函数在其他.c 文件中实现。编译的时候，一般分两步：先把每个.c 文件编译成.o 文件，然后把所有.o 文件编译成可执行文件。虽然现在是多个源代码文件编译，但其过程仍和单文件编译一样，只是在链接时需要加上所有用到的.o 文件。

```
:~/chapter3/gcc/multi2$ ls
main.c multi.c
:~/chapter3/gcc/multi2$ gcc -c main.c
:~/chapter3/gcc/multi2$ gcc -c multi.c
:~/chapter3/gcc/multi2$ ls
main.c main.o multi.c multi.o
:~/chapter3/gcc/multi2$ gcc -o multi main.o multi.o
:~/chapter3/gcc/multi2$ ls
main.c main.o multi multi.c multi.o
:~/code/chapter3/gcc/multi2$ ./multi
3*4=12
```

当然，有头文件的编译过程也基本相同，其目录相比之前多了 multi.h 头文件，该头文件的内容如下。

```
int multi(int a,int b)
```

把原先 main.c 文件中的 "extern int multi(int a,int b);" 改为 "#include "multi.h""。这里使用了两种方法来生成可执行文件：第一种是先把每个.c 文件编译成.o 文件，然后把所有.o 文件编译成可执行文件；第二种是直接将所有.c 文件编译成可执行文件。

演示如下。

```
:~/chapter3/gcc/multi3$ ls
main.c multi.c multi.h
:~/chapter3/gcc/multi3$ gcc -c main.c
:~/chapter3/gcc/multi3$ gcc -c multi.c
:~/chapter3/gcc/multi3$ ls
main.c main.o multi.c multi.h multi.o
:~/chapter3/gcc/multi3$ gcc -o multi main.o multi.o
:~/chapter3/gcc/multi3$ ls
main.c main.o multi multi.c multi.h multi.o
:~/chapter3/gcc/multi3$ ./multi
3*4=12
:~/chapter3/gcc/multi3$ rm *.o multi
:~/chapter3/gcc/multi3$ ls
main.c multi.c multi.h
```

```
:~/chapter3/gcc/multi3$ gcc -o multi main.c multi.c
:~/chapter3/gcc/multi3$ ls
main.c multi multi.c multi.h
:~/chapter3/gcc/multi3$ ./multi
3*4=12
```

3.1.3　编译静态链接库

库文件是包含一系列库函数的文件，以二进制的形式存储在机器中。

库文件服务于开发过程的分工。也就是说，一些功能模块由一些人实现后，其他人可以调用这些模块来实现特定功能的应用程序。因此，你写的代码可能直接服务于用户，做应用程序；你写的代码也有可能服务于另一个开发者，给他提供库函数，实现特定功能。应用开发者和库开发者相互之间共同的约定是头文件。头文件中，约定了使用者如何使用，实现的人应该实现成什么样子，具体到 C 语言中，就是变量、函数定义等。

早期的函数共享都是以源代码的形式进行的，这种共享形式是十分彻底的。当商业公司需要将自己有用的函数库共享给别人，但是又不能提供给客户源代码时，就以库的形式提供。

库主要分为静态链接库和动态链接库。静态链接库实现链接操作的方式很简单，即程序文件中哪里用到了库文件中的功能模块，GCC 就会将模块代码直接复制到程序文件的适当位置，最终生成可执行文件。使用静态链接库文件实现程序的链接操作的优势是，生成的可执行文件不再需要任何静态链接库文件的支持就可以独立运行（可移植性强）；劣势是如果程序文件多次调用库中的同一功能模块，则该模块代码就会被复制多次，生成的可执行文件中会包含多段完全相同的代码，造成代码的冗余。使用静态链接库生成的可执行文件的体积比使用动态链接库生成的可执行文件的体积更大。在 Linux 操作系统中，静态链接库文件的名称通常形如 lib×××.a；在 Windows 操作系统中，静态链接库文件以 lib 为扩展名。

下面通过一个例子来介绍静态链接库的生成与使用，即把 multi.c 文件当成一个单独的模块，编译成一个静态链接库。首先将 multi.c 文件编译成.o 目标文件，然后用 ar 命令打包成.a 静态链接库文件。ar 命令是 Linux 操作系统的一个备份压缩命令，可用于创建、修改归档文件（archive files），或从归档文件中抽取成员文件。归档文件以一定的结构打包一个或多个其他文件，且成员文件的内容、模式、时间戳等信息将被保存在备存文件中，常见的用法是将目标文件打包为静态链接库。ar 命令的执行结果可以看作把.o 文件做了一个打包，一个.a 文件里可以有多个.o 文件，还有一个文本文件（即文件符号表，文件符号表中的内容主要是函数名）。

ar 命令的部分参数介绍如下。

- -r：向库文件中加入文件。
- -c：创建新的库文件。
- -s：建立库文件符号表。

现在开始生成静态链接库，将上面的源文件 multi.c 编译成静态链接库，步骤如下。需要注意的是，库文件的命名通常形如 lib×××.a，其中×××是库的名字。

```
:~/chapter3/static_librarys ls
main.cmulti.c multi.h
:~/chapter3/static_library$ gcc -c multi.c
:~/chapter3/static_librarys ls
```

```
main.c multi.c multi.h multi.o
:~/chapter3/static_library$ ar -rcs libmul.a multi.o
:~/chapter3/static_library$ ls
libmul.a main.c multi.c multi.h multi.o
```

在有了.a 文件和.h 文件后，通过.h 头文件得知库中的库函数原型，然后在.c 文件中直接调用这些库文件。在链接的时候，链接器会去.a 文件中找到对应的.o 文件，链接后最终形成可执行文件。在链接时，只需要使用-l 指令指定库的名字即可，链接器会自动在指定的路径中查找库文件。

使用静态链接库文件来编译 main.c 生成可执行文件步骤如下。使用 ar 命令将所有的目标文件 multi.o 打包成库文件 libmul.a。最后，在链接时，使用-L 指令指定库文件所在的路径，并使用-l 指令将库文件链接到目标文件中。链接器会根据库函数的调用信息自动在库文件中查找对应的目标文件，并将它们链接到最终的可执行文件中。

```
:~/chapter3/static_library$ ls
main.c multi.c multi.h
:~/chapter3/static_library$ gcc -c multi.c
:~/chapter3/static_library$ ls
main.c multi.c multi.h multi.o
:~/chapter3/static_library$ ar -rcs libmul.a multi.o
:~/chapter3/static_library$ ls
libmul.a main.c multi.c multi.h multi.o
:~/chapter3/static_library$ gcc -o multi main.c -L. -lmul
:~/chapter3/static_library$ ls
libmul.a main.c multi multi.cmulti.h multi.o
:~/chapter3/static_library$ ./multi
3*4=12
```

3.1.4　编译动态链接库

动态链接库（简称动态库）本身是对 Windows 平台上动态链接所用的库文件的一种称呼，在 Linux 操作系统下，一般称为共享库。动态链接库比静态链接库出现得晚一些，但效率更高。静态链接库在用户链接自己的可执行文件时就已经把调用的库中的函数代码段链接进最终可执行文件中了，其优势是可以执行，劣势是占用资源大。尤其是在多个应用程序都使用了同一个库函数时，多个应用程序最后生成的可执行文件都各自有一份该库函数的代码段，当多个应用程序同时在内存中运行时，在内存中便有多个同样的库函数代码段。一旦静态链接库文件有代码更新，则需要重新编译、链接，生成整个可执行文件，从而进行更新升级，这个过程将造成资源浪费。

解决资源浪费和更新困难这两个问题的简单办法就是把程序的模块相互分割开来，形成独立的文件，而不是将它们静态链接在一起。简单地讲，就是不对那些组成程序的目标文件进行链接，而是等到程序要运行时才进行链接，动态链接库由此而生。动态链接库本身不将库函数代码段链接进可执行文件，只是做个标记。当应用程序在内存中执行，运行环境发现它调用了一个动态链接库中的库函数时，运行环境会去加载这个动态链接库到内存中，然后不管以后有多少个应用程序去调用这个库中的函数，都会跳转到第一次加载的地方去执行（不会也不必重复加载）。与静态链接库生成的可执行文件相比，动态链接库的内部不会复制一堆冗余的代码，因此其生成的可执行文件的体积更小。

使用动态链接库的优势是，由于可执行文件中记录的是功能模块的地址，真正的实现代码会在程序运行时被载入内存，这意味着即便功能模块被调用多次，使用的也都是同一份实现代码（这也是将动态链接库称为共享库的原因）；劣势是可执行文件无法独立运行，必须借助相应的库文件（可移植性差）。

动态链接库在 Windows 操作系统下是.dll 文件，在 Linux 操作系统下是.so 文件。使用动态链接库可以基本做到应用开发与底层功能开发的分离。

在 Linux 操作系统下动态链接库的使用非常普遍，示例如下。

```
:~$ cd /usr/lib
:/usr/lib$ ls *.so.*
libarmadillo.so.9          libgdal.so.20.5.0         libmfhdfalt.so.0.0.0
libarmadillo.so.9.200.7    libgjs.so.0               libnetcf.so.1
libBLT.2.5.so.8.6          libgjs.so.0.0.0           libnetcf.so.1.4.0
libBLTlite.2.5.so.8.6      libgsasl.so.7             libogdi.so.3
libcpufreq.so.0            libgsasl.so.7.9.6         libogdi.so.3.2
libcpufreq.so.0.0.0        libimm_server.so.0        libTix8.4.3.so.1
libdfalt.so.0              libimm_server.so.0.0.0    libvdeplug.so.2
libdfalt.so.0.0.0          libjte.so.1               libvdeplug.so.2.1.2
libdmraid.so.1.0.0.rc16    libjte.so.1.0.0           libvpf.so.3
libgdal.so.20              libmfhdfalt.so.0          libvpf.so.3.2
```

从上面的动态链接库可以看到，动态链接库总体上虽然以 so 作为扩展名，但是实际上，so 后面很多带了点和数字，这是 Linux 操作系统中动态链接库的命名方式。在 Linux 操作系统中，动态链接库存在 3 种命名方式，分别是真名（realname）、别名（soname）和链接名（linkname）。

- 真名指动态链接库的实际名称，名称必须以 lib 开头，以 so 为扩展名，并带有版本号或编译选项等后缀。例如，libname.so.x.y.z 表示动态链接库 name 的版本号为 x.y.z。其中，x 表示主版本号，不同的主版本号的动态链接库的功能是不兼容的；y 表示次版本号，是在保证兼容情况下的功能升级；z 表示修改版本号，其功能不变，一般针对某个版本下的漏洞修复。

- 别名指动态链接库的标识符，只带主版本号，通常是真名的一个链接。例如，对于动态链接库 libname.so.x.y.z，其别名为 libname.so.x。

- 链接名指在链接可执行文件时使用的库名称，不带版本号。例如，libname.so 通常是真名或别名的一个符号链接，编译时通过链接名来链接动态链接库。

需要注意的是，为了使动态链接库能够在系统中被正确加载和使用，真名、别名和链接名需要保持一致。通常情况下，真名和别名是由编译器或链接器生成的，并保存在动态链接库的符号表中；而链接名是在编译可执行文件时由开发者手动指定的。在使用动态链接库时，开发者只需要使用正确的链接名即可，链接器会自动查找并使用真名或别名来加载和链接库文件。

将代码编译成动态链接库的过程可以分为两步，我们以将 multi.c 文件编译成动态链接库为例来说明。第一步是编译出与地址无关的独立目标文件，执行"gcc -c -fPIC multi.c"命令，该命令需要使用-fPIC 选项来生成位置无关代码，从而可以保证动态链接库被加载到任意内存地址而不需要修改代码，这样可以避免因为地址变化而导致的问题；第二步是将第一步得到的.o 文件编译成动态链接库，编译命令为"gcc multi.o-shared-Wl,-soname,libmul.so.0-o libmul.so.0.0.0"。在这个命令中，使用了-shared 选项来指示编译器生成动态链接库，使用了-Wl 选项来向链接器传递参数，-soname 参数指定了库的别名 libmul.so.0，-o 参数指定了生成的库文件的全名，即包含所有版本号的完整名称 libmul.so.0.0.0。

当然也可以使用一条命令一步将 multi.c 文件编译成动态链接库，命令为"gcc multi.c-shared-fPIC-Wl,-soname,libmul.so.0-o libmul.so.0.0.0"。可以使用"readelf -d libmul.so.0.0.0"命令查看动态链接库中的信息，此时我们发现别名 libmul.so.0 被写入了文件中。

```
:~/chapter3/dynamic_library$ ls
main.c  multi.c  multi.h
:~/chapter3/dynamic_library$ gcc -c -fPIC multi.c
:~/chapter3/dynamic_library$ gcc multi.o -shared -Wl,-soname,libmul.so.0 -o
libmul.so.0.0.0
:~/chapter3/dynamic_library$ ls
libmul.so.0.0.0  main.c  multi.c  multi.h  multi.o
:~/chapter3/dynamic_library$ readelf -d libmul.so.0.0.0

Dynamic section at offset 0x3e70 contains 20 entries:
  标记        类型                     名称/值
 0x0000000000000001 (NEEDED)             共享库: [libc.so.6]
 0x000000000000000e (SONAME)             Library soname: [libmul.so.0]
 0x0000000000000019 (INIT_ARRAY)         0x7e60
 0x000000000000001b (INIT_ARRAYSZ)       8 (bytes)
 0x000000000000001a (FINI_ARRAY)         0x7e68
 0x000000000000001c (FINI_ARRAYSZ)       8 (bytes)
 0x0000000000000004 (HASH)               0x1f0
 0x000000006ffffef5 (GNU_HASH)           0x230
 0x0000000000000005 (STRTAB)             0x348
 0x0000000000000006 (SYMTAB)             0x258
 0x000000000000000a (STRSZ)              109 (bytes)
...
```

　　有了动态链接库后，便可以在编译应用程序的时候指定使用这个动态链接库。如果要使用的动态链接库文件真名为 libmul.so.0.0.0，则可以在编译时直接使用-lmul 选项。在编译 main.c 文件时如果提示找不到动态链接库，这是因为系统无法找到库文件，而链接时链接器查找文件是通过链接名，也就是 libmul.so 实现的，那么需要给真正的动态链接库做一个符号链接，符号链接名为 libmul.so。符号链接类似于 Windows 操作系统里面的快捷方式，它本身的名字换了，但是只是指向另外一个文件。"ln -s"命令用来做一个符号链接。其中第一个参数是源文件，第二个参数是符号链接的名字。使用"ls -l"命令可以查看这种类似快捷方式的关系。libmul.so 指向的是libmul.so.0.0.0。然后再次编译，即可成功找到库文件。

　　演示如下。

```
:~/chapter3/dynamic_library$ ls
libmul.so.0.0.0  main.c  multi.c  multi.h  multi.o
:~/chapter3/dynamic_library$ gcc main.c -o multi -L. -lmul
/usr/bin/ld: 找不到 -lmul
collect2: error: ld returned 1 exit status
:~/chapter3/dynamic_library$ ln -s libmul.so.0.0.0 libmul.so
:~/chapter3/dynamic_library$ ls -l
总用量28
lrwxrwxrwx 1 zzx zzx    15 7月  14 08:37 libmul.so -> libmul.so.0.0.0
-rwxr-xr-x 1 zzx zzx 19376 7月  14 08:32 libmul.so.0.0.0
-rw-r--r-- 1 zzx zzx   140 10月 30  2022 main.c
-rw-r--r-- 1 zzx zzx    44 10月 26  2022 multi.c
-rw-r--r-- 1 zzx zzx    25 10月 26  2022 multi.h
-rw-r--r-- 1 zzx zzx  1320 7月  14 08:32 multi.o
:~/chapter3/dynamic_library$ gcc main.c -o multi -L. -lmul
:~/chapter3/dynamic_library$ ls
libmul.so  libmul.so.0.0.0  main.c  multi  multi.c  multi.h  multi.o
:~/chapter3/dynamic_library$ ./multi
./multi: error while loading shared libraries: libmul.so.0: cannot open sharedobject
file: No such file or directory
```

　　使用 readelf 命令查看编译好的可执行文件，示例如下。此时我们发现它要调用的动态链接库的名称被写入了可执行文件，而名称是别名，只含有主版本号。

```
:~/chapter3/dynamic_library$ ls
libmul.so  libmul.so.0.0.0  main.c  multi  multi.c  multi.h  multi.o
:~/chapter3/dynamic_library$ readelf -d multi

Dynamic section at offset 0x3e30 contains 24 entries:
  标记          类型                    名称/值
 0x0000000000000001 (NEEDED)             共享库: [libmul.so.0]
 0x0000000000000001 (NEEDED)             共享库: [libc.so.6]
 0x0000000000000019 (INIT_ARRAY)         0x120007e20
 0x000000000000001b (INIT_ARRAYSZ)       8 (bytes)
 0x000000000000001a (FINI_ARRAY)         0x120007e28
 0x000000000000001c (FINI_ARRAYSZ)       8 (bytes)
 0x0000000000000004 (HASH)               0x120000290
 0x000000006ffffef5 (GNU_HASH)           0x1200002d0
 0x0000000000000005 (STRTAB)             0x1200003f0
 0x0000000000000006 (SYMTAB)             0x120000300
 0x000000000000000a (STRSZ)              157 (bytes)
 0x000000000000000b (SYMENT)             24 (bytes)
 0x0000000000000015 (DEBUG)              0x0
 0x0000000000000003 (PLTGOT)             0x120008000
 0x0000000000000002 (PLTRELSZ)           48 (bytes)
 0x0000000000000014 (PLTREL)             RELA
 0x0000000000000017 (JMPREL)             0x120000570
```

与编译时不同，程序执行时，Linux 操作系统加载动态链接库的默认查找路径是/lib 和/usr/lib。如果动态链接库不在这两个路径中，系统会根据配置文件 ld.so.conf 的路径来查找动态链接库。在 Loongnix 操作系统中，我们将所有的.conf 文件都放在/etc/ld.so.conf.d/目录下，ld.so.conf 文件中的内容固定为"include/etc/ld.so.conf.d/*.conf"，具体的查找路径是到/etc/ld.so.conf.d/目录下查看*.conf 文件。这些.conf 文件中包含一些路径，告诉系统可以从哪些地方来查找动态链接库。可以通过编辑这些 .conf 文件来添加或删除路径。

依照上述规则，首先确定动态链接库的存放位置。比如，在/usr/local/lib/目录下新建 BestiDT 目录，作为动态链接库的存放位置，把动态链接库文件复制进去。然后，在/etc/ld.so.conf.d/目录下增加一个配置文件 bestidt.conf，该配置文件中的内容就是库的保存路径/usr/local/lib/BestiDT。设置好后以管理员权限运行 ldconfig，使新的配置生效，具体步骤如下。

```
:~/chapter3/dynamic_library$ cd /usr/local/lib/
:/usr/local/lib$ sudo mkdir BestiDT
[sudo] zzx 的密码：
:/usr/local/lib$ sudo cp~/chapter3/dynamic_library/libmul.so.0.0.0 ./BestiDT/
:/usr/local/lib$ cd /etc/ld.so.conf.d/
:/etc/ld.so.conf.d$ sudo vim bestidt.conf
:/etc/ld.so.conf.d$ cat bestidt.conf
/usr/local/lib/BestiDT
:/etc/ld.so.conf.d$ cd /usr/local/lib/BestiDT/
:/usr/local/lib/BestiDT$ ls
libmul.so.0.0.0
:/usr/local/lib/BestiDT$ sudo ldconfig
:/usr/local/lib/BestiDT$ ls
libmul.so.0 libmul.so.0.0.0
:/usr/local/lib/BestiDT$ cd~/chapter3/dynamic_library/
:~/chapter3/dynamic_library$ ls
libmul.so libmul.so.0.0.0 main.c multi multi.c multi.h multi.o
:~/chapter3/dynamic_library$ rm libmul.so* multi.o
:~/chapter3/dynamic_library$ ls
main.c multi multi.c multi.h
:~/chapter3/dynamic_library$ ./multi
3*4=12
```

注意：使用 ldconfig 命令会多出来一个软链接，该软链接指向真正的动态链接库，然后回到应用程序目录把动态链接库相关的都删除。再次运行可执行文件 multi，就可以正常运行了。

也可以用另外一种方法，即编译应用程序时，指定应用程序到某个目录下查找动态链接库，使用编译选项-Wl、-rpath、/usr/local/lib/BestiDT 来指定动态链接库的查找路径。-Wl 选项表示后续参数传递给链接器。-rpath 选项表示指定动态链接库的具体查找路径为/usr/local/lib/BestiDT。这样动态链接库的路径会被写入应用程序的可执行文件，自然不用修改环境配置文件。但是使用这种方法固定后，不适合发布应用程序给其他人使用。具体操作如下。

```
:~/chapter3/dynamic_library2$ cd /usr/local/lib/BestiDT/
:/usr/local/lib/BestiDT$ ls
libmul.so.0  libmul.so.0.0.0
:/usr/local/lib/BestiDT$ sudo ln -s libmul.so.0 libmul.so
[sudo] zzx 的密码：
:/usr/local/lib/BestiDT$ ls
libmul.so  libmul.so.0  libmul.so.0.0.0
:/usr/local/lib/BestiDT$ cd~/chapter3/dynamic_library2
:~/chapter3/dynamic_library2$ ls
main.c  multi.h
:~/chapter3/dynamic_library2$ ls -l /usr/local/lib/BestiDT/
总用量 12
lrwxrwxrwx 1 root root    11 7月   14 08:55 libmul.so -> libmul.so.0
lrwxrwxrwx 1 root root    15 10月   30 2022 libmul.so.0 -> libmul.so.0.0.0
-rw-r--r-- 1 root root 19376 7月   14 08:46 libmul.so.0.0.0
:~/chapter3/dynamic_library2$ gcc -o multi main.c -L/usr/local/lib/BestiDT -lmul -Wl,
-rpath,/usr/local/lib/BestiDT
:~/chapter3/dynamic_library2$ ls
main.c  multi  multi.h
:~/chapter3/dynamic_library2$ ./multi
3*4=12
:~/chapter3/dynamic_library2$ readelf -d multi

Dynamic section at offset 0x3e20 contains 25 entries:
 标记        类型                        名称/值
 0x0000000000000001 (NEEDED)             共享库: [libmul.so.0]
 0x0000000000000001 (NEEDED)             共享库: [libc.so.6]
 0x000000000000001d (RUNPATH)            Library runpath: [/usr/local/lib/BestiDT]
…
```

使用动态链接库不能设想动态链接库的开发者和应用程序开发者是同一个人，而应该设想为两个无法紧密沟通的陌生人，现实中这种情况更为普遍。

使用动态链接库好处有很多，例如以下几点。

- 动态链接库的开发者开发好动态链接库后将其发布出来，只需设定好安装时放置的特定目录，做好符号链接、配置文件等。

- 应用程序开发者只需要知道动态链接库在哪个目录下，编译的时候链接，然后运行应用程序即可。

- 动态链接库的开发者升级动态链接库，只要是兼容升级的，不影响应用程序开发者的应用程序，应用程序开发者就不需要重新编译。

- 即使有非兼容升级，系统中新、旧版本的库也应该可以共存，用旧版本编译的应用程序和用新版本编译的应用程序都可以顺利运行。

　　为了更好地说明兼容升级和非兼容升级，在此举一个例子。首先动态链接库的开发者开发了 0.0.0 版本的库，在指定的位置产生软链接，应用程序直接链接编译，成功执行，过程如下。

```
:~/chapter3/dynamic_library3$ ls
multi.c
:~/chapter3/dynamic_library3$ gcc multi.c -shared -fPIC -Wl,-soname,libmul.so.0 -o
libmul.so.0.0.0
:~/chapter3/dynamic_library3$ ls
libmul.so.0.0.0 multi.c
:~/chapter3/dynamic_library3$ sudo cp libmul.so.0.0.0 /usr/local/lib/BestiDT/
:~/chapter3/dynamic_library3$ cd /etc/ld.so.conf.d/
:/etc/ld.so.conf.d$ sudo touch bestidt.conf
:/etc/ld.so.conf.d$ sudo vim bestidt.conf
:/etc/ld.so.conf.d$ cat bestidt.conf
/usr/local/lib/BestiDT
:/etc/ld.so.conf.d$ cd /usr/local/lib/BestiDT/
:/usr/local/lib/BestiDT$ ls
libmul.so.0.0.0
:/usr/local/lib/BestiDT$ sudo ldconfig
:/usr/local/lib/BestiDT$ ls
libmul.so.0 libmul.so.0.0.0
:/usr/local/lib/BestiDT$ sudo ln -s libmul.so.0 libmul.so
:/usr/local/lib/BestiDT$ ls
libmul.so libmul.so.0 libmul.so.0.0.0
```

　　应用程序开发者开发应用程序时使用动态链接，步骤如下。

```
:~/chapter3/dynamic_library2$ ls
main.cmulti.h
:~/chapter3/dynamic_library2$ gcc main.c -o multi -L/usr/local/lib/BestiDT -lmul
:~/chapter3/dynamic_library2$ ls
main.c multi multi.h
:~/chapter3/dynamic_library2$ ./multi
3*4=12
```

　　现在进行兼容升级，新的文件版本为 0.0.1，将其复制到特定目录。使用 ldconfig 命令让配置生效，此时我们可以发现"别名"那个软链接执行了新版本 0.0.1 的文件。然后对应用程序不重新进行编译，直接执行，输出 13。之前的输出是 12，输出 13 是为了体现出差别而有意修改的，说明调用的是新版本的库。在此强调：应用程序并没有做任何修改，也没有重新编译，但调用的是新版本的动态链接库，通过输出 13 能够证明。步骤如下。

```
:~/chapter3/dynamic_library3$ ls
libmul.so.0.0.0  multi.c
:~/chapter3/dynamic_library3$ gcc multi.c -shared -fPIC -Wl,-soname,libmul.so.0 -o
libmul.so.0.0.1
:~/chapter3/dynamic_library3$ ls
libmul.so.0.0.0 libmul.so.0.0.1 multi.c
:~/chapter3/dynamic_library3$ sudo cp libmul.so.0.0.1 /usr/local/lib/BestiDT/
:~/chapter3/dynamic_library3$ ls -l /usr/local/lib/BestiDT/
总用量 24
lrwxrwxrwx 1 root root    11 10 月  30 13:16 libmul.so -> libmul.so.0
lrwxrwxrwx 1 root root    15 10 月  30 13:09 libmul.so.0 -> libmul.so.0.0.0
-rwxr-xr-x 1 root root 19376 10 月  30 13:08 libmul.so.0.0.0
-rwxr-xr-x 1 root root 19376 10 月  30 13:31 libmul.so.0.0.1
:~/chapter3/dynamic_library3$ sudo ldconfig
:~/chapter3/dynamic_library3$ ls -l /usr/local/lib/BestiDT/
总用量 24
lrwxrwxrwx 1 root root    11 10 月  30 13:16 libmul.so -> libmul.so.0
lrwxrwxrwx 1 root root    15 10 月  30 13:31 libmul.so.0 -> libmul.so.0.0.1
-rwxr-xr-x 1 root root 19376 10 月  30 13:08 libmul.so.0.0.0
```

```
-rwxr-xr-x 1 root root 19376 10 月  30 13:31 libmul.so.0.0.1
:~/chapter3/dynamic_library3$ cd ../dynamic_library2
:~/chapter3/dynamic_library2$ ./multi
3*4=13
```

进行非兼容升级的时候，"别名"变为了 1.0.0，主版本号变了。使用 ldconfig 命令让配置生效，此时我们发现两个"别名"的符号链接，一个指向新版本，一个指向旧版本。.so 这个符号链接仍然指向旧版本，进行非兼容升级之后，改成了指向新版本。步骤如下。

```
:~/chapter3/dynamic_library3$ ls
libmul.so.0.0.0  libmul.so.0.0.1 multi.c
:~/chapter3/dynamic_library3$ gcc multi.c -shared -fPIC -Wl,-soname,libmul.so.1 -o
libmul.so.1.0.0
:~/chapter3/dynamic_library3$ ls
libmul.so.0.0.0 libmul.so.0.0.1 libmul.so.1.0.0 multi.c
:~/chapter3/dynamic_library3$ sudo cp libmul.so.1.0.0 /usr/local/lib/BestiDT/
[sudo] zzx 的密码：
:~/chapter3/dynamic_library3$ sudo ldconfig
:~/chapter3/dynamic_library3$ ls -l /usr/local/lib/BestiDT/
总用量 36
lrwxrwxrwx 1 root root    11 10 月  30 13:16 libmul.so -> libmul.so.0
lrwxrwxrwx 1 root root    15 10 月  30 13:31 libmul.so.0 -> libmul.so.0.0.1
-rwxr-xr-x 1 root root 19376 10 月  30 13:08 libmul.so.0.0.0
-rwxr-xr-x 1 root root 19376 10 月  30 13:31 libmul.so.0.0.1
lrwxrwxrwx 1 root root    15 10 月  30 13:38 libmul.so.1 -> libmul.so.1.0.0
-rwxr-xr-x 1 root root 19376 10 月  30 13:38 libmul.so.1.0.0
:~/chapter3/dynamic_library3$ cd /usr/local/lib/BestiDT
:/usr/local/lib/BestiDT$ sudo rm libmul.so
:/usr/local/lib/BestiDT$ sudo ln -s libmul.so.1 libmul.so
:/usr/local/lib/BestiDT$ ls -l
总用量 36
lrwxrwxrwx 1 root root    11 10 月  30 13:40 libmul.so -> libmul.so.1
lrwxrwxrwx 1 root root    15 10 月  30 13:31 libmul.so.0 -> libmul.so.0.0.1
-rwxr-xr-x 1 root root 19376 10 月  30 13:08 libmul.so.0.0.0
-rwxr-xr-x 1 root root 19376 10 月  30 13:31 libmul.so.0.0.1
lrwxrwxrwx 1 root root    15 10 月  30 13:38 libmul.so.1 -> libmul.so.1
```

重新用新版本的库编译一个新的应用程序，发现新的应用程序调用新版本的库了（用 14 来辨识）。而旧版本的应用程序依然可用，而且调用的是旧版本的库（用 13 来辨识）。也就是说，新、旧版本的应用程序共同存在，互不影响。演示如下。

```
:~/chapter3/dynamic_library4$ ls
main.c multi.h
:~/chapter3/dynamic_library4$ gcc main.c -o multi -L/usr/local/lib/BestiDT -lmul
:~/chapter3/dynamic_library4$ ls
main.c multi multi.h
:~/chapter3/dynamic_library4$ ./multi
3*4=14
:~/chapter3/dynamic_library4$ cd ../dynamic_library2
:~/chapter3/dynamic_library2$ ls
main.c multi multi.h
:~/chapter3/dynamic_library2$ ./multi
3*4=13
```

综上可知，要实现应用程序开发与底层功能开发的分离，可以采用动态链接库。在动态链接库编译时，需要指定其自身的别名和真名。ldconfig 命令可以根据这些信息自动形成别名到真名的软链接。在应用程序编译时，需要根据链接名来链接动态链接库。链接名链接到特定的别名，这个别名会被写入应用程序。在调用时，应用程序会根据别名来调用动态链接库。如果动态链接库开发者进行小版本升级，则 ldconfig 命令会自动将别名指向新版本的真名，而应用程序无须修改即可自动使用新版本动态链接库。如果进行大版本升级，则需要为新版本的动态链接库取一个新的别名。这样，新、旧版本的应用程序之间互不影响，各自调用自己编译时指定别名的动态链接库。

3.1.5 使用 GDB 调试代码

GDB 是一个用来调试 C/C++程序的功能强大的调试器，是在 Linux 操作系统下开发 C/C++程序中最常用的调试器之一。程序员可以使用 GDB 来跟踪程序中的错误，从而提高开发效率。在 Linux 操作系统下开发 C/C++程序一定要熟悉 GDB。

GDB 的主要功能包括以下几个。

- 设置断点：GDB 允许程序员在程序中设置断点，以便在程序执行到指定的位置时暂停程序的执行，从而进行调试。

- 单步执行：GDB 可以让程序员单步执行程序，以便观察程序在每一步的执行结果，并查看变量的值和程序堆栈等信息。

- 查看变量：GDB 可以让程序员查看程序中变量的值，包括全局变量、局部变量和参数变量等的值。

- 查看程序堆栈：GDB 可以让程序员查看程序的堆栈信息，包括函数的调用和返回等信息。

- 修改变量的值：GDB 可以让程序员在程序运行时修改变量的值，以便进行调试。

- 执行表达式：GDB 可以让程序员在程序运行时执行表达式，并查看表达式的值。

- 跟踪程序的执行：GDB 可以让程序员跟踪程序的执行，包括跟踪函数的调用和返回，以及跟踪程序的运行流程等。

GDB 常用调试命令如表 3-1 所示。

表 3-1 GDB 常用调试命令

命令	命令缩写	命令说明
list	l	显示多行源代码
break	b	设置断点
break if	b if	当满足某个条件时停止
delete	d	删除断点（包括 watch 点），一般先使用 info 命令查看断点，然后使用 d 断点号删除
run	r	开始运行程序
disable	—	禁用断点
enable	—	允许断点
info	i	描述程序状态，比如"i break"命令用于显示有哪些断点，"info thread"命令用于显示有哪些线程
display	disp	跟踪查看某个变量，每次停下来都显示其值
print	p	输出内部变量值
watch	—	监视变量值变化

续表

命令	命令缩写	命令说明
step	s	执行下一条语句，如果该语句为函数调用语句，则进入函数执行第一条语句
next	n	执行下一条语句，如果该语句为函数调用语句，则不会进入函数内部执行（即不会一步步地调试函数内部语句）
continue	c	继续运行程序，直到遇到下一个断点
finish	—	设置变量的值
start	st	开始执行程序，在 main()函数中的第一条语句前停下
quit	q	离开 GDB
edit	—	在 GDB 中进行编辑
whatis	—	查看变量的类型
search	—	搜索源文件中的文本
file	—	装入需要调试的程序
kill	k	终止正在调试的程序

下面我们以一个例子来简单说明 GDB 的使用。首先需要安装 GDB，可以使用以下命令进行安装。

```
sudo apt-get install gdb
```

进行调试的代码如下。

```
1.  #include<stdio.h>
2.  int main()
3.  {
4.      int sum=0;
5.      for(int i=0;i<10;i++)
6.      {
7.          sum+=i;
8.      }
9.      printf("sum = %d\n",sum);
10.     return 0;
11. }
```

将程序命名为 main.c，并将其编译成可执行文件，在编译程序时需要加上-g 选项，这样生成的可执行文件才能使用 GDB 进行调试。GDB 调试过程如下。

```
:~/chapter3/gdb$ ls
main.c
:~/chapter3/gdb$ gcc -g main.c -o main
:~/chapter3/gdb$ ls
main  main.c
:~/chapter3/gdb$ gdb main
GNU gdb (Loongnix 8.1.50-1.lnd.vec.5) 8.1.50.20190122-git
Copyright (C) 2018 Free Software Foundation, Inc.
License GPLv3+: GNU GPL version 3 or later <http://gnu.org/licenses/gpl.html>
This is free software: you are free to change and redistribute it.
There is NO WARRANTY, to the extent permitted by law.
Type "show copying" and "show warranty" for details.
This GDB was configured as "loongarch64-linux-gnu".
Type "show configuration" for configuration details.
For bug reporting instructions, please see:
<http://www.gnu.org/software/gdb/bugs/>.
Find the GDB manual and other documentation resources online at:
```

```
        <http://www.gnu.org/software/gdb/documentation/>.
For help, type "help".
Type "apropos word" to search for commands related to "word"...
Reading symbols from main...done.
(gdb)
```

在 GDB 中使用"run"命令直接运行并输出结果，这段程序的作用是计算数字 1～10 的和并输出结果，可以看到结果为 55。"break 7"命令的作用是在程序的第 7 行打断点，这样程序执行到断点所在的行，就会中断运行。使用"info breakpoints"命令可以查看当前设置的所有断点，这里显示只有一个断点并且在程序的第 7 行。再次使用"run"命令，但此时并没有像刚开始那样直接输出程序运行的结果，这是因为断点发挥作用了。如果要查看程序中 sum 变量此时的值，只需使用"print sum"命令即可，此时 sum 变量的值为 0。使用"continue"命令让程序继续执行，程序再次遇到断点时又会停下来，继续查看 sum 变量的值，发现此时它变为了 1。如果需要一直监测 sum 变量的值，只需使用"display sum"命令，以后使用"continue"命令后无须再使用"print sum"命令即可看到 sum 变量的值，最后调试完使用"quit"命令即可退出。具体过程如下。

```
(gdb) run
Starting program: /home/zzx/chapter3/gdb/main
sum = 55
[Inferior 1 (process 11733) exited normally]
(gdb) break 7
Breakpoint 1 at 0x120000720: file main.c, line 7.
(gdb) info breakpoints
Num     Type           Disp Enb Address            What
1       breakpoint     keep y   0x0000000120000720 in main
                                                   at main.c:7
(gdb) run
Starting program: /home/zzx/chapter3/gdb/main

Breakpoint 1, main () at main.c:7
7            sum+=i;
(gdb) print sum
$1 = 0
(gdb) continue
Continuing.

Breakpoint 1, main () at main.c:7
7            sum+=i;
(gdb) print sum
$2 = 1
(gdb) display sum
1: sum = 1
(gdb) continue
Continuing.

Breakpoint 1, main () at main.c:7
7            sum+=i;
1: sum = ·3
(gdb) quit
A debugging session is active.

    Inferior 1 [process 11736] will be killed.

Quit anyway? (y or n) y
```

3.2　Makefile 基础

随着程序规模的扩大，当文件比较多时，单独使用命令逐个编译变得不现实，此时就需要借助构建工具。GCC 提供了半自动化的工程管理器 Make，所谓的半自动化是指在使用工程管理器前需要人工编写程序的编译规则，所有的编译规则都保存在 Makefile 文件中。而全自动化的工程管理器在编译程序前会自动生成 Makefile 文件，Makefile 文件描述了 Linux 操作系统下 C/C++工程的编译规则。编写好 Makefile 文件后，只需要使用 make 命令，整个工程就开始自动编译，不再需要手动执行 gcc 命令。中大型 C/C++工程的源文件有成百上千个，它们按照功能、模块、类型被分别放在不同的目录中。Makefile 文件定义了一系列规则，指明了源文件的编译顺序、依赖关系、是否需要重新编译等。

Makefile 文件可以定义一系列的编译规则：哪些文件需要先编译，哪些文件需要后编译，哪些文件需要重新编译，甚至进行更复杂的功能操作。因为 Makefile 文件就像 Shell 脚本，在其中也可以执行操作系统的命令。Makefile 文件带来的好处就是"自动化编译"，可极大地提高软件开发的效率。Make 是一个解释 Makefile 文件中的编译规则的命令工具，一般来说，大多数的 IDE 都有这个命令工具，比如 Delphi 的 Make、Visual C++的 NMAKE、Linux 下 GNU 的 Make。

3.2.1　Makefile 基本语法

Makefile 文件由许多条规则组成，每条规则主要有 3 个部分，即目标文件（target files）、依赖文件（dependency files）和编译规则命令（command），格式如下。

```
1. target : dependency file
2.      command
```

目标文件是需要生成的文件。如果目标文件的更新时间晚于依赖文件的更新时间，说明依赖文件没有改动，目标文件不需要重新编译，否则需要重新编译（即执行 command 的内容）并更新目标文件。依赖文件是生成目标文件所需要依赖的文件。如果依赖文件不存在，则寻找其他规则，看是否可以产生依赖文件。目标文件和依赖文件用":"分开，前面是目标文件，后面是依赖文件。如果一条规则中的目标文件不存在或者依赖文件中有任意一个文件的更新日期比目标文件更新，那么该条规则的编译规则命令就会被执行，从而由依赖文件生成目标文件。注意：每条命令前必须有且仅有一个 Tab 键缩进，这是语法要求，不能用空格替代。

通过"make–f <filename>"命令来执行 Makefile 文件，不加参数时默认找当前目录下的名为 Makefile 的文件。Makefile 文件在执行时，会从前到后依次检查文件中的每条规则来选择是否执行规则中的命令。

我们以一个实例来说明 Makefile 文件的具体用法。假设现在有一个项目需要编译，该项目有 3 个子目录，分别存放的是加法、减法和乘法的实现，main.c 位于主目录下，其主函数调用这些子目录中的函数实现。如下所示为用 GCC 编译的过程，可以看到过程比较烦琐。这个项目的文件数量还不算多，如果更多的话，编译的工作量就会更大。

```
:~/chapter3/makefile1$ ls
add main.c mul sub
:~/chapter3/makefile1$ cd add/
:~/chapter3/makefile1/add$ ls
add.c add.h
```

```
:~/chapter3/makefile1/add$ gcc -c add.c
:~/chapter3/makefile1/add$ ls
add.c add.h add.o
:~/chapter3/makefile1/add$ cd ../sub/
:~/chapter3/makefile1/sub$ ls
sub.c sub.h
:~/chapter3/makefile1/sub$ gcc -c sub.c
:~/chapter3/makefile1/sub$ ls
sub.c sub.h sub.o
:~/chapter3/makefile1/sub$ cd ../mul/
:~/chapter3/makefile1/mul$ ls
mul.c mul.h
:~/chapter3/makefile1/mul$ gcc -c mul.c
:~/chapter3/makefile1/mul$ ls
mul.c mul.h mul.o
:~/chapter3/makefile1/mul$ cd ..
:~/chapter3/makefile1$ ls
add main.c mul sub
:~/chapter3/makefile1$ gcc -o main main.c ./add/add.o ./sub/ sub.o ./ mul/ mul.o -Isub
-Iadd -Imul
:~/chapter3/makefilei$ ls
add  main main.c mul sub
```

我们可以使用 Makefile 文件来简化编译过程，使用 "make" 命令执行 Makefile 文件，就可以直接全部编译完成。具体过程如下。

```
:~/chapter3/makefile2$ ls
add  main.c  makefile  mul  sub
:~/chapter3/makefile2$ make
gcc    -o add/add.o add/add.c
gcc    -o sub/sub.o sub/sub.c
gcc    -o mul/mul.o mul/mul.c
gcc    -o main.o main.c -Iadd -Isub -Imul
gcc    -o main add/add.o sub/sub.o mul/mul.o main.o
:~/chapter3/makefile2$ ls
add  main  main.c  main.o  makefile  mul  sub
:~/chapter3/makefile2$ ./main
4 + 5 = 9
4 - 5 = -1
4 * 5 = 20
:~/chapter3/makefile2$ make clean
rm -f main add/add.o sub/sub.o mul/mul.o main.o
:~/chapter3/makefile2$ ls
add  main.c  makefile  mul  sub
```

其中，使用的 Makefile 文件中的内容如下。

```
 1. #生成 main, ":"右边为目标
 2. main : add/add.o sub/sub.o mul/mul.o main.o
 3.     gcc -o main add/add.o sub/sub.o mul/mul.o main.o
 4.
 5. #生成 add.o 的规侧
 6. add/add.o : add/add.c add/add.h
 7.     gcc    -o add/add.o add/add.c
 8.
 9. #生成 sub.o 的规则
10. sub/sub.o : sub/sub.c sub/sub.h
11.     gcc    -o sub/sub.o sub/sub.c
12.
13. #生成 mul.o 的规则
14. mul/mul.o : mul/mul.c mul/mul.h
15.     gcc    -o mul/mul.o mul/mul.c
```

```
16.
17.   #生成 main.o 的规则
18.   main.o:main.c add/add.h sub/sub.h mul/mul.h
19.       gcc    -o main.o main.c -Iadd -Isub -Imul
20.   #清理的规则
21.   clean:
22.       rm -f main add/add.o sub/sub.o mul/mul.o main.o
```

当执行 Makefile 文件时，Make 工具会按照文件中定义的规则来决定哪些文件需要重新编译，哪些文件已经是最新的不需要重新编译，并且按照依赖关系来生成目标文件。在本例中，Makefile 文件的执行过程如下。

① Make 工具首先查找 Makefile 文件中的第一个规则，如果发现规则的目标文件 main 不存在，则需要生成 main 文件。

② 为了生成 main 文件，Make 工具需要先生成 add/add.o、sub/sub.o、mul/mul.o 这 3 个目标文件。因此，Make 工具需要接着查找 Makefile 文件中有关这 3 个目标文件的规则。

③ Make 工具查找到了以 add/add.o 为目标的规则，发现该规则的依赖文件 add/add.c 和 add/add.h 都存在。由于目标文件 add/add.o 不存在或者比依赖文件更新，因此 Make 工具需要执行规则命令"gcc -o add/add.o add/add.c"来生成 add/add.o 文件。

④ Make 工具执行以 sub/sub.o 为目标的规则和以 mul/mul.o 为目标的规则，分别生成 sub/sub.o 和 mul/mul.o 文件。

⑤ 现在，所有目标文件（add/add.o、sub/sub.o、mul/mul.o）都已经生成，Make 工具回到第一条规则，检查目标文件 main 是否存在或比依赖文件更新。

⑥ 由于目标文件 main 不存在或者比依赖文件更新，Make 工具执行规则命令"gcc -o main add/add.o sub/sub.o mul/mul.o main.o"，生成 main 目标文件。

⑦ 此时，Makefile 文件的执行过程结束。如果用户在命令行中执行"make clean"命令，则 Make 工具将执行 Makefile 文件中的 clean 规则来删除所有生成的目标文件。

总之，Makefile 文件中的规则是按照依赖关系组织的，Make 工具会自动识别这些依赖关系，并且在需要的时候调用相应的规则来生成和更新目标文件。这可以减少手动编译的工作量，同时根据依赖关系，没有被代码修改影响的目标文件不会被重新编译，节约了编译时间，提高了软件开发的效率。

3.2.2　使用变量与模式匹配

前文提到的 Makefile 文件比较烦琐，我们还可以通过引入变量和模式匹配来进一步简化。

在 Makefile 文件中，变量是一种用来存储值的机制。Makefile 文件中的变量名可以是任何以字母、数字或下画线开头的字符串。变量可以用来存储常用的字符串、路径、编译器选项等，并可以在 Makefile 文件中引用这些变量，以便在多个地方重复使用，从而简化 Makefile 文件的编写和维护。变量的定义使用"变量名 = 变量值"的语法格式来实现，例如"CC = gcc"，当我们想引用该变量的时候，可以使用"$(CC)"来取出这个变量的值。

模式匹配指的是可以在文件名中使用通配符，以匹配一组文件名，常用于定义依赖关系和目标。模式匹配使用"%"符号来表示任意字符序列，例如通过规则"%.o : %.c"匹配所有.o 文件和对应的.c 文件，为所有的.c 文件生成.o 文件，这样就避免了对每个文件都进行单独的规则定义。使用模式匹配可以减少 Makefile 文件的重复书写，提高代码的可维护性和可读性。同时，模式匹配也为 Makefile 文件提供了更强大的灵活性和适应性，使得其更容易适应不同的项目需求。

使用变量和模式匹配改进后的 Makefile 文件中的内容如下。

```
 1. CC = gcc
 2. CFLAGS = -Iadd -Isub -Imul
 3. OBJS = add/add.o sub/sub.o mul/mul.o main.o
 4. TARGET = main
 5. RM = rm -f
 6. $(TARGET):$(OBJS)
 7.     $(CC) -o $(TARGET) $(OBJS)
 8. $(OBJS):%.o:%.c
 9.     $(CC) -c $(CFLAGS) $< -o $@
10. clean:
11.     -$(RM) $(TARGET) $(OBJS)
```

对比使用变量替换前后的 Makefile 文件中的代码，可以明显看到减少了大量的重复书写，仅使用"$(TARGET) : $(OBJS)"命令就代替了之前的"main:add/add.o sub/sub.o mul/mul.o main.o"命令，使用"$(CC) -o $(TARGET) $(OBJS)"命令就代替了之前的"gcc -o main add/add.o sub/sub.o mul/mul.o main.o"命令。

本例中$(OBJS)里面的所有.o 文件，其依赖项为相同名字的.c 文件，$(OBJS)指出了模式匹配的使用范围。这里也可以不用$(OBJS)，也就是所有的.o 文件都用这个模式匹配，这在本例中是适用的。有了模式匹配，有共性的目标用一条规则就全部涵盖了。

上述代码中还用到了 Makefile 文件中的代码的自动变量。其中"$@"表示规则的目标文件名；"$<"表示规则中的第一个依赖文件，使用空格分隔，并去掉重复的依赖文件。此外，用"$^"表示所有依赖文件列表，也比较常见。结合模式匹配和变量，可以大大简化 Makefile 文件中代码的书写，提高代码的可读性和可维护性。

用改进后的 Makefile 文件编译程序，具体步骤如下。

```
:~/chapter3/makefile3$ ls
add  main.c  makefile  mul  sub
:~/chapter3/makefile3$ make
gcc -c -Iadd -Isub -Imul add/add.c -o add/add.o
gcc -c -Iadd -Isub -Imul sub/sub.c -o sub/sub.o
gcc -c -Iadd -Isub -Imul mul/mul.c -o mul/mul.o
gcc -c -Iadd -Isub -Imul main.c -o main.o
gcc -o main add/add.o sub/sub.o mul/mul.o main.o -Iadd -Isub -Imul
:~/chapter3/makefile3$ ls
add  main  main.c  main.o  makefile  mul  sub
:~/chapter3/makefile3$ ./main
a + b = 9
a - b = -1
a * b = 20
:~/chapter3/makefile3$ make clean
rm -f main add/add.o sub/sub.o mul/mul.o main.o
:~/chapter3/makefile3$ ls
add  main.c  makefile  mul  sub
```

Makefile 文件还可以进一步简化，因为 Makefile 文件本身有自动推导规则，也就是说可以省略模式匹配的语句。当.o 文件没有定义对应的规则时，Make 程序会使用自动推导规则来编译得到.o 文件。因此尽管下面这个 Makefile 文件省去了模式匹配，但仍然可以完成编译，其内容如下。

```
1. CC = gcc
2. CFLAGS = -Iadd -Isub -Imul
3. OBJS = add/add.o sub/sub.o mul/mul.o main.o
4. TARGET = main
5. RM = rm -f
6. $(TARGET):$(OBJS)
7.      $(CC) -o $@ $^ $(CFLAGS)
8. clean:
9.      -$(RM) $(TARGET) $(OBJS)
```

使用自动推导规则的 Makefile 文件编译程序的过程如下。

```
:~/chapter3/makefile4$ ls
add  main.c  makefile  mul  sub
:~/chapter3/makefile4$ make
gcc -Iadd -Isub -Imul   -c -o add/add.o add/add.c
gcc -Iadd -Isub -Imul   -c -o sub/sub.o sub/sub.c
gcc -Iadd -Isub -Imul   -c -o mul/mul.o mul/mul.c
gcc -Iadd -Isub -Imul   -c -o main.o main.c
gcc -o main add/add.o sub/sub.o mul/mul.o main.o -Iadd -Isub -Imul
:~/chapter3/makefile4$ ls
add  main  main.c  makefile  mul  sub
```

3.2.3　在 Makefile 文件中指定搜索路径

在 Makefile 文件中，指定搜索路径可以让 Make 程序知道去哪里找到所需的文件。当需要链接目标文件时，Make 程序会在指定的搜索路径下查找所需的文件，如果找不到，就会报错。在 Makefile 文件中，可以通过 VPATH 变量来指定 Make 程序在搜索文件时的路径；可以指定多个路径，以冒号（:）分隔。例如，"VPATH = add:sub:mul"命令表示 Make 程序会先在 add 目录下查找，如果找不到再到 sub 目录下查找，再找不到就到 mul 目录下查找。

使用 VPATH 变量的 Makefile 文件中的内容如下。

```
1. CC = gcc
2. CFLAGS = -Iadd -Isub -Imul
3. VPATH = add:sub:mul
4. OBJS = add.o sub.o mul.o main.o
5. TARGET = main
6. RM = rm -f
7. $(TARGET):$(OBJS)
8.      $(CC) -o $@ $^ $(CFLAGS)
9. clean:
10.      -$(RM) $(TARGET) $(OBJS)
```

设定 VPATH 变量后，Make 程序就会自动搜索 VPATH 变量指定的目录，以查找符合规则的源文件进行编译。具体过程如下。

```
:~/chapter3/makefile4$ ls
add  main.c  makefile  makefile-1  mul  sub
:~/chapter3/makefile4$ make -f makefile-1
gcc -Iadd -Isub -Imul   -c -o add.o add/add.c
gcc -Iadd -Isub -Imul   -c -o sub.o sub/sub.c
gcc -Iadd -Isub -Imul   -c -o mul.o mul/mul.c
gcc -Iadd -Isub -Imul   -c -o main.o main.c
gcc -o main add.o sub.o mul.o main.o -Iadd -Isub -Imul
:~/chapter3/makefile4$ ls
add    main    main.o    makefile-1  mul.o   sub.o
add.o  main.c  makefile  mul   sub
:~/chapter3/makefile4$ ./main
```

```
a + b = 9
a - b = -1
a * b = 20
:~/chapter3/makefile4$ make -f makefile-1 clean
rm -f main add.o sub.o mul.o main.o
:~/chapter3/makefile4$ ls
add  main.c  makefile  makefile-1  mul  sub
```

在上述例子中，所有的.o 文件都生成在与源文件相同的一个目录中，这可能会让人感到有些混乱。在此，可以指定一个特定的目录，将所有编译器生成的文件都保存在该目录中。

可以在 Makefile 文件中定义一个名为 OBJSDIR 的变量，用来表示目录名，然后将其设置为主目标的一个依赖项。当编译主目标的时候，如果 OBJSDIR 目录不存在，会自动执行下面的规则来创建该目录。规则中使用了 mkdir 命令，并指定了-p 选项，使用该选项可以创建多级目录，并且如果目录已经存在，则不会报错。接下来，可以将目标指定到 OBJSDIR 目录下，以便更好地组织生成的文件。新的 Makefile 文件中的内容如下。

```
 1. CC = gcc
 2. CFLAGS = -Iadd -Isub -Imul
 3. OBJSDIR = build
 4. VPATH = add:sub:mul
 5. OBJS = add.o sub.o mul.o main.o
 6. TARGET = main
 7. $(TARGET):$(OBJSDIR) $(OBJS)
 8.     $(CC) -o $(OBJSDIR)/$(TARGET) $(OBJSDIR)/*.o $(CFLAGS)
 9. %.o:%.c
10.     $(CC) -c $(CFLAGS) $< -o $(OBJSDIR)/$@
11. $(OBJSDIR):
12.     mkdir -p ./$@
13. clean:
14.     -$(RM) $(OBJSDIR)/$(TARGET)
15.     -$(RM) $(OBJSDIR)/*.o
```

通过以上改进，可以更好地组织生成的文件，使代码更加清晰、易读。指定目录生成效果如下，此时可以看到.o 文件全部生成到 build 目录下了，代码目录保持干净、整洁。

```
:~/chapter3/makefile4$ ls
add  main.c  makefile  makefile-1  makefile-2  mul  sub
:~/chapter3/makefile4$ make -f makefile-2
mkdir -p ./build
gcc -c -Iadd -Isub -Imul add/add.c -o build/add.o
gcc -c -Iadd -Isub -Imul sub/sub.c -o build/sub.o
gcc -c -Iadd -Isub -Imul mul/mul.c -o build/mul.o
gcc -c -Iadd -Isub -Imul main.c -o build/main.o
gcc -o build/main build/*.o -Iadd -Isub -Imul
:~/chapter3/makefile4$ ls
add  build  main.c  makefile  makefile-1  makefile-2  mul  sub
:~/chapter3/makefile4$ cd build/
:~/chapter3/makefile4/build$ ls
add.o  main  main.o  mul.o  sub.o
:~/chapter3/makefile4/build$ ./main
a + b = 9
a - b = -1
a * b = 20
```

3.2.4 Makefile 文件中基本函数的使用

Makefile 文件包含一些基本函数，用于操作变量和字符串，使用这些函数可以简化 Makefile

文件的编写和维护。Makefile 文件中的函数的语法如下。

```
$(<function> <arguments>)
```

Makefile 文件中的函数的语法通常以 "$" 开头，用于对变量进行操作或返回特定值，函数名与参数使用括号括起来，函数可以有多个参数，多个参数之间用逗号隔开。

接下来介绍 Makefile 文件中两个基本函数的使用。

1. wildcard 函数

wildcard 函数用于获取满足特定模式的文件列表，其基本语法如下。

```
$(wildcard pattern)
```

其中，pattern 是一个包含通配符的字符串，可以表示一个或多个文件名或路径。该函数会将符合 pattern 的文件名列表返回给变量或规则。例如，要获取当前目录下所有以.c 结尾的文件名，可以使用语句 "SRCS = $(wildcard *.c)"，把符合 *.c 模式的文件名列表返回给 SRCS 变量。假设当前目录下有 3 个.c 文件——func1.c、func2.c、func3.c，那么该语句等价于 "SRCS = func1.c func2.c func3.c"。

2. patsubst 函数

patsubst 函数是 Makefile 文件中用于字符串替换的函数，它的作用是将一组字符串中符合特定模式的子字符串替换为另一个字符串。该函数的语法如下。

```
$(patsubst <pattern>,<replacement>,<text>)
```

其中，<pattern>是匹配模式，可以使用 "%" 通配符表示任意字符；<replacement>是替换的字符串；<text>是需要进行替换的字符串。patsubst 函数会在<text>中查找符合<pattern>的子字符串，并将它们替换为<replacement>。以下是一个使用 patsubst 函数的示例。

```
1. SRCS = $(wildcard *.c)
2. OBJS = $(patsubst %.c, %.o, $(SRCS))
```

在此示例中，SRCS 包含当前目录下所有以.c 结尾的文件名，patsubst 函数的作用是将当前目录下所有的.c 文件名替换为.o 文件名，并将替换结果存储到 OBJS 变量中。执行完成的效果如下。

```
SRCS = func1.o func2.o func3.o
```

3.2.5　简单的 Makefile 模板

通用的 Makefile 模板是一种在编译和构建软件项目时常用的文件，它定义了规则和指令来自动化编译、链接和生成可执行文件或库。这种模板可以根据具体项目的需求进行修改和扩展。

下面就以编写简单的 Makefile 模板为例进行简单说明，我们要求源文件都放到同一目录下，仍然用之前的示例，目录结构如下。

```
:~/chapter3/makefile5$ tree .
.
├── add.c
├── add.h
├── main.c
├── makefile
├── mul.c
├── mul.h
```

```
├──sub.c
└──sub.h

0 directories, 8 files
```

为了保证这个 Makefile 模板的通用性，整个 Makefile 模板没有特指任何.c 或者.h 文件，只需按照规则编写源代码即可。目标文件的名称可以根据需要修改，该通用的 Makefile 模板如下。

```
 1. CC = gcc
 2. CFLAGS = -g -Wall
 3. OBJSDIR = build
 4. SRCS = $(wildcard *.c)
 5. OBJS = $(patsubst %.c, $(OBJSDIR)/%.o, $(SRCS))
 6. DEPS = $(patsubst %.o, %.d, $(OBJS))
 7. TARGET = main
 8. $(OBJSDIR)/$(TARGET):$(OBJSDIR) $(OBJS)
 9.     $(CC) $(CFLAGS) -o $@ $(OBJS)
10. $(OBJSDIR)/%.o:%.c
11.     $(CC) -c $(CFLAGS) -MMD -o $@ $<
12.
13. -include $(DEPS)
14.
15. $(OBJSDIR):
16.     mkdir -p ./$@
17. clean:
18.     -$(RM) $(OBJSDIR)/$(TARGET)
19.     -$(RM) $(OBJSDIR)/*.o
20.     -$(RM) $(OBJSDIR)/*.d
```

通过前面对 wildcard 函数的理解，对该通用的 Makefile 模板能推导出：

```
SRCS = add.c main.c sub.c mul.c
```

根据 patsubst 函数的含义，能推导出：

```
1. OBJS = build/add.o build/main.o build/sub.o build/mul.o
2. DEPS = build/add.d build/main.d build/sub.d build/mul.d
```

在该 Makefile 模板中，我们使用了"-include $(DEPS)"语句，它会先于所有语句运行。与 C 语言的"#include"语句作用类似，它会把文件内容包含进来。前面有"-"表示此语句即使执行时有错误，也会忽略错误继续执行。在第一次编译时，由于.d 文件不存在，因此会出现错误，但是其他规则会继续执行。在第一次编译时，使用"-MMD"选项能够根据.c 文件的"#include"语句产生.d 文件，其内容是依赖关系。再次编译时，"-include $(DEPS)"语句会执行成功。

如果出现相同目标文件的规则，比如通过模式匹配得到的规则和通过"-include $(DEPS)"语句得到的规则的目标文件相同，那么 Makefile 模板会合并相同目标的规则。举个例子，假如通过模式匹配得到的规则如下。

```
1. build/main.o: main.c
2.     $(CC) -c $(CFLAGS) -MMD -o $@ $<
```

而通过"-include $(DEPS)"语句得到的规则如下。

```
build/main.o: main.c add.h sub.h mul.h
```

此时出现了相同目标文件的规则，这种情况下 Makefile 模板会合并相同目标文件的规则，其中通过"-include $(DEPS)"语句得到的规则没有命令，就合并成：

```
1. build/main.o: main.c add.h sub.h mul.h
2.     $(CC) -c $(CFLAGS) -MMD -o $@ $<
```

但如果两条规则本身都带有命令，Makefile 模板就无法合并，会给出警告，并用后面的规则替代前面的规则。

这个简单、通用的 Makefile 模板有以下几个优点。

① 整个 Makefile 模板没有特指任何.c 或者.h 文件，因此只要按照规则写源代码，这个 Makefile 模板就能通用，只需要改一下目标文件的名称即可。

② 使用这个 Makefile 模板的基本规则：源代码放在与 Makefile 模板同级的目录，各个分模块的.c 文件要包含自己模块的头文件。

③ 相比前面的一些 Makefile 文件，这个 Makefile 模板涵盖对.h 文件修改的感知。当修改了.h 文件时，Make 会保证对应受影响的目标文件被重新编译，不会漏掉任何一个受影响的目标文件。

3.3 CMake 基础

Make 过于底层，对于开发者编写不是很友好，开发大型软件时的编写 Makefile 文件是一项繁重的工作，同时也容易出错。为了解决这个问题，可以使用更高级的构建工具，比如 CMake。

CMake 是一种跨平台的、开源的构建工具，可以自动生成用于不同操作系统和编译器的构建文件，如 Makefile 文件或 Visual Studio 工程文件等。它通过 CMakeLists.txt 文件来描述项目的构建过程，可以方便地配置编译选项、依赖关系和安装规则等。

使用 CMake 可以使项目更易于管理和移植，特别是对于大型项目来说，可以简化构建过程，提高开发效率和可维护性。CMake 支持多种编程语言，包括 C、C++、Fortran、Python 等，并提供了丰富的模块和插件，以便与其他工具和库进行集成。

CMake 具有良好的跨平台性，可以在 Windows、Linux、macOS 和其他操作系统上使用。它支持各种主流的编译器和构建工具，如 GCC、Clang、Visual C++、Ninja、Make 等。同时，CMake 也可以与其他构建工具配合使用，如 CTest、CPack 等。

总之，CMake 是一个功能强大、灵活性高、易于使用的构建工具，适用于各种规模的项目和不同类型的编程语言。

3.3.1 CMake 基本语法

CMake 使用基于命令的语法来组织和管理项目的构建过程，其基本语法格式为

```
指令(参数 1 参数 2...)
```

在 CMake 语法中，指令是大小写无关的，而参数和变量是大小写相关的。每个指令可以接受 0 个或多个参数，参数需要用括号括起来，且参数之间可以使用空格或分号分隔。下面是几个常见的命令和变量。

1. cmake_minimum_required 命令

cmake_minimum_required 命令用于指定 CMake 的最低版本要求，其语法格式如下。

```
1. # 指定 CMake 的最低版本要求
2. cmake_minimum_required(VERSION 版本号)
```

其中"版本号"用于指定 CMake 的版本号，例如版本号为"3.0.0"意味着 CMake 后续的指

令需要在 3.0.0 版本或更高版本下才能正常执行，如果当前的 CMake 版本低于指定版本，则 CMake 会终止执行并输出错误信息。通常在编写 CMakeLists.txt 文件时，建议使用该命令来指定 CMake 的最低版本要求，以便保证构建环境的兼容性。

2. project 命令

project 命令用于定义项目的名称，实际上，它还可以用于指定 CMake 工程的版本号、简短的描述、主页统一资源定位符（Uniform Resource Locator，URL）和编译工程使用的语言。例如，如果想指定项目名称为 HELLOWORLD，可以使用以下命令。

```
1. # 指定项目名称为 HELLOWORLD
2. project(HELLOWORLD)
```

3. set 命令

set 命令用于设置变量的值。例如，如果想设置 SRC 变量的值为 main.cpp mul.cpp，可以使用以下命令。

```
1. # 设置 SRC 变量的值为 main.cpp mul.cpp
2. set(SRC main.cpp mul.cpp)
```

4. include_directories 命令

include_directories 命令用于添加头文件搜索路径，以便 C++编译器可以找到所需的头文件，相当于指定 GCC 的-I 参数。例如，如果想将/usr/include/和./include 添加到头文件搜索路径，可以使用以下命令。

```
1. # 将/usr/include/ 和 ./include 添加到头文件搜索路径
2. include_directories(/usr/include/ ./include)
```

5. link_directories 命令

link_directories 命令用于为链接器指定库文件的搜索路径。具体来说，该命令会将指定目录添加到编译器链接时搜索库文件的路径中。例如，如果想将/usr/lib/ 和 ./lib 添加到库文件搜索路径，可以使用以下命令。

```
1. # 将/usr/lib/ 和 ./lib 添加到库文件搜索路径
2. link_directories(/usr/lib/ ./lib)
```

6. add_library 命令

add_library 命令用于使用指定的源文件在项目中添加静态链接库或动态链接库。例如，如果想通过变量 SRC 生成 libhello.so 动态链接库或 libhello.a 静态链接库，可以使用以下命令。

```
1. # 通过变量 SRC 生成 libhello.so 动态链接库
2. add_library(hello SHARED ${SRC})
3.
4. # 通过变量 SRC 生成 libhello.a 静态链接库
5. add_library(hello STATIC ${SRC})
```

7. add_compile_options 命令

add_compile_options 命令用于为目标文件添加编译选项，可以添加任意多个编译选项，用空格分隔。例如，如果想添加编译选项-Wall，可以使用以下命令。

```
1. # 添加编译选项 -Wall
2. add_compile_options(-Wall)
```

8. add_executable 命令

add_executable 命令使用指定的源文件来生成目标可执行文件。例如，如果想编译 main.c 文件生成可执行文件 main，可以使用以下命令。

```
1. # 编译 main.c 文件生成可执行文件 main
2. add_executable(main main.c)
```

9. target_link_libraries 命令

target_link_libraries 命令用于将一个或多个库文件链接到一个目标可执行文件或共享库上，以便在运行时使用这些库。例如，如果想将名为 hello 的动态链接库文件链接到可执行文件 main 上，可以使用以下命令。

```
1. # 将名为 hello 的动态链接库文件链接到可执行文件 main
2. target_link_libraries(main hello)
```

10. add_subdirectory 命令

add_subdirectory 命令用于添加子目录，它指示 CMake 在当前目录中添加另一个 CMakeLists.txt 文件所在的子目录。例如，如果想添加 src 子目录，则 src 中需有一个 CMakeLists.txt 文件，可以使用以下命令。

```
1. # 添加 src 子目录, src 中需有一个 CMakeLists.txt 文件
2. add_subdirectory(src)
```

11. aux_source_directory 命令

aux_source_directory 命令用于发现一个目录下所有的源代码文件并将列表存储在一个变量中，这个命令临时被用来自动构建源文件列表。例如，如果想定义 SRC 变量的值为当前目录下所有的源代码文件，可以使用以下命令。

```
1. # 定义 SRC 变量的值为当前目录下所有的源代码文件
2. aux_source_directory(. SRC)
```

12. CMAKE_BUILD_TYPE 变量

CMAKE_BUILD_TYPE 变量用于指定编译类型为 Debug 或 Release。Debug 是"调试"的意思，编译器在生成 Debug 版本的程序时会加入调试辅助信息，并且很少会进行优化，程序还是"原汁原味"的；Release 是"发行"的意思，编译器会使尽"浑身解数"对程序进行优化，以提高执行效率，虽然最终的运行结果仍然是我们期望的，但底层的执行流程可能已经改变了。

```
1. # 指定编译类型为 Debug, 调试代码时需要指定编译类型为 Debug
2. set(CMAKE_BUILD_TYPE Debug)
3. # 指定编译类型为 Release, 发布时需要指定编译类型为 Release
4. set(CMAKE_BUILD_TYPE Release)
```

13. EXECUTABLE_OUTPUT_PATH 变量

EXECUTABLE_OUTPUT_PATH 是 CMake 的一个变量，用于指定生成可执行文件的输出路径。该变量可以被设置为任何一个存在的路径，其使用方法如下。

```
set(EXECUTABLE_OUTPUT_PATH "你要存放的可执行文件位置")
```

14. LIBRARY_OUTPUT_PATH 变量

LIBRARY_OUTPUT_PATH 是 CMake 中一个用于指定生成库文件的输出目录的变量。该变量可以在项目中使用，用于将所有库文件都放到一个指定的目录中，以便于管理和使用，其使用方

法如下。

```
set(LIBRARY_OUTPUT_PATH "你要存放的库文件位置")
```

3.3.2　使用 CMake 编译应用程序

在 Linux 平台下使用 CMake 编译应用程序的流程如下。

① 下载 CMake，可以直接在终端中执行"sudo apt install cmake"命令进行下载。

② 在项目根目录下编写 CMake 配置文件 CMakeLists.txt。

③ 进入项目构建目录，执行命令"cmake PATH"，其中，PATH 是 CMakeLists.txt 文件所在的路径。

④ 使用"make"命令进行编译。

此处以使用 Makefile 文件编译时的例子来介绍如何使用 CMake 编译应用程序，在此基础上加入 CMakeLists.txt 文件。此时代码结构如下。

```
:~/chapter3/CMake$ tree .
.
├──add
│   ├──add.c
│   └──add.h
├──CMakeLists.txt
├──main.c
├──mul
│   ├──mul.c
│   └──mul.h
└──sub
    ├──sub.c
    └──sub.h

3 directories, 8 files
```

此时的 CMakeLists.txt 文件中的内容如下。

```
 1. cmake_minimum_required(VERSION 3.0.0)
 2. project(main)
 3.
 4. # 指定头文件的查找路径
 5. include_directories(add)
 6. include_directories(sub)
 7. include_directories(mul)
 8. # 指定源代码文件
 9. set(APP_SRC main.c add/add.c sub/sub.c mul/mul.c)
10. # 指定编译目标文件为一个可执行文件
11. add_executable(main ${APP_SRC})
```

首先要求 CMake 为最低版本，指需要用什么版本的 CMake 来编译，目前一般使用 3.0.0 版本以上。然后指定一个项目 main，指定头文件的查找路径，因为.h 文件都在子目录里面，与 main.c 文件不在相同的目录，所以增加两个头文件查找路径，避免编译 main.c 文件时找不到头文件。指定源代码文件，即设置变量，可以理解成 C 语言中的宏定义，通过$ {}得到具体值，最后指定要编译的可执行文件即可。

使用 CMake 编译的过程如下。首先新建一个目录 build，由于会产生很多临时文件，新建一个目录会更好。使用 cmake ..是因为 CMakeLists.txt 文件在上级目录。执行后就产生了 Makefile 文件，然后用 Make 直接就能编译出目标文件了，整个过程更简便。从这个过程中，我们可以发现

CMake 帮忙干了一些自动化的工作，会自动查找操作系统的编译工具，生成编译文件。Linux 操作系统下生成的就是 Makefile 文件。

```
:~/chapter3/CMake$ ls
add  CMakeLists.txt  main.c  mul  sub
:~/chapter3/CMake$ mkdir build
:~/chapter3/CMake$ cd build/
:~/chapter3/CMake/build$ cmake ..
-- The C compiler identification is GNU 8.3.0
-- The CXX compiler identification is GNU 8.3.0
-- Check for working C compiler: /usr/bin/cc
-- Check for working C compiler: /usr/bin/cc -- works
-- Detecting C compiler ABI info
-- Detecting C compiler ABI info - done
-- Detecting C compile features
-- Detecting C compile features - done
-- Check for working CXX compiler: /usr/bin/c++
-- Check for working CXX compiler: /usr/bin/c++ -- works
-- Detecting CXX compiler ABI info
-- Detecting CXX compiler ABI info - done
-- Detecting CXX compile features
-- Detecting CXX compile features - done
-- Configuring done
-- Generating done
-- Build files have been written to: /home/zzx/chapter3/CMake/build
:~/chapter3/CMake/build$ ls
CMakeCache.txt  CMakeFiles cmake_install.cmake  Makefile
:~/chapter3/CMake/build$ make
Scanning dependencies of target main
[ 20%] Building C object CMakeFiles/main.dir/main.c.o
[ 40%] Building C object CMakeFiles/main.dir/add/add.c.o
[ 60%] Building C object CMakeFiles/main.dir/sub/sub.c.o
[ 80%] Building C object CMakeFiles/main.dir/mul/mul.c.o
[100%] Linking C executable main
[100%] Built target main
:~/chapter3/CMake/build$ ls
CMakeCache.txt  CMakeFiles cmake_install.cmake  main  Makefile
:~/chapter3/CMake/build$ ./main
4 + 5  = 9
4 - 5  = -1
4 * 5  = 20
:~/chapter3/CMake/build$ make clean
:~/chapter3/CMake/build$ ls
CMakeCache.txt  CMakeFiles  cmake_install.cmake  Makefile
```

　　单层源代码结构可以再简化一些，也就是我们费劲写的通用 Makefile 模板。其在 CMake 里简单到极点，代码结构如下。

```
:~/chapter3/CMake2$ tree .
.
├──add.c
├──add.h
├──CMakeLists.txt
├──main.c
├──mul.c
├──mul.h
├──sub.c
└──sub.h

0 directories, 8 files
```

　　aux_source_directory 命令用于自动查找目录（"."表示当前目录）下的.c 文件，赋值给 APP_SRC 变量，然后指定目标文件。此时的 CMakeLists.txt 文件中的内容如下。

```
1. cmake_minimum_required(VERSION 3.0.0)
2. project(cacu)
3. # 自动查找目录中的源文件，赋值给一个变量
4. aux_source_directory(. APP_SRC)
5. add_executable(cacu ${APP_SRC})
```

编译过程如下，在这里使用了重定向命令，隐藏了一些不重要的细节。

```
:~/chapter3/CMake2$ ls
add.c  add.h  CMakeLists.txt  main.c  mul.c  mul.h  sub.c  sub.h
:~/chapter3/CMake2$ mkdir build
:~/chapter3/CMake2$ cd build/
:~/chapter3/CMake2/build$ cmake ../ >temp.txt
:~/chapter3/CMake2/build$ ls
CMakeCache.txt  CMakeFiles cmake_install.cmake  Makefile  temp.txt
:~/chapter3/CMake2/build$ make
Scanning dependencies of target main
[ 20%] Building C object CMakeFiles/main.dir/add.c.o
[ 40%] Building C object CMakeFiles/main.dir/main.c.o
[ 60%] Building C object CMakeFiles/main.dir/mul.c.o
[ 80%] Building C object CMakeFiles/main.dir/sub.c.o
[100%] Linking C executable main
[100%] Built target main
:~/chapter3/CMake2/build$ ls
CMakeCache.txt  cmake_install.cmake  Makefile
CMakeFiles      main                 temp.txt
:~/chapter3/CMake2/build$ ./main
a + b = 9
a - b = -1
a * b = 20
```

3.3.3　使用 CMake 编译动态链接库

使用 CMake 编译动态链接库，此时使用 3.1.4 小节中讲解动态链接库编译时使用的 multi.c 文件和 multi.h 文件，代码结构如下。

```
:~/chapter3/CMake3$ tree .
.
├──CMakeLists.txt
├──multi.c
└──multi.h

0 directories, 3 files
```

CMakeLists.txt 文件中的内容如下，和第一个 CMakeLists.txt 文件相比，此处多了 add_library 命令，其作用是生成动态链接库文件。也加入了共享的关键字，还指定了 install 选项，也就是说可以将库安装到特定的目录中。

```
1. cmake_minimum_required(VERSION 3.0.0)
2. project(multi)
3. aux_source_directory(. SO_SRC)
4. add_library(mul SHARED ${SO_SRC})
5. SET_TARGET_PROPERTIES(mul PROPERTIES VERSION 0.0.0 SOVERSION 0)
6. install(TARGETS mul DESTINATION /usr/local/lib/BestiDT)
```

编译成功后，动态链接库文件本身和符号链接全都生成好了。然后，make install 命令实现直接复制，并且建立好符号链接。动态链接库编译和安装的过程如下。

```
:~/chapter3/CMake3$ ls
CMakeLists.txt  multi.c  multi.h
:~/chapter3/CMake3$ mkdir build && cd build
:~/chapter3/CMake3/build$ cmake ../ > temp.txt
:~/chapter3/CMake3/build$ ls
CMakeCache.txt  CMakeFiles  cmake_install.cmake  Makefile  temp.txt
:~/chapter3/CMake3/build$ make
Scanning dependencies of target mul
[ 50%] Building C object CMakeFiles/mul.dir/multi.c.o
[100%] Linking C shared library libmul.so
[100%] Built target mul
:~/chapter3/CMake3/build$ ls
CMakeCache.txt  cmake_install.cmake  libmul.so.0       Makefile
CMakeFiles      libmul.so            libmul.so.0.0.0   temp.txt
:~/chapter3/CMake3/build$ sudo make install
[sudo] zzx 的密码:
[100%] Built target mul
Install the project...
-- Install configuration: ""
-- Installing: /usr/local/lib/BestiDT/libmul.so.0.0.0
-- Installing: /usr/local/lib/BestiDT/libmul.so.0
-- Up-to-date: /usr/local/lib/BestiDT/libmul.so
:~/chapter3/CMake3/build$ ls -l /usr/local/lib/BestiDT/
总用量 20
lrwxrwxrwx 1 root root    11 10 月  30 15:46 libmul.so -> libmul.so.0
lrwxrwxrwx 1 root root    15 10 月  30 15:46 libmul.so.0 -> libmul.so.0.0.0
-rw-r--r-- 1 root root 19376 10 月  30 15:48 libmul.so.0.0.0
```

应用程序调用动态链接库，代码结构如下。

```
:~/chapter3/CMake4$ tree .
.
    ├──CMakeLists.txt
    ├──main.c
    └──multi.h

0 directories, 3 files
```

link_directories 命令指定了链接动态链接库的位置，并通过 target_link_libraries 命令明确生成可执行文件时需要链接的动态链接库，然后编译、执行即可。CMakeLists.txt 文件中的内容如下。

```
1. cmake_minimum_required(VERSION 3.0.0)
2. project(main)
3. link_directories(/usr/local/lib/BestiDT)
4. aux_source_directory(. APP_SRC)
5. add_executable(main ${APP_SRC})
6. target_link_libraries(main mul)
```

应用程序调用动态链接库的过程如下。

```
:~/chapter3/CMake4$ ls
CMakeLists.txt  main.c  multi.h
:~/chapter3/CMake4$ mkdir build && cd build
:~/chapter3/CMake4/build$ cmake ../ > temp.txt
:~/chapter3/CMake4/build$ ls
CMakeCache.txt  CMakeFiles  cmake_install.cmake  Makefile  temp.txt
:~/chapter3/CMake4/build$ make
Scanning dependencies of target main
[ 50%] Building C object CMakeFiles/main.dir/main.c.o
```

```
[100%] Linking C executable main
[100%] Built target main
:~/chapter3/CMake4/build$ ls
CMakeCache.txt  cmake_install.cmake  Makefile
CMakeFiles      main                 temp.txt
:~/chapter3/CMake4/build$ ./main
3*4=12
```

3.4 使用 VSCode 开发 C 程序

VSCode（Visual Studio Code）是一款由微软开发的跨平台、免费的源代码编辑器，支持语法高亮、代码自动补全、代码重构、查看定义等功能，并且内置了命令行工具和 Git 版本控制系统。用户可以进行主题、键盘快捷方式等个性化设置，也可以通过内置的扩展程序商店安装扩展程序以扩展软件功能。在 2019 年 Stack Overflow 组织的开发者调查中，VSCode 被认为是最受开发者欢迎的开发环境之一。

3.4.1 VSCode 常用插件及设置

插件系统是 VSCode 一个非常重要的部分，它使得用户可以轻松地扩展和自定义编辑器的功能。通过 VSCode 的插件系统，用户可以查到数千个开源和免费的插件，涵盖各种语言、框架和工具，可以满足自己的需求。接下来介绍在使用 VSCode 开发 C 程序时常用的插件。

1. Chinese 插件

VSCode 默认仅支持英文，可以下载 Chinese 插件进行汉化，如图 3-3 所示，安装完成后，关闭 VSCode 后再次打开，界面文字即变为中文。

2. C/C++插件

VSCode 只是一款文本编辑器，所有的功能都以插件的形式存在，想用什么功能就安装对应的插件即可。如果需要 C/C++的运行环境，那么在 VSCode 中可以通过安装 C/C++插件来实现，如图 3-4 所示。

图 3-3　Chinese 插件

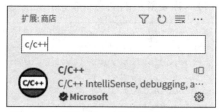

图 3-4　C/C++插件

3. CMake 插件

CMake 插件的主要功能是支持 CMake 语法高亮、自动补全等，如图 3-5 所示。它在编写 CMakeLists.txt 文件时非常有用。

4. CMake Tools 插件

CMake Tools 插件用于提供 CMake 项目的完整集成和工作流程，如图 3-6 所示。它支持 CMake 的所有基本功能，包括生成和编译代码、执行测试在 IDE 中浏览代码，以及跳转到定义、查找引用等。使用 CMake Tools 插件可以使 CMake 项目的开发变得更加高效和方便，对于大型复杂项目而言更是如此。

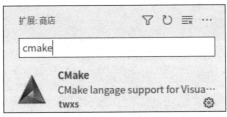

图 3-5　CMake 插件

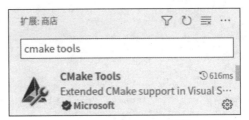

图 3-6　CMake Tools 插件

3.4.2　在 VSCode 中应用 Makefile 编译代码

在 VSCode 的顶部菜单栏中找到"文件"并单击，再单击"打开文件夹"，选择在 3.2.5 小节中用到的例子，如图 3-7 所示。

图 3-7　打开文件夹

单击顶部菜单栏中的"终端"，选择"配置任务"选项，再单击"使用模板创建 tasks.json 文件"，选择"others，运行任意外部命令的示例"，即可自动生成一个 tasks.json 模板文件，该文件中的内容如下。

```
1.  {
2.      // See https://go.microsoft.com/fwlink/?LinkId=733558
3.      // for the documentation about the tasks.json format
4.      "version": "2.0.0",
5.      "tasks": [
6.          {
7.              "label": "echo" ,
8.              "type": "shell",
9.              "command": "echo Hello"
10.         }
11.     ]
12. }
13.
```

修改 tasks.json 文件，新的文件中的内容如下。

```
1.  {
2.      "version": "2.0.0",
3.      "tasks": [
4.          {
5.              "label": "make",
6.              "type": "shell",
7.              "command": "make"
8.          },
9.          {
10.             "label": "make clean",
11.             "type": "shell",
12.             "command": "make",
13.             "args": ["clean"]
14.         },
15.     ]
16. }
17.
```

单击顶部菜单栏中的"终端"，选择"运行任务"，任务有配置的"make"和"make clean"。单击"make"，选择"继续而不扫描"或者"从不扫描"，这样的效果等同于在终端中执行了"make"命令。如图 3-8 所示，可以看到在目录下生成了 build 文件夹，其生成的文件和之前在终端中使用"make"命令编译的效果一样。

3.4.3　在 VSCode 中使用 CMake 编译代码

本小节用 CMake 编译时的示例来介绍如何在 VSCode 中使用 CMake 编译代码，如图 3-9 所示。

手动完成 CMake 运行，单击活动栏中的"CMake"，再单击侧边栏中的"配置所有项目"，如图 3-10 所示。

如图 3-11 所示，可以看到 CMake 运行完成。现在单击活动栏中的资源管理器，即可看到项目中生成了 build 文件夹，但 build 文件夹中还没有生成可执行文件。

图 3-8　新的目录结构

图 3-9　用 CMake 编译时的示例　　　图 3-10　手动完成 CMake 运行

单击图 3-10 所示界面中生成所有项目的选项，进行编译代码的操作，现在可以发现已经生成了可执行文件，即可在 VSCode 的终端中执行该文件。在 VSCode 的顶部菜单栏中单击"终端"，选择"新终端"，在下面的终端中执行该文件，如图 3-12 所示。

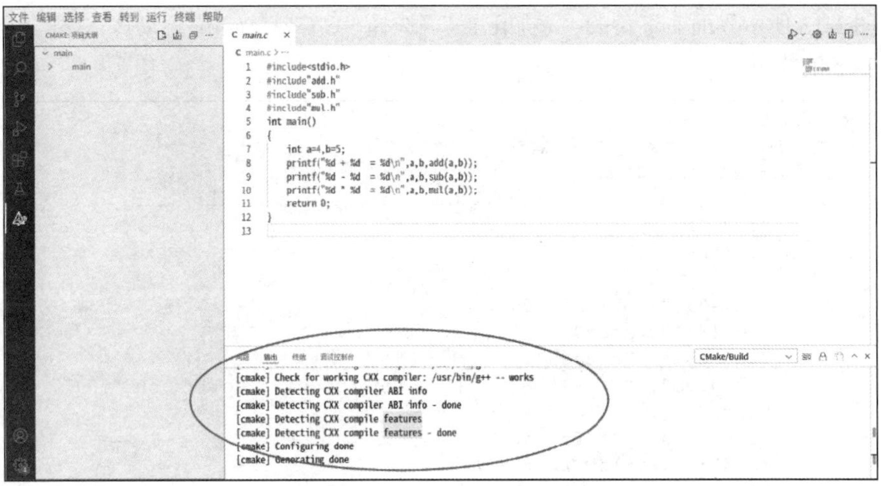

图 3-11　CMake 运行完成

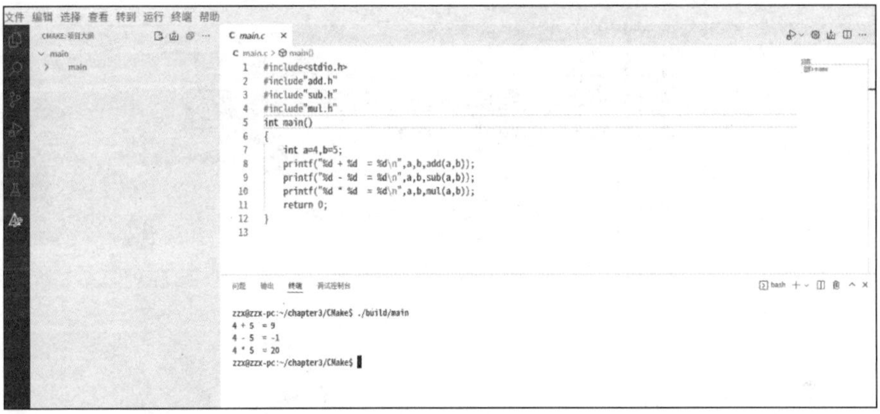

图 3-12　在终端中执行文件

3.4.4　VSCode 中调试 C 程序的基本方法

在 VSCode 中调试 C 程序，需要安装 C/C++按钮插件，并在项目中添加调试配置文件 launch.json。单击侧边栏中的"运行和调试"，再单击"创建 launch.json 文件"链接，VSCode 会在工作区自动生成.vscode 文件夹，并在该文件夹下生成一个新的 launch.json 文件，如图 3-13 所示。

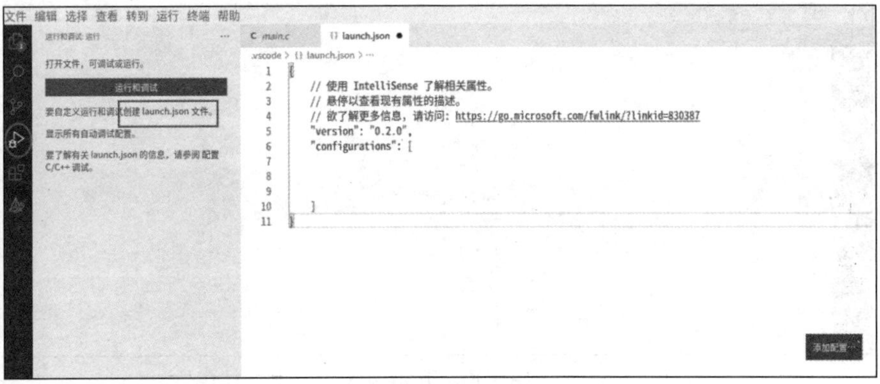

图 3-13　生成新的 launch.json 文件

单击图 3-13 所示界面右下角的"添加配置",选择"C/C++: (gdb) 启动",这样会自动生成一个 launch.json 的模板。

```
 1. {
 2.        // 使用 IntelliSense 了解相关属性
 3.        // 悬停以查看现有属性的描述
 4.        // 欲了解更多信息,请访问: https://go.microsoft.com/fwlink/?linkid=830387
 5.        "version": "0.2.0",
 6.        "configurations": [
 7.            {
 8.                "name": "(gdb) Attach",
 9.                "type": "cppdbg",
10.                "request": "attach",
11.                "program": "输入程序名称,例如 ${workspaceFolder}/a.out",
12.                "args": [],
13.                "stopAtEntry": false,
14.                "cwd": "${fileDirname}",
15.                "environment": [],
16.                "externalConsole": false,
17.                "MIMode": "gdb",
18.                "setupCommands": [
19.                    {
20.                        "description": "为 gdb 启用整齐打印",
21.                        "text": "-enable-pretty-printing",
22.                        "ignoreFailures": true
23.                    },
24.                    {
25.                        "description": "将反汇编风格设置为 Intel",
26.                        "text": "-gdb-set disassembly-flavor intel",
27.                        "ignoreFailures": true
28.                    }
29.                ]
30.            }
31.
32.        ]
33. }
34.
```

在此仅需要修改 launch.json 文件的第 11 行内容,将引号中的内容修改为生成的可执行文件的位置,即"${workspaceFolder}/build/main",其中"${workspaceFolder}"表示当前工作区文件夹的路径。

直接在代码左侧单击即可打断点,然后单击侧边栏中的"运行和调试",再单击侧边栏"运行和调试"右边的小三角开始调试,如图 3-14 所示。可以看到出现了调试按钮,分别是继续、单步跳过、单步调试、单步跳出、重启和停止。

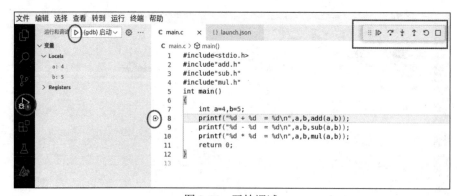

图 3-14　开始调试

如图 3-14 所示，侧边栏显示的是变量的值。单击"单步跳过"按钮，可以发现光标移动到了下一行；再单击"单步调试"按钮，可以发现进入 sub.c 中。我们回到 main.c 界面下，在第 10 行打断点，回到 sub.c 界面中，单击"继续"按钮可以直接执行到下一个断点，可以边执行边在下面的终端中看到输出的内容。

3.4.5　在 VSCode 中应用代码规范格式化工具

在 C 语言中如果不遵守编译器的规定，在编译时编译器就会报错，这个规定叫作规则。但是有一种规定，它是人为约定俗成的，即使不按照规定编写也不会出错，这种规定叫作规范。

虽然不按照规范编写代码也不会出错，但这样编写的代码会很乱，看上去毫无逻辑。代码规范化的优点如下。

第一，能提高代码可读性。假如我们随心所欲编写代码，当代码达到一定量时就会无法查阅和调试，可读性和可参考性极差。所以代码编写的规范化非常重要，例如增加注释就是代码规范化的表现。在一般情况下，根据软件工程的思想，代码的注释要占整个文档的 20%以上。注释是软件开发过程中性价比极高的"工具"，它只需要 20%的时间，即可获取 80%的价值。代码注释十分重要的作用就是让读者可以在不读源代码的情况下，快速了解代码的主要功能。比如接口注释可以帮助开发者在没有阅读代码的情况下快速了解接口的功能和用法，如果写得好，注释还可以改善系统的设计。

第二，规范的代码可以减少漏洞（bug）处理。复杂的运算或逻辑在项目中的占比一般很小，若越简单，测试的 bug 越多，则很大程度上可能是代码不规范引起的。没有规范的输入输出参数，没有规范的异常处理，不但会导致总出现空指针这样的低级错误，而且很难找到原因。相反，编写规范的代码，可以减少 bug 的出现，寻找 bug 也会简单很多。

第三，规范的代码可以促进团队合作。一个项目大多由一个团队来完成，而每个人的代码编写风格迥异，如果没有统一的代码编写规范，即使每个人的分工明确，到合并代码的时候，也会有很多麻烦。我们不仅需要处理一些程序中的问题，还需要花费大量时间来弄明白别人的代码是什么意思。因此一段规范的代码是很重要的，能够提高工作效率。

在 VSCode 中可以一键规范代码格式，使用起来非常方便。在 VSCode 界面的左下角找到齿轮状图标，单击后找到"设置"，单击进入设置界面。在搜索框内输入"format on save"，找到"格式化"，勾选"Editor-Format On Save"。这样当代码编辑完成后，在保存文件的时候就会格式化文件；默认自动格式化的是整个文件，也可以自己选择仅自动格式化编辑过的区域，即在"Format On Save Mode"中选择"modifications"。设置完毕后，再次打开代码文件，修改并保存，代码就自动格式化了。当然也可以通过右击鼠标，在弹出的快捷菜单中选择"格式化文档"进行代码格式化。

第 4 章

使用 Git 管理代码

4.1 Git 概述

Git 是一个免费、开源的分布式版本控制系统，可以高速地完成从规模很小到规模很大的项目的版本管理。在项目开发过程中，可以用它记录对项目进行的操作和项目迭代过程。

Git 最初由林纳斯·托瓦尔兹在 2005 年创建，旨在管理 Linux 内核的开发。Git 可用于跟踪文件更改、协同开发和版本控制，使开发者能够在团队中共享和合并代码。Git 的主要特点是分布式和快速。与集中式版本控制系统（如 SVN）不同，Git 的每个工作副本都是完整的代码仓库，包含所有历史记录和分支信息。这使得 Git 在处理大型项目和分布式团队项目方面更加高效和灵活。

4.1.1 Git 代码版本控制概述

代码版本控制是一种管理和追踪软件代码变更的系统。它允许开发团队记录、跟踪和管理代码的不同版本，以便在需要时进行回滚、比较差异和合并更改。

代码版本控制通过记录文件内容变化，可以帮助团队协作开发和管理代码、文档的历史记录。其可以实现跨区域多人协同开发、追踪和记载一个或者多个文件的历史记录、组织和保护开发的代码和文档、统计工作量、并行开发、提高开发效率、跟踪记录整个软件的开发过程、减轻开发者的负担等，在节省时间的同时减少人为错误。

没有进行代码版本控制或者代码版本控制本身缺乏正确的流程管理，在软件开发过程中将会面临软件代码的一致性、软件内容的冗余、软件源代码的安全性、软件的整合等方面的问题。

举个例子，有一个项目，我们开发了第一版、第二版、第三版等很多个版本，最终敲定的方案是第一版。在这种情况下，改到最后已经看不出项目最初的模样了。所以，需要将每一次的修改记录保存下来，以便后面可以进行版本溯源。而如果以图 4-1 所示的方式存储，则无法简单查询到每个版本的状况，只能逐个打开查看并手动做文件对比，耗时耗力。这样的存储方式不仅占用硬盘空间，而且不利于与他人共享代码、合作开发。

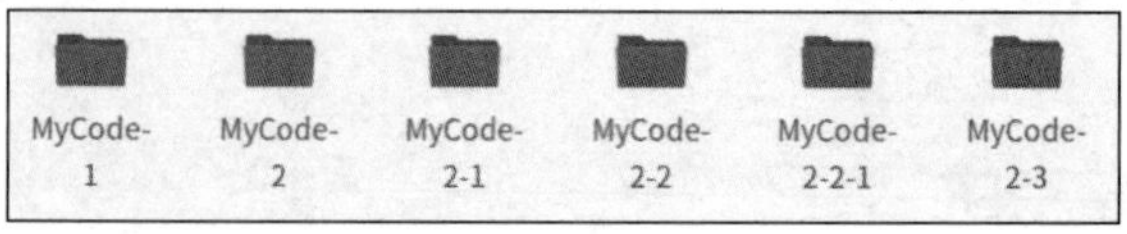

代码版本控制系统是现代软件开发不可或缺的一部分，它通过一种有序和可追踪的方法来管理代码，能提高团队协作效率，并保护代码免受意外损坏。

图 4-1　手动管理存储

4.1.2　集中式和分布式版本控制系统

代码版本控制系统主要有两种类型：集中式版本控制系统（Centralized Version Control System，CVCS），如 SVN；分布式版本控制系统（Distributed Version Control System，DVCS），如 Git。集中式版本控制系统使用集中的服务器存储代码，开发者可从服务器中检出代码并将更改提交回服务器。分布式版本控制系统则将完整的代码仓库复制到每个开发者的计算机上，每个开发者都可以在本地进行完整的版本控制操作，然后通过推送、拉取操作记录更改并与其他开发者共享。

集中式版本控制系统具有以下几个特点。

① 中央服务器：集中式版本控制系统使用一个中央服务器来存储代码仓库和版本历史，开发者可从服务器中检出代码，并将更改提交到服务器。

② 协作方式：多个开发者可以从同一个代码仓库中检出代码，并在本地进行开发，他们可以通过向服务器提交更改来共享自己的工作。

③ 版本控制：集中式版本控制系统会跟踪每个文件的历史记录和版本差异，开发者可以查看先前的版本，比较差异，并恢复到先前版本。

④ 冲突处理：当多个开发者同时更改同一文件的相同部分时，集中式版本控制系统可能会产生冲突；冲突需要手动解决，通常由开发者协调处理。

分布式版本控制系统具有以下几个特点。

① 分布式仓库：分布式版本控制系统将完整的代码仓库复制到每个开发者的计算机上，每个开发者都拥有一个完整的本地仓库，这使得每个开发者都可以在本地进行版本控制操作，而无须依赖中央服务器。

② 协作方式：开发者可以将本地仓库的更改推送到其他开发者的本地仓库，或者从其他开发者的本地仓库拉取更改，实现代码的共享和协作。多个仓库之间的同步可以通过合并操作完成。

③ 强大的分支支持：分布式版本控制系统可提供强大的分支管理功能，允许开发者轻松创建、合并和管理分支。这样，开发者可以在不影响主线开发的情况下进行独立的实验、功能开发或错误修复。

④ 本地操作和速度：由于每个开发者都有一个完整的本地仓库，分布式版本控制系统可以在本地执行许多操作，例如提交、比较和查看历史记录，而不需要与中央服务器进行频繁的交互，这实现了更快的响应时间和更好的离线支持。

4.1.3　Git 的基本结构

Git 由 3 个主要的部分，即工作区、暂存区和版本库组成，版本库也称本地仓库。Git 的基本结构如图 4-2 所示。工作区是指本地的代码仓库，包含正在编辑或修改的源代码和其他文件。在工作区中，开发者可以自由地修改文件，但这些修改并不会被 Git 跟踪或记录。暂存区是 Git 的一个重要概念，它用来存储即将被提交到本地仓库的文件或修改。暂存区可以理解为"中转站"，在工作区中修改的文件必须先经过暂存区才能被提交到本地仓库。在暂存区中，可以查看修改了哪些文件，以及对它们进行适当的处理和管理，例如添加、修改、删除等。版本库是 Git 中用来存储所有版本信息的地方。将文件从暂存区提交到版本库时，Git 会在版本库中创建新的版本，并记录该版本包含的所有文件和修改。每个版本都有唯一的 SHA-1 哈希值，这个哈希值用来标识和区分每个版本。版本库是 Git 中最重要的部分之一，从其他计算机中复制本地仓库时，复制的就是这里的数据。

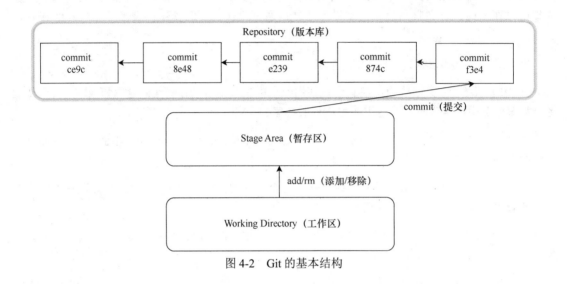

图 4-2 Git 的基本结构

4.2 Git 基本操作

4.2.1 Git 安装与初始设置

在 2.3.2 小节中已经完成了 Git 的安装，安装完 Git 之后，需要设置用户名和电子邮件地址。因为 Git 会将这些信息写入每个提交记录中，以帮助开发者准确追溯代码变更历史。下面是设置这些信息的代码。

```
1. git config --global user.name "stu-a"
2. git config --global user.email "stu-a@163.com"
```

在上述两个命令中，需要将"stu-a"和"stu-a@163.com"替换为开发者的用户名和电子邮件地址。注意，该设置是全局的，将被应用到所有的 Git 项目中。

在后续使用 Git 过程中需要输入信息，而 Git 默认编辑器的体验可能不太友好，此时可以将默认编辑器配置为更符合开发者习惯的编辑器，以提高编辑的效率和改善体验。例如，可以将默认编辑器配置为 gedit，以便在图形界面下编辑、提交信息。将默认编辑器配置为 gedit，可以运行以下命令。

```
git config --global core.editor "gedit --wait --new-window"
```

可以打开全局配置文件~/.gitconfig 来查看或修改 Git 的全局配置。在终端中运行"gedit~/.gitconfig"命令即可使用 gedit 打开该文件。图 4-3 显示了全局配置文件的内容。

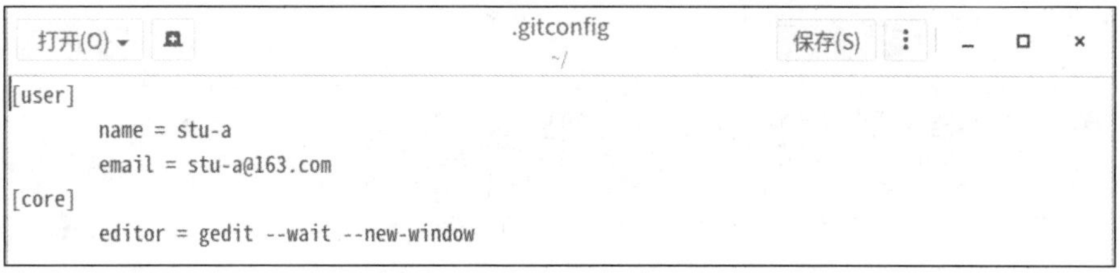

图 4-3　全局配置文件的内容

4.2.2　保存代码到 Git 仓库

在完成了 Git 的安装和初始设置后，即可开始学习使用 Git 将编写的代码保存到 Git 仓库中。

首先，需要在源代码的根目录下建立一个 Git 仓库，即版本库。打开终端并使用"git init"命令，在当前目录下建立一个名为.git 的隐藏目录。在 Linux 操作系统中以 . 开头的文件或文件夹是"隐藏"的，因此需要使用"ls -a"命令才能看到这个目录。该目录是用来跟踪和管理版本的，通过 Git 提交的代码都会保存在这个目录下。注意，不要手动修改这个目录中的任何文件，否则会破坏 Git 仓库。

下面，我们将通过一个实际的例子来讲解 Git 的一些常用命令，以及如何将代码保存到 Git 仓库中。假设目录结构和文件中的内容如下。

```
$ tree .
.
├──add
│   └──add_int.c
├──main.c
└──Makefile

1 directory, 3 files
$ cat main.c

int main()
{
    return 0;
}
$ cat add/add_int.c

int Add_int(int a, int b)
{
    return a + b;
}
```

1.　"git init"命令

"git init"命令用于初始化仓库，在当前目录下新建 Git 仓库。

首先在源代码所在的根目录下打开终端，使用"git init"命令来创建 Git 仓库，此时目录如下，可以看到在目录中生成了 Git 仓库，也可以进入 Git 仓库中查看 Git 仓库的组成文件。

```
:~/chapter4/test1$ ls -a
.  ..  add  main.c  Makefile
:~/chapter4/test1$ git init
提示: 使用 'master' 作为初始分支的名称。这个默认分支名称可能会更改。要在新仓库中
提示: 配置使用初始分支名，并消除这条警告，请执行:
```

```
提示:
提示:     git config --global init.defaultBranch <名称>
提示:
提示: 除了 'master' 之外, 通常选定的名称有 'main''trunk' 和 'development'.
提示: 可以通过以下命令重命名刚创建的分支:
提示:
提示:     git branch -m <name>
已初始化空的 Git 仓库于 /home/zzx/chapter4/test1/.git/
:~/chapter4/test1$ ls -a
.  ..  add  .git  main.c  Makefile
:~/chapter4/test1$ cd .git/
:~/chapter4/test1/.git$ ls
branches  config  description  HEAD  hooks  info  objects  refs
```

2. "git status" 命令

"git status" 命令用于显示工作区（工作目录）和暂存区的状态。

在源代码所在根目录下打开终端，使用 "git status" 命令，可以查看源代码文件的状态。该命令的执行结果中会显示工作区和暂存区的状态，让开发者清楚地知道哪些修改已经被暂存，哪些还没有，以及哪些文件没有被跟踪。当一个文件被跟踪后，Git 将会监控它的变化，并在提交时将变化保存到版本库中。示例如下，Git 仓库刚被初始化，但之前的文件还没有被 Git 跟踪，使用 "git status" 命令后，终端将会显示这些状态为未跟踪的文件。

```
:~/chapter4/test1$ git status
位于分支 master

尚无提交

未跟踪的文件:
    (使用 "git add<文件>..." 以包含要提交的内容)
        Makefile
        add/
        main.c

提交为空, 但是存在尚未跟踪的文件 (使用 "git add" 建立跟踪)
```

3. "git add" 命令

"git add" 命令用于将需要提交的代码从工作区添加到暂存区。

使用 "git add ." 命令可以将工作区中所有修改都加入暂存区。在执行完此命令后，再次使用 "git status" 命令可以查看文件的状态。当然如果只想将 main.c 文件加入暂存区，而不将 Makefile 文件和 add/add_int.c 文件加入，可以使用 "git add main.c" 命令。如果想同时将 main.c 文件和 Makefile 文件加入暂存区，可以使用 "git add main.c Makefile" 命令。示例如下，在此只演示使用 "git add" 命令将工作区的所有修改加入暂存区。

```
:~/chapter4/test1$ git add .
:~/chapter4/test1$ git status
位于分支 master

尚无提交

要提交的变更:
    (使用 "git rm --cached <文件>..." 以取消暂存)
        新文件:        Makefile
        新文件:        add/add_int.c
        新文件:        main.c
```

可以看到，与之前对比，现在没有未跟踪的文件提示，但是有要提交的变更提示。现在已经将当前目录下的所有修改从工作区添加到暂存区中，但是这并没有完成将代码保存到版本库中，还需要使用"git commit"命令来提交修改。

4. "git commit" 命令

"git commit"命令用于将暂存区里的修改提交到本地版本库。

在终端中使用"git commit -m "1st commit" "命令将暂存区里的所有修改提交到本地版本库中，示例如下。其中"-m"后面的字符串是对这次提交的说明，方便以后查看时了解这个提交的基本信息。这样就完成了将当前代码保存到版本库中。需要说明的是，"git commit"命令只用于将暂存区中的修改提交到版本库中。每次修改完工作区的文件后，都需要使用"git add"命令将工作区中的修改提交到暂存区中。

```
:~/chapter4/test1$ git commit -m "1st commit"
[master (根提交)  ce9c993] 1st commit
3 files changed, 11 insertions(+)
create mode 100644 Makefile
create mode 100644 add/add_int.c
create mode 100644 main.c
```

为了证明版本库中确实保存了代码，可以通过将当前目录下的 .git 目录复制到一个新建的空目录中，并在该新建目录中打开终端并使用"git restore *"命令来还原文件。在新建目录中，会发现其文件内容与原目录完全相同，这证明代码已经被成功保存到了版本库中。具体操作过程如下。

```
:~/chapter4/test1$ ls -a
. .. add .git main.c Makefile
:~/chapter4/test1$ cd ..
:~/chapter4$ mkdir test2 && cd test2
:~/chapter4/test2$ cp ../test1/.git/ -r .
:~/chapter4/test2$ ls -a
. .. .git
:~/chapter4/test2$ git restore *
:~/chapter4/test2$ ls -a
. .. add .git main.c Makefile
:~/chapter4/test2$ cat main.c
int main()
{
return 0;
}
:~/chapter4/test2$ cat Makefile
gcc -g -wall -o test main.c
:~/chapter4/test2$ cat ./add/add_int.c

int Add_int(int a, int b)
{
return a + b;
}
```

在新建的 test2 文件夹中修改 main.c 文件，修改内容如下。

```
1. #include <stdio.h>
2. int main()
3. {
4.         printf("Hello,Git.\n");
5.         return 0;
6. }
```

　　前面通过使用 "git add" 命令将 main.c 文件添加到暂存区中。这里再次使用 "git add" 命令是将修改后的 main.c 文件添加到暂存区中。将修改的内容保存到版本库中需要分两步实现：先使用 "git add" 命令将修改内容添加到暂存区中，然后使用 "git commit" 命令提交到版本库。

```
:~/chapter4/test2$ git status
位于分支 master
尚未暂存以备提交的变更:
    (使用 "git add <文件>..." 更新要提交的内容)
    (使用 "git restore <文件>..." 丢弃工作区的改动)
        修改:     main.c

修改尚未加入提交 (使用 "git add" 和/或 "git commit -a")
:~/chapter4/test2$ git add main.c
:~/chapter4/test2$ git commit -m "2nd commit"
[master 8e405f8] 2nd commit
1 file changed, 2 insertions(+), 1 deletion(-)
```

　　示例如下，试图删除 Makefile 文件并查看源代码文件的状态。

```
:~/chapter4/test2$ ls
add main.c  Makefile
:~/chapter4/test2$ rm Makefile
:~/chapter4/test2$ git status
位于分支 master
尚未暂存以备提交的变更:
    (使用 "git add/rm <文件>..." 更新要提交的内容)
    (使用 "git restore <文件>..." 丢弃工作区的改动)
        删除:     Makefile

修改尚未加入提交 (使用 "git add" 和/或 "git commit -a")
```

5. "git rm" 命令

　　"git rm" 命令用于删除工作区中的文件，并且将这次删除加入暂存区。

　　要将 Makefile 文件删除操作加入 Git 的暂存区，可以使用命令 "git add ." 或 "git add Makefile"，也可以使用更直观的 "git rm Makefile" 命令。通过使用 "git rm Makefile" 命令，Git 会将删除文件操作直接加入暂存区，然后可以提交到版本库。示例如下，仅演示使用 "git rm Makefile" 命令将删除操作加入暂存区。

```
:~/chapter4/test2$ ls
add main.c
:~/chapter4/test2$ git status
位于分支 master
尚未暂存以备提交的变更:
    (使用 "git add/rm <文件>..." 更新要提交的内容)
    (使用 "git restore <文件>..." 丢弃工作区的改动)
        删除:     Makefile

修改尚未加入提交 (使用 "git add" 和/或 "git commit -a")
:~/chapter4/test2$ git rm Makefile
rm 'Makefile'
:~/chapter4/test2$ git status
位于分支 master
要提交的变更:
    (使用 "git restore --staged <文件>..." 以取消暂存)
        删除:     Makefile

:~/chapter4/test2$ git commit -m "3rd commit"
[master e23955e] 3rd commit
```

```
1 file changed, 1 deletion(-)
delete mode 100644 Makefile
```

实际上，Git 认为修改文件名和删除原文件后再新增一个文件是等效的操作，因为它们都会被视为删除原来的文件，然后新增一个文件。

使用“mv add add_mo”命令将 add 文件夹重命名为 add_mo。在使用“git rm”命令时需要加入“-r”参数，这与我们使用普通“git rm”命令删除目录是一样的，因为目录不为空，所以需要加入这个参数，示例如下。

```
:~/chapter4/test2$ ls
add main.c
:~/chapter4/test2$ mv add add_mo
:~/chapter4/test2$ git status
位于分支 master
尚未暂存以备提交的变更：
    (使用 "git add/rm <文件>..." 更新要提交的内容)
    (使用 "git restore <文件>..." 丢弃工作区的改动)
        删除：    add/add_int.c

未跟踪的文件：
    (使用 "git add <文件>..." 以包含要提交的内容)
        add_mo/

修改尚未加入提交 (使用 "git add" 和/或 "git commit -a")
:~/chapter4/test2$ git rm -r add
rm 'add/add_int.c'
:~/chapter4/test2$ git add add_mo
:~/chapter4/test2$ git status
位于分支 master
要提交的变更：
    (使用 "git restore -staged <文件>..." 以取消暂存)
        重命名：    add/add_int.c -> add_mo/add_int.c

:~/chapter4/test2$ git commit -m "4th commit"
[master 874cc88] 4th commit
 1 file changed, 0 insertions(+), 0 deletions(-)
 rename {add => add_mo}/add_int.c (100%)
```

6.“git mv”命令

“git mv”命令用于移动或重命名文件、目录或软链接。

此外，还可以使用“git mv”命令将重命名操作一次性添加到暂存区中。实际上，“git mv”命令的作用就是把前面的 3 条命令，即“mv add add_mo”“git rm -r add”“git add add_mo”完成的事都做了。需要注意的是，如果你已经使用“mv add add_mo”命令修改了目录名，就无法使用“git mv”命令，因为工作目录中已经不存在名为“add”的目录了。为了演示“git mv”命令的使用，使用“git mv add_mo add”命令将 add_mo 文件夹重命名为 add，示例如下。

```
:~/chapter4/test2$ ls
add_mo main.c
:~/chapter4/test2$ git mv add_mo add
:~/chapter4/test2$ git status
位于分支 master
要提交的变更：
    (使用 "git restore --staged <文件>..." 以取消暂存)
        重命名：    add_mo/add_int.c -> add/add_int.c

:~/chapter4/test2$ git commit -m "5th commit"
```

```
[master f3e4559] 5th commit
 1 file changed, 0 insertions(+), 0 deletions(-)
 rename {add_mo => add}/add_int.c (100%)
```

总的来说，增加文件/目录、修改文件内容、删除文件/目录、修改文件名/目录名都是对工作目录的修改。所有的修改都可以保存到版本库中，流程是先把修改加入暂存区，再把暂存区的内容提交到版本库。通过这种方式，可以不断对文件进行修改，并提交这些修改到版本库里。

7. "git log" 命令

"git log" 命令用来查看 Git 仓库中的提交历史记录。

执行 "git log" 命令输出的提交历史记录显示了从最近到最远的所有提交，每个提交历史记录都包括提交者、提交时间、提交说明等信息。使用 "git log" 命令可以帮助我们了解代码仓库的提交历史，找到特定版本的代码、回溯代码的更改、确定代码的作者和时间等信息，示例如下。

```
:~/chapter4/test2$ git log
commit f3e45591a607e0a29da929596fbd321a59212c61 (HEAD -> master)
Author: stu-a <stu-a@163.com>
Date:    Sat Mar 11 18:20:04 2023 +0800

    5th commit

commit 874cc881a4cf69e95b1e8f897a898a5e9a6b7203
Author: stu-a <stu-a@163.com>
Date:    Sat Mar 11 18:17:48 2023 +0800

    4th commit

commit e23955ef3b28056a573435f4be866d8951edefa9
Author: stu-a <stu-a@163.com>
Date:    Sat Mar 11 18 : 15:37 2023 +0800

    3rd commit

commit 8e405f8e27a4ecc52e05530d8086f6291c3e561b
Author: stu-a <stu-a@163.com>
Date:    Sat Mar 11 18:14:05 2023 +0800

    2nd commit

commit ce9c993b3f988f97001e4c9d03ffd5116e4147eb
Author: stu-a <stu-a@163.com>
Date:    Sat Mar 11 18:10:28 2023 +0800

    1st commit
```

可以看到当前有 5 次提交历史记录，每次提交历史记录后面都跟着一个使用 SHA1 算法计算出来的十六进制哈希值，以此作为此次提交的唯一索引。HEAD 指向当前版本的指针，版本的前进和后退实际上就是 HEAD 的移动。除了版本号外，每个提交历史记录还包括提交者和提交说明。如果想要更简洁地查看提交历史记录，可以使用后跟 "--oneline" 参数的 "git log" 命令，此时每条日志都只显示一行且只包括哈希值的前 7 位和简略提交说明。此外，加上 "--graph" 参数可以使提交历史记录图形化，用*来表示一个提交，并画一个 ASCII 的提交图，示例如下。

```
:~/chapter4/test2$ git log --oneline
f3e4559 (HEAD -> master) 5th commit
874cc88 4th commit
e23955e 3rd commit
```

```
8e405f8 2nd commit
ce9c993 1st commit
:~/chapter4/test2$ git log --oneline--graph
* f3e4559 (HEAD -> master) 5th commit
* 874cc88 4th commit
* e23955e 3rd commit
* 8e405f8 2nd commit
* ce9c993 1st commit
```

　　通过本节介绍的基本概念和操作,我们已经初步了解了 Git 的基本概念和用法,可以通过 Git 来管理代码的版本和变化,方便地跟踪代码的历史和协作开发。Git 作为现代软件开发的必备工具之一,被广泛应用于开源社区和企业项目中,有助于提高开发效率、保证代码质量和增强协作效果。当然,Git 还有很多高级功能和用法,我们需要不断深入学习和实践,以掌握更多的技巧和经验,为自己的开发工作和团队协作提供更好的支持和保障。

4.2.3　Git 的基本工作流程

　　Git 的基本工作流程就是在工作区中修改文件,使用"git add"命令将修改的文件添加到暂存区,使用"git commit"命令将暂存区中的文件提交到版本库中,如图 4-4 所示。

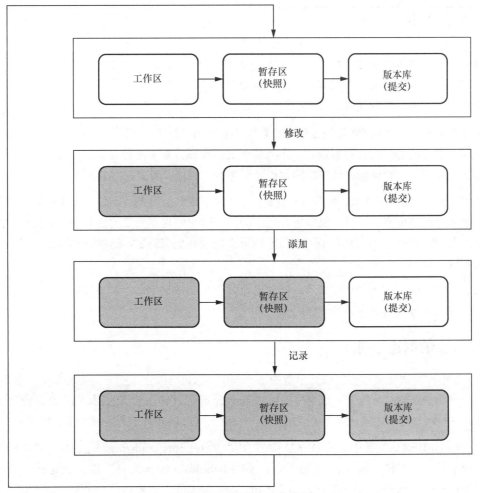

图 4-4　Git 的基本工作流程

为什么要使用暂存区呢？在工作区中修改文件后直接将修改提交到版本库中不是更直接、更简单吗？这是因为使用暂存区有以下好处。

首先，开发者可能不想一次性全部提交工作区的修改。通过使用暂存区，可以把修改分成多次提交，例如把功能 1 相关的修改做成一次提交，把功能 2 相关的修改做成另一次提交，从而得到清晰的提交历史。这种做法让写代码和版本管理两件事分得比较开，修改代码可能更随机，而代码版本应该尽量清晰、严谨，暂存区的存在很好地隔离了这两件事。使用暂存区可以让代码编写更加自由、灵活，开发者可以将不同的修改按照自己的需求和想法组织到不同的提交中，而不必担心这些修改会直接影响版本库的状态。

其次，暂存区可以减少字符界面下的交互不便。在图形界面下，开发者可以勾选提交的部分，但在字符界面下，勾选操作比较麻烦，不容易表达清楚。暂存区可以让开发者自己逐个把要提交的修改添加到暂存区，然后一次性提交暂存区的内容，这减少了交互的不便。

最后，暂存区还有助于做出更有意义的提交。直接提交容易造成开发者随意提交代码，形成杂乱的甚至无意义的提交历史，导致版本管理的意义大大下降。有了暂存区，会促使开发者在提交代码前进行思考，进而做出更有意义的提交。

4.3 Git 分支

分支是 Git 中非常重要的概念，它可以帮助开发者在不破坏主线的前提下进行独立的开发工作。在 Git 中，每个分支都是相互独立的，可以进行不同的修改和提交，而这些修改和提交并不会影响其他分支或主线的代码。

通过使用分支，开发者可以轻松地完成功能开发、bug 修复、测试等不同的工作。比如，当需要修复某个紧急的 bug 时，可以创建一个新的分支，在该分支上进行修复，然后将修复后的代码合并回主线即可。这样既能保证主线的代码不受影响，也能及时解决紧急问题。

Git 的分支功能非常强大，它不需要复制所有数据，而是通过创建新的指针来指向需要从哪个提交对象开始创建分支。这样可以节省存储空间，同时也能提高分支的创建和切换速度。当在某个分支上进行开发时，Git 会将 HEAD 指向该分支的最新提交对象，这样开发者就能够方便地进行提交和版本控制。

总的来说，使用 Git 的分支功能，开发者可以更加高效地工作，避免代码冲突和混乱，同时也能够方便地进行代码管理和版本控制。

4.3.1 分支的创建与切换

在 Git 中，每次提交都会生成一个新的 commit，而 commit 会按照时间顺序串成一条时间线，形成一个分支。在默认情况下，这个分支叫作 master 分支（即主分支）。我们新建文件夹 test3，并在 test3 中重复 test2 中的前 4 个提交的操作，test3 中 Git 版本库的结构如图 4-5 所示。

可以在.git/HEAD 文件中查看 HEAD 中的内容，为 ref: refs/heads/master。也就是说此时 HEAD 文件指向了另一个文件：master。此时可以在.git/refs/heads/master 文件中查看 master 文件中的内容，为 a1d537dbe517ab79dc74342ead5aec7cf2af17ae。该文件中的内容是一个哈希值，这个值正好是我们最后一次提交的 commit。

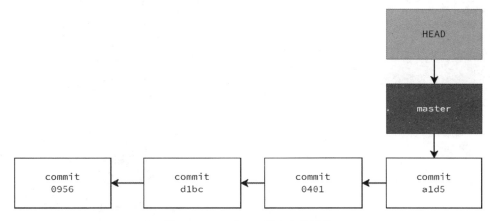

图 4-5　test3 中 Git 版本库的结构

在工作区的根目录下增加一个 Makefile 文件，然后使用 "git commit -m "5th commit"" 命令将修改提交到版本库，查看 HEAD 文件和 master 文件中的内容有什么变化，示例如下。

```
:~/chapter4/test3$ cat .git/HEAD
ref: refs/heads/master
:~/chapter4/test3$ cat .git/refs/heads/master
1544105d428a7de7478075fab588d51660674fb7
:~/chapter4/test3$ git cat-file -p 1544
tree 420b58ffd33ad5901cc4153fefa0d5f9f882aa01
parent a1d537dbe517ab79dc74342ead5aec7cf2af17ae
author stu-a <stu-a@163.com> 1677237932 +0800
committer stu-a <stu-a@163.com> 1677237932 +0800

5th commit
```

可以看到 master 文件中的内容已经变了，现在是 1544105d428a7de7478075fab588d51660674fb7。而 HEAD 文件中的内容并没有改变，其实这是因为 HEAD 文件指向的是当前所在分支，当前提交是在 master 分支上进行的，并没有改变分支，所以 HEAD 文件中的内容没有改变。但 master 文件指向的是新提交对象的哈希值，因为做了一个新提交，所以内容发生了改变。

可以使用 "git branch testing" 命令来创建一个名为 testing 的分支，以及使用 "git branch" 命令查看当前本地所有分支，示例如下。此时在 .git/refs/heads 目录下新增一个名为 testing 的文件，内容为 1544105d428a7de7478075fab588d51660674fb7，和上面 master 文件中的内容一样。这是因为 testing 分支刚刚创建，此时 testing 分支指向的仍然是上次提交对象的哈希值。

```
:~/chapter4/test3$ git branch
* master
:~/chapter4/test3$ git branch testing
:~/chapter4/test3$ git branch
* master
  testing
```

可以看到 master 分支前面有个*号，这表示当前处于 master 分支上，也就是说 HEAD 文件所指向的分支仍然是 master 分支。新建 testing 分支后 Git 版本库的结构如图 4-6 所示，可以看到 master 分支和 testing 分支同时指向了哈希值前 4 位为 1544 的这个提交。

要想切换到 testing 分支，可以使用 "git switch testing" 命令实现，示例如下，可以看到此时*号在 testing 分支前面了。

```
:~/chapter4/test3$ git branch
* master
  testing
:~/chapter4/test3$ git switch testing
切换到分支 'testing'
:~/chapter4/test3$ git branch
  master
* testing
```

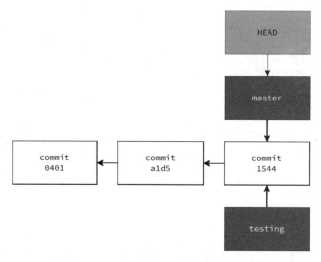

图 4-6　新建 testing 分支后 Git 版本库的结构

　　切换分支后 Git 版本库的结构如图 4-7 所示，相比于图 4-6，变化的部分只是 HEAD 文件，由原来指向 master 分支到现在指向 testing 分支。

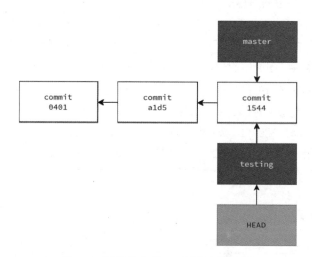

图 4-7　切换分支后 Git 版本库的结构

　　修改一下 main.c 文件中的内容并提交，将 main.c 文件中的"int main()"修改为"int main(int argc, char* argv[]);"，此时 .git/refs/heads/testing 文件中的内容变为 1070daf0f0d25081732a3760ec8ef 2dcab4e1abe。在新分支上做一次提交后 Git 版本库的结构如图 4-8 所示，此时在 commit 1544 后面多了一个 commit 1070，并且 testing 分支由原来指向 commit 1544 到现在指向 commit 1070。

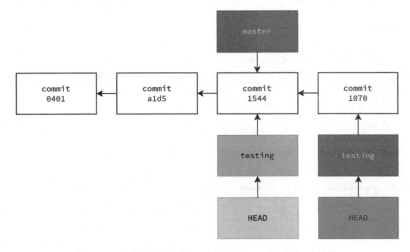

图 4-8　在新分支上做一次提交后 Git 版本库的结构

　　此时如果切换回 master 分支，testing 分支与 master 分支已经指向了不同的 commit，两个 commit 对应的是不同的工作区快照。切换成功后，工作区和暂存区应该与目的分支的 commit 一致，可以理解成工作区和暂存区与 HEAD 指针一致，如图 4-9 所示。

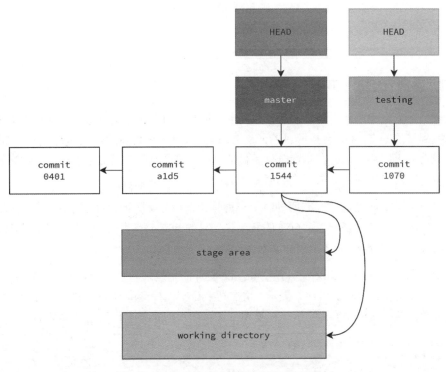

图 4-9　切换分支后会更新暂存区和工作区

　　可以看到 testing 分支下的 main.c 文件的 main()函数参数为 int argc, char* argv[]。

```
:~/chapter4/test3$ git log --oneline --graph --all
* 1070daf (HEAD -> testing) 6th commit
* 1544105 (master) 5th commit
* a1d537d 4th commit
```

```
* 0401a99 3rd commit
* d1bc1ad 2nd commit
* 0956edf 1st commit
:~/chapter4/test3$ git status
位于分支 testing
无文件要提交，干净的工作区
:~/chapter4/test3$ cat main.c
#include <stdio.h>
int main(int argc, char* argv[])
{
    printf("Hello,Git.\n");
    return 0;
}
```

现在切换到 master 分支，查看 main.c 文件中的内容，可以看到 main 函数的参数为空。可以得出结论：切换分支会更新缓冲区和工作区。具体如下。

```
:~/chapter4/test3$ git switch master
切换到分支 'master'
:~/chapter4/test3$ git status
位于分支 master
无文件要提交，干净的工作区
:~/chapter4/test3$ cat main.c
#include <stdio.h>
int main()
{
    printf("Hello,Git.\n");
    return 0;
}
```

4.3.2　切换分支的注意事项

如果在当前分支下对代码做了修改，并且未做提交，则切换分支需要非常谨慎。在 4.3.1 节中提到，切换到目的分支，Git 会按照目的分支对应的 commit 来更新工作区和暂存区。如果切换到目的分支成功后再切换回来，在当前分支下做的修改就会丢失，且无法找回。虽然 Git 保证已提交到版本库的修改能找回，但未提交到版本库的则不能找回。

这种情况下 Git 的处理方式有两种：第一种是让切换分支失败，即要求用户先提交或者撤销当前分支的修改；第二种是把当前分支的修改带到目的分支上，也就是保留工作区和暂存区的修改，其他部分与目的分支对应的 commit 保持一致。

在 testing 分支下修改 main.c 文件，在 main.c 文件的末尾加入 "/*for test*/"，然后直接切换到 master 分支，可以看到出现了错误并提示 "请在切换分支前提交或存储您的修改"，也就是说此时无法切换成功。这其实就是 Git 的第一种处理方式，即让切换分支失败，具体如下。

```
:~/chapter4/test3$ git switch testing
切换到分支 'testing'
:~/chapter4/test3$ gedit main.c
:~/chapter4/test3$ cat main.c
#include <stdio.h>
int main(int argc, char* argv[])
{
    printf( "Hello,Git.\n");
    return  0;
}/*for test*/
:~/chapter4/test3$ git status
```

```
位于分支 testing
尚未暂存以备提交的变更：
    (使用 "git add <文件>..."更新要提交的内容)
    (使用 "git restore <文件>..." 丢弃工作区的改动)
        修改：        main. c

修改尚未加入提交 (使用 "git add" 和/或 "git commit -a")
:~/chapter4/test3$ git switch master
错误：您对下列文件的本地修改将被检出操作覆盖：
        main. c
请在切换分支前提交或存储您的修改。
正在终止
```

回到修改之前的状态，现在我们不修改 main.c 文件了，而是在 Makefile 文件的末尾加上 "# for test"。然后我们再次切换分支，可以看到切换成功，这是把修改带到目的分支的情况，示例如下。

```
:~/chapter4/test3$ gedit Makefile
:~/chapter4/test3$ cat Makefile
gcc -g -wall -o test main.c
#for test
:~/chapter4/test3$ git status
位于分支 testing
尚未暂存以备提交的变更：
    (使用 "git add <文件>..." 更新要提交的内容)
    (使用 "git restore <文件>..." 丢弃工作区的改动)
        修改：        Makefile

修改尚未加入提交 (使用 "git add" 和/或 "git commit -a")
:~/chapter4/test3$ git switch master
M        Makefile
切换到分支 'master'
```

为什么这两种修改一种能成功切换分支而一种不能呢？这是因为在进行修改之前，当前分支与目的分支的 main.c 文件中的内容是不同的，而 Makefile 文件中的内容是相同的。如果允许将当前分支的修改带到目的分支中，那么目的分支就会包含当前分支的未提交修改，这可能会与目的分支上已有的修改产生冲突，从而导致代码变得混乱和难以理解。例如，在 master 分支上对 main.c 文件进行修改，如果允许切换并把修改带到 testing 分支，那么带过去的代码根本就不含有之前 testing 分支上 main.c 文件的修改内容。然而由于两个分支上的 Makefile 文件是相同的，因此无论在哪个分支上进行修改，对 Makefile 文件来说都是可以的。修改是基于特定的起始状态进行的，如果起始状态不同，那么相同的修改可能会有完全不同的含义。

实际上，出现这种情况通常是因为正在开发的代码还未完成，不宜提交。但是，当遇到紧急的需求，例如遇到一个 bug，需要在已发布的版本上进行修改时，就需要在另一个分支上进行修改。在这种情况下，可以使用 stash 命令将当前分支上的内容暂存，然后就可以切换到目的分支进行修改，完成后再返回当前分支并从暂存的内容中恢复。当然，如果当前分支是由自己控制的，并且不是与其他人共同开发的，也可以提交未完成的代码，在切换回来后，再考虑如何撤销该提交。

现在再次回到 testing 分支并回到未对工作区进行修改的状态，在 main.c 文件中加入 "/*for test*/"，使用 stash 命令暂存 testing 分支内容，示例如下。其中 "git stash list" 命令的作用是列出所有保存在 stash 栈中的 stash 项，以及它们的序号、提交说明等信息。"git stash pop 0" 命令的作用是将编号为 0 的 stash 项恢复并从列表中删除。可以看到，尽管从 testing 分支切换到 master 分支又切换回 testing 分支，但在 testing 分支中所做的修改没有丢失。

```
:~/chapter4/test3$ git stash -m "add notes to main.c"
保存工作目录和索引状态 On testing: add notes to main.c
:~/chapter4/test3$ git switch master
切换到分支 'master'
:~/chapter4/test3$ git switch testing
切换到分支 'testing'
:~/chapter4/test3$ git stash list
stashe{0}: on testing: add notes to main.c
:~/chapter4/test3$ git stash pop 0
位于分支 testing
尚未暂存以备提交的变更:
    (使用 "git add <文件>..." 更新要提交的内容)
    (使用 "git restore <文件>..." 丢弃工作区的改动)
        修改:        main.c

修改尚未加入提交 (使用 "git add" 和/或 "git commit -a")
丢弃了 refs/stash@{0} (b82c87c4e74c6337b007e503fad1e168630700e7)
```

当提交后发现内容写错了，也是可以修改提交的。如果只是提交说明写错了，可以使用"git commit --amend"命令进行修改。该命令会打开在使用"git config"命令时指定的默认编辑器，用户修改提交说明、保存、退出编辑器即可完成修改，如图 4-10 所示。如果是忘记把某个修改的文件添加到暂存区，可以先使用"git add"命令添加这个文件，再执行"git commit --amend"命令。这种情况的本质是提交的内容（也就是暂存区）搞错了，需要修改暂存区的内容后再提交。当然如果提交的错误比较多，那么最好是放弃提交，重新组织暂存区会更好一些。

```
:~/chapter4/test3$ :git_commit --amend
提示: 等待您的编辑器关闭文件...
```

图 4-10　Git 自动调用指定编辑器效果

当然也可以使用 reset 命令直接将最近一次提交撤销，如图 4-11 所示。

现在在工作区中已经对 main.c 文件进行了修改，另外再添加一个 test.c 文件并提交到版本库中，接下来演示如何撤销这次提交。

```
:~/chapter4/test3$ ls
add main.c Makefile
:~/chapter4/test3$ touch test.c
:~/chapter4/test3$ git status
```

```
位于分支 testing
尚未暂存以备提交的变更：
    (使用 "git add <文件>..." 更新要提交的内容)
    (使用 "git restore <文件>..." 丢弃工作区的改动)
        修改：        main.c

未跟踪的文件：
    (使用 "git add <文件>..." 以包含要提交的内容)
        test.c

修改尚未加入提交 (使用 "git add" 和/或 "git commit -a")
:~/chapter4/test3$ git add .
:~/chapter4/test3$ git commit -m "7th commit"
[testing 3b42ac9] 7th commit
 2 files changed, 1 insertion(+), 1 deletion(-)
 create mode 100644 test.c
```

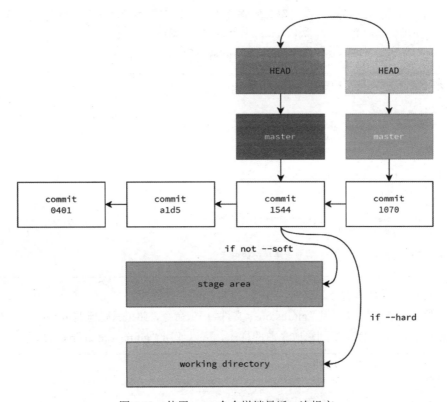

图 4-11　使用 reset 命令撤销最近一次提交

可以使用"git reset HEAD~ --soft"命令选择重置到前一个提交时的状态，当使用 --soft 选项时，工作区和暂存区的文件都会保留修改，只是将最近的一次提交撤销，示例如下。

```
:~/chapter4/test3$ git reset HEAD~ --soft
:~/chapter4/test3$ git status
位于分支 testing
要提交的变更：
    (使用 "git restore-staged <文件>..." 以取消暂存)
        修改：        main.c
        新文件：      test.c
```

也可以使用"git reset HEAD~"命令选择重置到前一个提交时的状态，但这样暂存区会变为与前一个提交一致，完全取消暂存区的修改，而工作区中的文件内容则保持不变，示例如下。

```
:~/chapter4/test3$ git reset HEAD~
重置后取消暂存的变更：
M    main.c
:~/chapter4/test3$ git status
位于分支 testing
尚未暂存以备提交的变更：
    (使用 "git add <文件>..." 更新要提交的内容)
    (使用 "git restore <文件>..." 丢弃工作区的改动)
        修改：         main.c

未跟踪的文件：
    (使用 "git add <文件>..." 以包含要提交的内容)
        test.c

修改尚未加入提交 (使用 "git add" 和/或 "git commit -a")
```

现在已经处于 6th commit，将工作区的修改添加到暂存区中。如果只是想把某项修改从暂存区撤回，可以使用"git restore --staged <文件>…"命令，示例如下。可以看到使用"git restore --staged test.c"命令后，test.c 文件变为未跟踪的状态，也就是说 test.c 文件的修改被从暂存区中撤回了。

```
:~/chapter4/test3$ git status
位于分支 testing
要提交的变更：
    (使用 "git restore --staged <文件>..." 以取消暂存)
        修改：         main.c
        新文件：       test.c
:~/chapter4/test3$ git restore --staged test.c
:~/chapter4/test3$ git status
位于分支 testing
要提交的变更：
    (使用 "git restore -staged <文件>..." 以取消暂存)
        修改：         main.c
未跟踪的文件：
    (使用 "git add <文件>..." 以包含要提交的内容)
        test.c
```

先将 main.c 文件取消暂存，同时将 test.c 文件删除，这样就相当于只修改 main.c 文件。如果想放弃工作区的修改，可以使用"git restore <文件>…"命令，如果只是觉得 main.c 文件修改得不对，想直接把 main.c 文件恢复到修改之前的样子，可以使用"git restore main.c"命令，示例如下。

```
:~/chapter4/test3$ git status
位于分支 testing
尚未暂存以备提交的变更：
    (使用 "git add <文件>..." 更新要提交的内容)
    (使用 "git restore <文件>..." 丢弃工作区的改动)
        修改：         main.c
修改尚未加入提交 (使用 "git add" 和/或 "git commit -a")
:~/chapter4/test3$ git restore main.c
:~/chapter4/test3$ git status
位于分支 testing
无文件要提交，干净的工作区
```

reset 命令一般用于重置提交。根据不同的选项来选择工作区和暂存区是否更改为目标 commit 一致。reset 命令常用的基本语法为 git reset [--mixed | --soft | --hard] [<提交>]。如果选项为 --mixed，那么暂存区恢复到与目标 commit 一致，工作区不动，--mixed 为默认选项。如果选项为 --soft，那么暂存区和工作区都不根据目标 commit 改变，维持不变。如果选项为 --hard，那么暂存区和工

作区都恢复到与目标 commit 一致。提交参数的默认值 HEAD，表示当前提交；而 HEAD~表示当前提交的前一个提交，可以加数字；HEAD~3 表示当前提交的前 3 个提交。也可以使用提交的哈希值重置到指定的提交，比如使用"git reset a1d5"命令，这样就可以直接重置到哈希值对应为 a1d5 的提交，如图 4-12 所示。

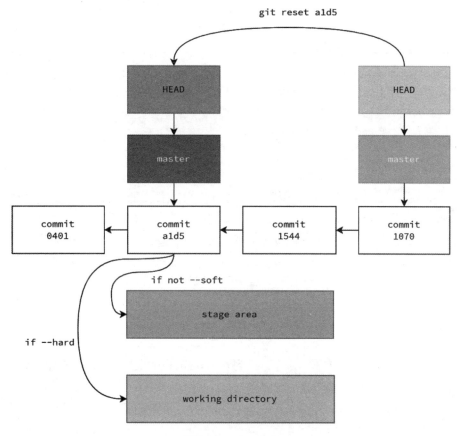

图 4-12　reset 命令

reset 命令和 switch 命令的对比如下。

① 使用两个命令时都会更新工作区内容，因此都可以用来查看历史代码。但使用 reset 命令时分支的指针会一起移动，而使用 switch 命令时只移动 HEAD，分支的指针不动。

② switch 命令会检查当前工作区是否有未提交更新，而 reset 命令不检查，这会带来风险。

③ switch 命令到某个 commit 查看历史代码后，返回正常分支很容易，而 reset 命令到某个 commit 后，分支指针也移动过来了，没有指向原 commit 的分支名了，要恢复到原 commit 比较困难，需要借助"git reflog"命令。推荐使用"git switch-d"命令查看历史提交的版本内容。

举个例子说明这两个命令的差异，目前工作区情况如下，即在 6th commit 的基础上增加了对 main.c 文件的修改。

```
:~/chapter4/test3$ git log --oneline
795f2fe (HEAD -> testing) 6th commit
1544105 (master) 5th commit
a1d537d 4th commit
```

```
0401a99 3rd commit
d1bc1ad 2nd commit
0956edf 1st commit
:~/chapter4/test3$ git status
位于分支 testing
尚未暂存以备提交的变更:
    (使用 "git add <文件>..." 更新要提交的内容)
    (使用 "git restore <文件>..." 丢弃工作区的改动)
        修改:        main.c

修改尚未加入提交 (使用 "git add" 和/或 "git commit -a")
```

使用"git switch -d a1d5"命令可以切换到第 4 次提交的版本，执行命令的结果如下。可以看到出现了错误，终止了操作，说明 switch 命令会检查当前工作区是否有未提交更新。

```
:~/chapter4/test3$ git switch -d a1d5
错误: 您对下列文件的本地修改将被检出操作覆盖:
        main.c
请在切换分支前提交或贮藏您的修改。
正在终止
```

使用"git reset --hard a1d5"命令同样可以切换到第 4 次提交的版本，执行命令的结果如下。可以看到成功切换到了 4th commit 中，另外工作区的修改也没有了，说明 reset 命令不检查当前工作区是否有未提交更新。因此在工作区做出了修改而未提交时，记住不要直接使用 reset 命令，不然会使修改直接被丢弃。

```
:~/chapter4/test3$ git reset --hard a1d5
HEAD 现在位于 a1d537d 4th commit
:~/chapter4/test3$ git status
位于分支 testing
无文件要提交，干净的工作区
```

可以使用"git reset--hard 795f"命令返回到 6th commit 中，也就是工作区无修改的情况，示例如下。

```
:~/chapter4/test3$ git log --oneline --all
795f2fe (HEAD -> testing) 6th commit
1544105 (master) 5th commit
a1d537d 4th commit
0401a99 3rd commit
d1bc1ad 2nd commit
0956edf 1st commit
:~/chapter4/test3$ git status
位于分支 testing
无文件要提交，干净的工作区
```

执行 switch 命令的结果如下。

```
:~/chapter4/test3$ git switch -d a1d5
HEAD 目前位于 a1d537d 4th commit
:~/chapter4/test3$ git log --oneline-all
795f2fe (testing) 6th commit
1544105 (master) 5th commit
a1d537d (HEAD) 4th commit
0401a99 3rd commit
d1bc1ad 2nd commit
0956edf 1st commit
:~/chapter4/test3$ git switch testing
之前的 HEAD 位置是 a1d537d 4th commit
切换到分支 'testing'
```

执行 reset 命令的结果如下。

```
:~/chapter4/test3$ git reset --hard a1d5
HEAD 现在位于 a1d537d 4th commit
:~/chapter4/test3$ git log --oneline --all
1544105 (master) 5th commit
a1d537d (HEAD -> testing) 4th commit
0401a99 3rd commit
d1bc1ad 2nd commit
0956edf 1st commit
:~/chapter4/test3$ git reset --hard 795f
HEAD 现在位于 795f2fe 6th commit
```

接下来进一步解析 restore 命令，restore 命令有如下 3 种基本用法，如图 4-13 所示。

- "git restore (--worktree) file"命令：用暂存区文件恢复工作区文件，放弃工作区的修改。
- "git restore --staged file"命令：用版本库内容恢复暂存区，放弃添加到暂存区的修改。
- "git restore --staged --worktree --source=<分支/commit> file"命令：从版本库的指定 commit 来恢复工作区。

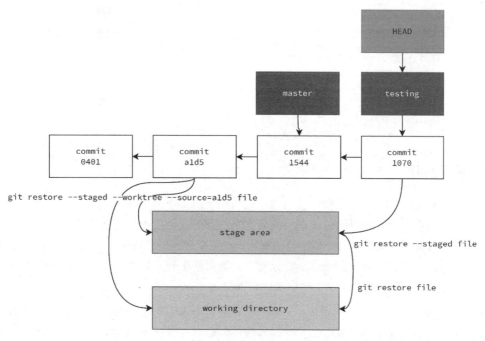

图 4-13　restore 命令

因为前面已经有取消暂存、放弃工作区修改的例子，所以这里只演示直接一步用版本库内容恢复暂存区和工作区。修改 main.c 文件和 Makefile 文件，并将修改添加到暂存区中，然后使用"git restore --staged --worktree ."命令恢复缓冲区和工作区，具体操作如下。

```
:~/chapter4/test3$ git status
位于分支 testing
要提交的变更：
    (使用 "git restore--staged <文件>..." 以取消暂存)
```

```
        修改：          Makefile
        修改：          main.c
:~/chapter4/test3$ git restore --staged --worktree .
:~/chapter4/test3$ git status
位于分支 testing
无文件要提交，干净的工作区
```

文件操作概览如图 4-14 所示。

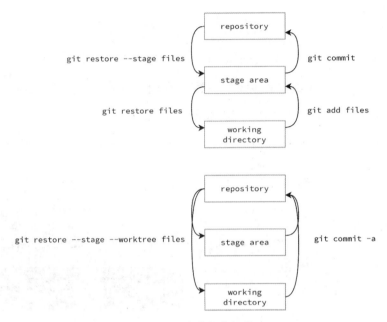

图 4-14　文件操作概览

4.3.3　分支合并

分支合并是 Git 中的一个功能，使用它可以将两个或多个分支合并成一个新的分支。在软件开发中，通常会有多个开发者同时在不同的分支上进行开发，使用分支合并功能可以将他们的修改整合到一个分支中，从而形成一个完整的版本。在分支合并的过程中，Git 会自动识别出两个分支之间的差异，并将它们合并到一个新的分支中。如果两个分支修改了同一文件的同一行代码，则 Git 可能会提示合并冲突，需要手动解决这些冲突。

分支合并是 Git 最基本的功能之一，也是协作开发中必不可少的功能。在实际开发中，开发者通常会在自己的分支上进行开发，并定期将自己的分支合并到主分支上。分支合并可以保证开发的不同分支之间的代码更加有序和稳定，避免多人在同一份代码上直接修改而产生冲突和问题。

下面使用一个可运行源代码的案例来学习如何进行分支合并，源代码目录结构如下。

```
:~/chapter4/test4$ tree .
.
├──add.h
├──add_int.c
├──main.c
└──makefile

0 directories, 4 files
```

源代码内容如下。

main.c:

```
1. #include <stdio.h>
2. #include "add.h"
3. int main(void)
4. {
5.         int a = 10, b = 12;
6.         printf("int a + b IS:%d\n", add_int(a, b));
7.         return 0;
8. }
```

add.h:

```
1. #ifndef __ADD_H_
2. #define __ADD_H_
3.
4. int add_int(int a, int b);
5.
6. #endif
```

add_int.c:

```
1. int add_int(int a, int b)
2. {
3.         return a + b;
4. }
```

makefile:

```
 1. CC = gcc
 2. CFLAGS = -g -Wall
 3. OBJSDIR = build
 4. SRCS = $(wildcard *.c)
 5. OBJS = $(patsubst %.c, $(OBJSDIR)/%.o, $(SRCS))
 6. DEPS = $(patsubst %.o, %.d, $(OBJS))
 7. TARGET = cacu
 8. $(OBJSDIR)/$(TARGET):$(OBJSDIR) $(OBJS)
 9.       $(CC) $(CFLAGS) -o $@ $(OBJS)
10. $(OBJSDIR)/%.o:%.c
11.       $(CC) -c $(CFLAGS) -MMD -o $@ $<
12. -include $(DEPS)
13. $(OBJSDIR):
14.       mkdir -p ./$@
15. clean:
16.       -$(RM) $(OBJSDIR)/$(TARGET)
17.       -$(RM) $(OBJSDIR)/*.o
18.       -$(RM) $(OBJSDIR)/*.d
```

先完成两次提交，第一次是完成主函数和基本加法，第二次是加入头文件 add.h，示例如下。

```
:~/chapter4/test4$ git add main.c add_int.c
:~/chapter4/test4$ git commit
[master (根提交) d5cd398]完成主函数和基本加法
 2 files changed, 12 insertions(+)
 create mode 100644 add_int.c
 create mode 100644 main.c
:~/chapter4/test4$ git add add.h
```

```
:~/chapter4/test4$ git commit
[master 176b00d]加入头文件 add.h
 1 file changed, 6 insertions(+)
 create mode 100644 add.h
```

在进行编译源代码的操作时需要简单说明,"git status"命令的输出十分详细,使用"git status-s"命令可以得到"git status"命令的简化输出,用于展示当前工作区下所有已修改但未提交文件的状态。输出结果是一个简短的表格,包含文件的状态和文件名,示例如下。

```
:~/chapter4/test4$ git log --oneline --all
176bood (HEAD -> master) 加入头文件 add.h
d5cd398 完成主函数和基本加法
:~/chapter4/test4$ git status -s
?? makefile
:~/chapter4/test4$ make
mkdir -p ./build
gcc -c -g -wall -MMD -o build/main.o main.c
gcc -c -g -Wall -MMD -o build/add_int.o add_int.c
gcc -g -wall -o build/cacu build/main.o build/add_int.o
:~/chapter4/test4$ git status -s
?? build/
?? makefile
:~/chapter4/test4$ tree build/
build/
├──────add_int.d
├──────add_int.o
├──────cacu
├──────main.d
└──────main.o

0 directories, 5 files
```

在根目录下加入一个忽略文件,文件名为.gitignore,其作用是忽略 build 目录,.gitignore 文件中的内容如下。

```
1. # 忽略 build 目录
2. build/
```

再次使用"git status -s"命令查看状态,示例如下,可以看到已经没有显示 build 目录了。

```
:~/chapter4/test4$ cat .gitignore
# 忽略 build 目录
build/
:~/chapter4/test4$ ls -a
.. .. add.h add_int.c build .git .gitignore main.c makefile
:~/chapter4/test4$ git status -s
?? .gitignore
?? makefile
```

做一次新的提交,示例如下,结果如图 4-15 所示。

```
:~/chapter4/test4$ git status -s
?? .gitignore
?? makefile
:~/chapter4/test4$ git add .
:~/chapter4/test4$ git_commit
提示: 等待您的编辑器关闭文件...
```

图 4-15　做一次新的提交

最新提交后的状态如下。

```
:~/chapter4/test4$ git log --oneline --all
d0coc5d (HEAD -> master) 加入 Makefile 文件和.gitignore 文件
176b00d 加入头文件 add.h
d5cd398 完成主函数和基本加法
```

最新提交后 Git 版本库的结构如图 4-16 所示。

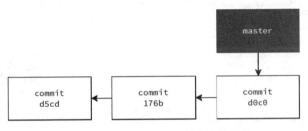

图 4-16　最新提交后 Git 版本库的结构

现在创建 iss53 分支并切换到新分支，示例如下。

```
:~/chapter4/test4$ git branch iss53
:~/chapter4/test4$ git branch
  iss53
* master
:~/chapter4/test4$ git switch iss53
切换到分支 'iss53'
:~/chapter4/test4$ git branch
* iss53
  master
```

切换到新分支后 Git 版本库的结构如图 4-17 所示。

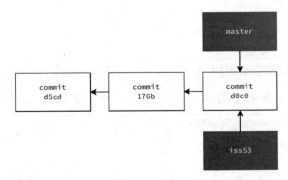

图 4-17　切换到新分支后 Git 版本库的结构

在 iss53 分支上加入浮点数加法，加入 add_float.c 实现浮点数加法并将浮点数加法的函数声明加入 add.h 中，提交后如下。

```
:~/chapter4/test4$ git log -1
commit 4f59f8414d11de36890d33e094e93d79e8a237ee (HEAD -> iss53)
Author:   stu-a <stu-a@163.com>
Date:          sat Feb 25 08:59:23 2023 +0800

    加入浮点数加法

    -加入 add_float.c 实现浮点数加法
    -浮点数加法的函数声明加入 add.h 中
```

加入浮点数加法后 Git 版本库的结构如图 4-18 所示。

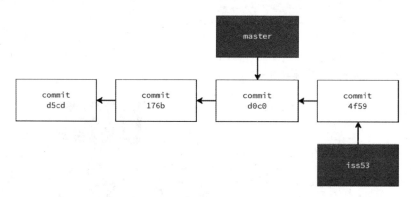

图 4-18　加入浮点数加法后 Git 版本库的结构

切换到 master 分支后，新建并切换到 hotfix 分支，在 hotfix 分支上修改 add_int.c，加入头文件包含后提交，示例如下。

```
:~/chapter4/test4$ git switch master
切换到分支 'master'
:~/chapter4/test4$ git switch -c hotfix
切换到一个新分支 'hotfix '
:~/chapter4/test4$ gedit add_int.c
:~/chapter4/test4$ git add .
:~/chapter4/test4$ git commit
[hotfix 6de4ea7]修改 add_int.c,加入头文件包含
1 file changed, 1 insertion(+)
:~/chapter4/test4$ git log --oneline --all --graph
* 6de4ea7 (HEAD -> hotfix) 修改 add_int.c,加入头文件包含
| * 4f59f84 (iss53) 加入浮点数加法
|/
* d0c0c5d (master) 加入 Makefile 文件和.gitignore 文件
* 176b0od 加入头文件 add.h
* d5cd398 完成主函数和基本加法
```

新的 Git 版本库的结构如图 4-19 所示。

使用快进方式 Fast-forward 进行 master 分支和 hotfix 分支合并，示例如下。

```
:~/chapter4/test4$ git switch master
切换到分支 'master'
:~/chapter4/test4$ git merge hotfix
更新 dococ5d..6de4ea7
Fast-forward
add_int.c | 1 +
```

```
1 file changed, 1 insertion(+)
:~/chapter4/test4$ git log --oneline --all --graph
* 6de4ea7 (HEAD -> master, hotfix) 修改 add_int.c,加入头文件包含
| * 4f59f84 (iss53) 加入浮点数加法
|/
* dococ5d 加入 Makefile 文件和.gitignore 文件
* 176bood 加入头文件 add.h
* d5cd398 完成主函数和基本加法
```

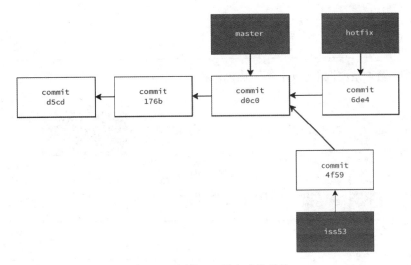

图 4-19　新的 Git 版本库的结构

快进合并后的 Git 版本库的结构如图 4-20 所示。

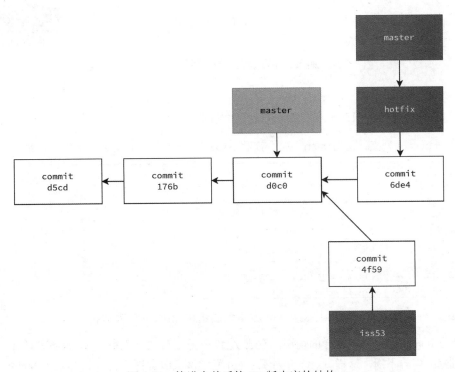

图 4-20　快进合并后的 Git 版本库的结构

在删除 hotfix 分支后切换到 iss53 分支继续工作，并在 main.c 文件的主函数中加入对浮点数加法的调用，示例如下。

```
:~/chapter4/test4$ git branch -d hotfix
已删除分支 hotfix (曾为 6de4ea7) 。
:~/chapter4/test4$ git switch iss53
切换到分支 'iss53'
:~/chapter4/test4$ gedit main.c
:~/chapter4/test4$ git add .
:~/chapter4/test4$ git commit
[iss53 360e6bb]主函数中加入对浮点数加法的调用
1 file changed, 2 insertions(+)
```

加入对浮点数加法的调用后 Git 版本库的结构如图 4-21 所示。

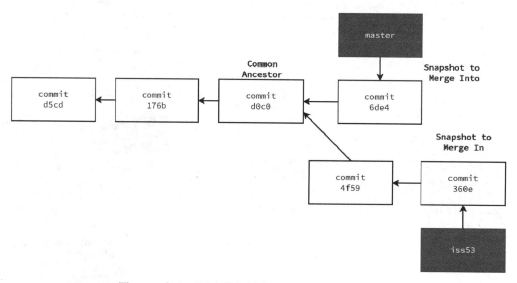

图 4-21 加入对浮点数加法的调用后 Git 版本库的结构

如果要合并的两个分支中，一个分支并不是另一个分支的根，而是分叉，这样就无法"快进合并"。这种情况需要使用两个分支的 commit 和共同"祖先"commit 做三方合并。

切换到 master 分支，运行 merge 命令，将 iss53 分支合并到 master 分支，示例如下。

```
:~/chapter4/test4$ git switch master
切换到分支 'master'
:~/chapter4/test4$ git merge iss53
Merge made by the 'ort' strategy.
  add.h        | 2 +-
  add_float.c  | 4 ++++
  main.c       | 4 ++++
3 files changed, 9 insertions(+), 1 deletion(-)
create mode 100644 add_float.c
```

将 iss53 分支合并到 master 分支后 Git 版本库的结构如图 4-22 所示。

分支合并时可能会出现这样的情况：分支 A 和分支 B 有共同的根，A、B 都修改了相同的地方，而且修改内容不同，这样就会产生冲突。Git 发现冲突时会停止合并，并修改有冲突的文件，在其中标注出冲突的地方，用户需要修改有冲突的文件并提交，才能完成分支合并。

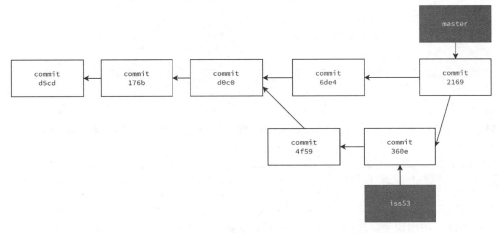

图 4-22 将 iss53 分支合并到 master 分支后 Git 版本库的结构

我们现在修改 master 分支中的 main.c 文件，加入主函数参数，删除 iss53 分支中的 main.c 文件中的 main()函数的 void 参数。也就是说都修改了相同的地方，并且修改的内容不同。此时的提交情况如下。

```
:~/chapter4/test4$ git log --oneline --graph --all
* 6161b93 (iss53) 删除 main()函数的 void 参数
* 360e6bb 主函数中加入对浮点数加法的调用
* 4f59f84 加入浮点数加法
| * 30b557e (HEAD -> master) 加入主函数参数
| * 6de4ea7 修改 add_int.c,加入头文件包含
|/
* d0coc5d 加入 Makefile 文件和.gitignore 文件
* 176b00d 加入头文件 add.h
* d5cd398 完成主函数和基本加法
:~/chapter4/test4$ cat main.c
#include <stdio.h>
#include "add.h"
int main(int argc, char* argv[])
{
    int a = 10, b = 12;
    printf("int a + b IS:%d\n", add_int(a, b));
    return 0;
}
```

示例如下，可以看到此时自动合并失败，并且 main.c 文件中的内容也发生了变化。

```
:~/chapter4/test4$ git switch master
切换到分支 'master'
:~/chapter4/test4$ git merge iss53
自动合并 main.c
冲突 (内容)：合并冲突于 main.c
自动合并失败，修正冲突然后提交修正的结果。
:~/chapter4/test4$cat main.c
#include <stdio.h>
#include "add.h"
<<<<<<< HEAD
int main(int argc, char* argv[])
=======
int main( )
>>>>>>> iss53
{
    int a = 10, b = 12 ;
```

```
    float x = 1.23456, y = 9.87654;
    printf("int a + b IS:%d\n", add_int(a, b));
    printf("float x + y IS:%f\n", add_float(x, y));
    return 0;
}
```

"<<<<<<< HEAD"到"======="指的是当前分支的修改内容。"======="到">>>>>>> iss53"指的是被合并分支的修改内容。解决冲突的方法就是直接修改产生冲突的文件，保留其中一个分支的修改，或者重新进行一个新的修改。比如保留 master 分支的修改，并删除多余的符号，示例如下。

```
:~/chapter4/test4$ gedit main.c
:~/chapter4/test4$ git commit -a
[master 1f7b394]合并分支'iss53'到 master
```

合并和比较密切相关，我们可以使用 diff 命令来进行比较。使用"git diff iss53 main.c"命令比较 master 分支下 main.c 文件与 iss53 分支下 main.c 文件的差异，示例如下。

```
:~/chapter4/test4$ git diff iss53 main.c
diff --git a/main.c b/main.c
index fd99167..d25abdf 100644
--- a/main.c
+++ b/main.c
@@ -1,10 +1,8 @@
#include <stdio.h>
#include "add.h"
-int main()
+int main(int argc, char* argv[])
{
    int a = 10, b = 12;
-    float x = 1.23456, y = 9.87654;
    printf("int a + b IS:%d\n", add_int(a, b));
-    printf("float x + y IS:%f\n", add_float(x, y));
    return 0;
}
```

当然也有更优的选择，可以选择图形化比较工具 Meld 来进行比较。它的作用与 diff 命令类似，可以用来单独比较某个文件，也可以用来比较目录。使用 Meld 前需要安装 Meld 并在 Git 中配置，使用"sudo apt install meld"命令安装 Meld，配置步骤如下。

```
:~/chapter4/test4$ git config --global diff.tool meld
:~/chapter4/test4$ git config --list
user.name=stu-a
user.email=stu-a@163.com
core.editor=gedit --wait --new-window
diff.tool=meld
merge.tool=meld
core.repositoryformatversion=0
core.filemode=true
core.bare=false
core.logallrefupdates=true
```

使用 Meld 来比较 master 分支下 main.c 文件与 iss53 分支下 main.c 文件的差异，示例如下，结果如图 4-23 所示。

```
:~/chapter4/test4$ git difftool iss53 main.c

Viewing (1/1) : 'main.c'
Launch 'meld' [Y/n]? Y
```

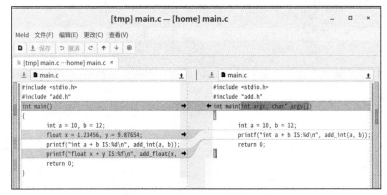

图 4-23 使用 Meld 比较文件

Meld 还可以用来比较目录,如图 4-24 所示。双击文件能够进一步比较文件差异。

```
:~/chapter4/test4$ git difftool iss53 -d -y
```

图 4-24 使用 Meld 比较目录

使用 Meld 处理冲突文件的示例如下,结果如图 4-25 所示。分为 3 个部分,左边部分是当前 master 分支的 main.c 文件,右边部分是 iss53 分支的 main.c 文件,中间部分是处理后的最终 main.c 文件。

```
:~/chapter4/test4$ git config --global merge.tool meld
:~/chapter4/test4$ git merge iss53
自动合并 main.c
冲突 (内容) : 合并冲突于 main.c
自动合并失败,修正冲突然后提交修正的结果。
:~/chapter4/test4$ git mergetool main.c
Merging:
main.c
```

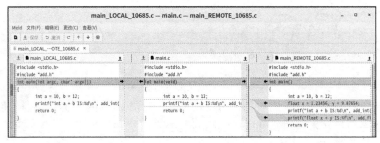

图 4-25 使用 Meld 处理冲突文件

处理完成就得到需要的 main.c 文件了，如图 4-26 所示。

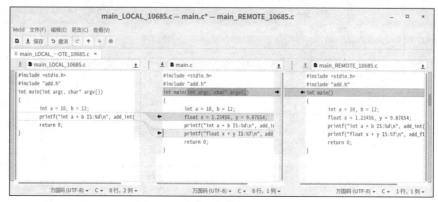

图 4-26　得到需要的 main.c 文件

使用 mergetool 工具时会自动加入.orig 备份文件，示例如下。

```
:~/chapter4/test4$ git status
位于分支 master
所有冲突已解决但您仍处于合并中。
(使用 "git commit" 结束合并)

要提交的变更：
    修改：      add.h
    新文件：    add_float.c
    修改：      main.c

未跟踪的文件：
    (使用 "git add <文件>…" 以包含要提交的内容)
        main.c.orig
```

可以手动删除该文件，也可以通过.gitignore 文件忽略备份文件，还可以配置 Git，禁止产生备份文件，命令如下。

```
git config --global mergetool.keepBackup false
```

冲突处理后提交，完成分支合并，查看历史情况，示例如下。

```
:~/chapter4/test4$ git commit
[master fe1729a] 合并分支 'iss53' 到 master
:~/chapter4/test4$ git log --oneline --graph --all
* fe1729a (HEAD -> master) 合并分支'iss53'到 master
|\
| * 6161b93 (iss53) 删除 main()函数的 void 参数
| * 360e6bb 主函数中加入对浮点数加法的调用
| * 4f59f84 加入浮点数加法
* | 30b557e 加入主函数参数
* | 6de4ea7 修改 add_int.c,加入头文件包含
|/
* d0c0c5d 加入 Makefile 文件和.gitignore 文件
* 176b00d 加入头文件 add.h
* d5cd398 完成主函数和基本加法
```

通过对分支合并的学习，我们对 Git 分支的概念有了更深入的理解，掌握了创建分支、合并分支、解决合并冲突等基本操作，并能在实际开发中应用这些知识。

同时，我们也应该了解分支合并是 Git 的一个基本功能，它可以帮助开发者更好地管理和协

作开发项目。通过分支合并，开发者可以避免代码冲突的问题，保证项目的完整性和稳定性。因此，掌握 Git 分支合并对于协作开发来说是非常重要的。

4.3.4　分支变基

分支变基是整合不同分支的另一个方法。变基是指改变当前分支的父提交，然后把此分支上的提交在新的提交基础上重新提交一次。既然变基是指重新提交，这就意味着对"历史"的改变，起码新的提交时间是不真实的。这样带来的好处是，让提交历史变成没有分叉的"直线"，在分工合作中对维护主线的人来说更友好。当需要故意改变提交历史时，变基是一个好方法。但变基的过程直观度不高，需要多练习才能更好掌握。

下面仍用之前分支合并的例子进行分支变基的说明。iss53 分支上有 3 个 commit，变基就是指把这 3 个 commit 在 master 分支上重新提交。通过 reset 命令把合并回退，示例如下。

```
:~/chapter4/test4$ git reset HEAD~ --hard
HEAD 现在位于 30b557e 加入主函数参数
:~/chapter4/test4$ git log --oneline --all --graph
* 6161b93 (iss53) 删除 main() 函数的 void 参数
* 360e6bb 主函数中加入对浮点数加法的调用
* 4f59f84 加入浮点数加法
| * 30b557e (HEAD -> master) 加入主函数参数
| * 6de4ea7 修改 add_int.c, 加入头文件包含
|/
* d0c0c5d 加入 Makefile 文件和.gitignore 文件
* 176b00d 加入头文件 add.h
* d5cd398 完成主函数和基本加法
```

在进行变基之前，需要知道 rebase 与 merge 的方向是不同的，merge 是把其他分支合并到当前分支，而 rebase 是把当前分支变基到其他分支。merge 是切换到 master 分支，执行命令"git merge iss53"；变基是切换到 iss53 分支，执行命令"git rebase-i master"。

切换到 iss53 分支，使用"git rebase -i master"命令将 iss53 分支变基到 master 上，图 4-27 所示为指定变基过程中对每个 commit 的处理方法。

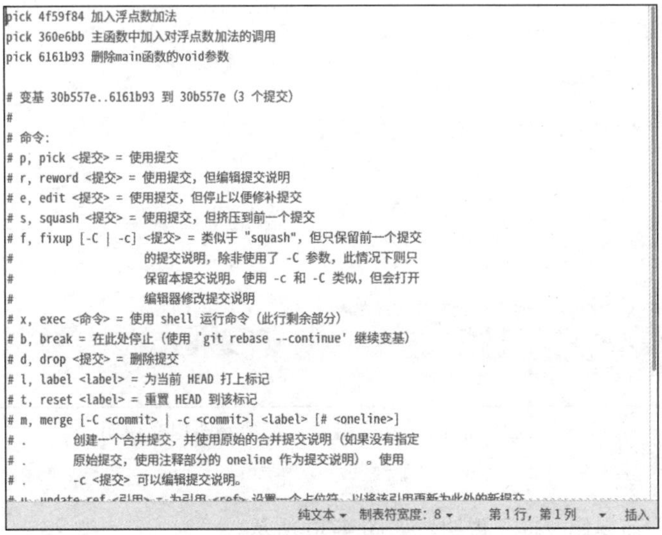

图 4-27　指定变基过程中对每个 commit 的处理方法

把中间部分的提交融合到前一个提交，即将"pick 360e6bb"改为"s 360e6bb"，如图 4-28 所示。

图 4-28　把中间部分的提交融合到前一个提交

将两个提交融合，需要修改提交说明，如图 4-29 所示。

图 4-29　将两个提交融合，需要修改提交说明

有融合提交的，需要修改提交说明，如图 4-30 所示。

```
加入浮点数加法,并在主函数中调用展示

- 加入add_float.c实现浮点数加法
- 浮点数加法的函数声明加入add.h中
- main.c中调用刚实现的浮点数加法,显示结果


# 请为您的变更输入提交说明。以 '#' 开始的行将被忽略,而一个空的提交
# 说明将会终止提交。
#
# 日期:    Sat Feb 25 08:59:23 2023 +0800
#
# 交互式变基操作正在进行中; 至 30b557e
# 最后完成的命令 (2 条命令被执行):
#    pick 4f59f84 加入浮点数加法
#    squash 360e6bb 主函数中加入对浮点数加法的调用
# 接下来要执行的命令 (剩余 1 条命令):
#    pick 6161b93 删除main()函数的void参数
# 您在执行将分支 'iss53' 变基到 '30b557e' 的操作。
#
# 要提交的变更:
#    修改:      add.h
#    新文件:    add_float.c
#    修改:      main.c
```

```
纯文本 ▾  制表符宽度: 8 ▾    第5行, 第26列 ▾    插入
```

图 4-30　有融合提交的，需要修改提交说明

出现冲突，变基过程会暂停，示例如下，合并冲突在 main.c 文件中。

```
:~/chapter4/test4$ git switch iss53
切换到分支 'iss53'
:~/chapter4/test4$ git rebase -i master
[分离头指针 024151c]加入浮点数加法,并在主函数中调用展示
 Date: Sat Feb 25 08:59:23 2023 +0800
 3 files changed, 7 insertions(+)
 create mode 100644 add_float.c
自动合并 main.c
冲突 (内容) : 合并冲突于 main.c
错误: 不能应用 6161b93...删除 main()函数的 void 参数
提示: Resolve all conflicts manually, mark them as resolved with
提示: "git add/rm <conflicted_files>", then run "git rebase --continue".
提示: You can instead skip this commit: run "git rebase --skip".
提示: To abort and get back to the state before "git rebase", run "git rebase --abort".
不能应用 6161b93... 删除 main()函数的 void 参数
```

使用合并工具处理冲突，如图 4-31 所示。

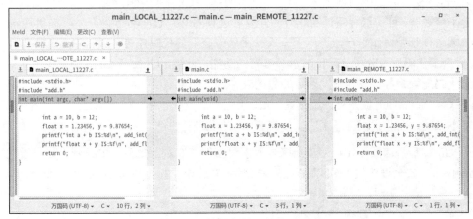

图 4-31　使用合并工具处理冲突

在处理完冲突后，继续完成变基，示例如下。

```
:~/chapter4/test4$ git status
交互式变基操作正在进行中；至 30b557e
最后完成的命令 (3 条命令被执行) :
    squash 360e6bb 主函数中加入对浮点数加法的调用
    pick 6161b93 删除 main()函数的 void 参数
    (更多参见文件 .git/rebase-merge/done)
未剩下任何命令
您在执行将分支 'iss53' 变基到 '30b557e' 的操作
    (所有冲突已解决: 运行 "git rebase --continue")

无文件要提交, 干净的工作区
:~/chapter4/test4$ git rebase --continue
成功变基并更新 refs/heads/iss53
:~/chapter4/test4$ git log --oneline --all --graph
* 024151c (HEAD -> iss53) 加入浮点数加法,并在主函数中调用展示
* 30b557e (master) 加入主函数参数
* 6de4ea7 修改 add_int.c,加入头文件包含
* doc@c5d 加入 Makefile 文件和.gitignore 文件
* 176bood 加入头文件 add.h+
* d5cd398 完成主函数和基本加法
```

通过对 Git 分支变基的学习，我们可以知道分支变基是 Git 中的一种操作，它可以用来将当前分支的提交历史改写为另一个分支的提交历史，从而使得当前分支的修改基于另一个分支的最新代码。与分支合并不同的是，分支变基会改写提交历史，因此应该谨慎使用。如果在多人协作的项目中使用分支变基，可能会对其他开发者的工作产生影响。所以在进行分支变基操作之前，应该先与其他开发者进行沟通，确保不会产生问题。

需要注意的是，分支变基可以使当前分支的修改基于最新的代码，避免合并时可能出现的冲突。因此，分支变基在个人开发或者基于自己的私有分支进行开发时是非常有用的。

4.4　Git 远程仓库和远程分支

4.4.1　远程仓库账户创建及密钥配置

码云 Gitee 是由开源中国社区于 2013 年推出的基于 Git 的代码托管服务，是目前国内最大的代码托管平台之一，目前已有超过 500 万的开发者选择 Gitee。该平台专为开发者提供稳定、高效、安全的云端软件开发协作平台，可用于个人、团队或企业的代码托管、项目管理、协作开发等。Gitee 还提供了代码质量分析、项目演示等丰富的功能。此外，Gitee 于 2016 年推出了企业版，提供企业级代码托管服务，成为开发领域领先的软件服务提供商。Gitee 与 GitHub 类似，区别在于 Gitee 在国内，而 GitHub 在国外。虽然在 Gitee 上进行的操作也适用于 GitHub，但由于 GitHub 的网络连接不稳定，因此我们接下来的操作将在 Gitee 上进行讲解。

使用 Gitee 前，需要先在官网注册账号并配置密钥。在右上角头像中找到"账号设置"并单击，在左侧栏的"安全设置"中，可以找到 SSH 公钥。在终端中执行"ssh-keygen -t ed25519 -C "stu-a key""命令来生成密钥对，示例如下。

```
:~/chapter4/test4$ ssh-keygen -t ed25519 -C "stu-a key"
Generating public/private ed25519 key pair.
Enter file in which to save the key (/home/zzx/.ssh/id_ed25519):
```

```
Created directory '/home/zzx/.ssh'.
Enter passphrase (empty for no passphrase):
Enter same passphrase again:
Your identification has been saved in /home/zzx/.ssh/id_ed25519.
Your public key has been saved in /home/zzx/.ssh/id_ed25519.pub.
The key fingerprint is:
SHA256: aMNQMfTOJeY268RcMJ1qjPM0RczCuH9zSuHD/Rm8jfw stu-a key
The key's randomart image is:
+--[ED25519 256]--+
| .*@O++          |
|.oX=+o +         |
|+*.o o.          |
|Oo  =            |
|*o+o E  S        |
|+o. .    =       |
|     . o .+      |
|      + .o.      |
|      .  .=+.    |
+----[SHA256]-----+
```

生成的密钥对可以在～/.ssh 目录下找到，示例如下。可以看到该目录下有两个文件，id_ed25519
文件保存的是私钥信息，id_ed25519.pub 文件保存的是公钥信息。

```
:~$ cd~/.ssh/
:~/.ssh$ ls
id_ed25519 id_ed25519.pub
:~/.ssh$ cat id_ed25519.pub
ssh-ed25519 AAAAC3NzaC1lZDI1NTE5AAAAIO/uPt45KPrf59fI0KkufCCDQhPqdW52tIaPh73eGmP0 stu-
a key
```

把公钥文件的内容复制到网站要求需要添加公钥的位置。公钥添加完成后，在终端中执行"ssh
-T git@gitee.com"命令测试是否配置成功，如下所示，显示已经成功配置了。

```
:~$ ssh -T git@gitee.com
The authenticity of host 'gitee.com (212.64.63.215)' can't be established.
ECDSA key fingerprint is SHA256:FQGC9Kn/eye1W8icdBgrQp+KkGYoFgbVr17bmjey0Wc.
Are you sure you want to continue connecting (yes/no)? yes
Warning: Permanently added 'gitee.com,212.64.63.190' (ECDSA) to the list of known hosts.
Hi stu-a! You've successfully authenticated, but GITEE.COM does not provide shell access.
```

由于涉及代码上传、修改等问题，所以访问网站时需要使用"用户名+口令"来确定用户是否
有权限。如果用 https 方式来访问网站上的版本库，则每次需要输入口令，比较烦琐，因此可以采
取在本地产生密钥对，并把公钥放到网站的允许列表中的方式。把公钥放入网站的允许列表中需
要口令授权确认。网站上的账户把某个公钥放入允许列表意味着如果有这个公钥对应的私钥，即
可以代替口令来确定用户权限。公钥存储在 Gitee 上，私钥存储在本地计算机上。这种方式可以
确保只有开发者和获得授权的人员可以访问和修改开发者的代码。如果有人试图通过未授权的方
式进行访问，则无法使用私钥解密开发者的代码。因此，密钥对是一种非常安全的用来保护开发
者的代码成果的方式。

4.4.2　创建远程仓库

Git 的远程仓库是一个存储在网络上的 Git 仓库，使用远程仓库可以让开发者在不同的计算机
或者不同的团队之间共享代码。在一个项目中，如果所有的开发者都使用本地仓库，那么当一个

开发者对代码进行了修改，而其他开发者不知道这个修改时，会导致代码冲突，增加项目的管理难度。而使用远程仓库，每个开发者都可以将代码推送到共同的仓库中，其他开发者可以在获取最新代码后进行修改，可以有效避免代码冲突。此外，远程仓库也能保障代码的备份与安全，防止代码的丢失或被非法访问。远程仓库还能为项目提供便捷的协作方式，支持多人协作开发，实现分布式开发的目标。因此，使用远程仓库可以提高团队协作效率，降低项目管理的难度，并且确保代码的备份与安全。

在创建远程仓库之前，为了方便进行后面的操作，先将 test4 文件夹中的 iss53 分支合并到 master 分支上，示例如下。

```
:~/chapter4/test4$ git log --oneline --all --graph
* 024151c (HEAD -> iss53) 加入浮点数加法,并在主函数中调用展示
* 30b557e (master) 加入主函数参数
* 6de4ea7 修改 add_int.c, 加入头文件包含
* d0c0c5d 加入 Makefile 文件和.gitignore 文件
* 176b00d 加入头文件 add.h
* d5cd398 完成主函数和基本加法
:~/chapter4/test4$ git switch master
切换到分支 'master'
:~/chapter4/test4$ git merge iss53
更新 30b557e..024151c
Fast-forward
 add.h       | 1 +
 add_float.c | 4 ++++
 main.c      | 2 ++
 3 file changed, 7 insertion(+)
 create mode 100644 add_float.c
:~/chapter4/test4$ git log --oneline --all --graph
* 024151c (HEAD -> master, iss53) 加入浮点数加法，并在主函数中调用展示
* 30b557e 加入主函数参数
* 6de4ea7 修改 add_int.c, 加入头文件包含
* d0c0c5d 加入 Makefile 文件和.gitignore 文件
* 176b00d 加入头文件 add.h
* d5cd398 完成主函数和基本加法
```

在 Gitee 上创建一个空的代码仓库，仓库创建完成后，复制 SSH 的地址，使用"git remote add origin git@gitee.com:stu-a/git-study-demo.git"命令来添加远程仓库，示例如下。添加完远程仓库后可以将远程仓库的地址添加到本地的 Git 仓库中，并将其命名为"origin"。可以使用 git 命令将本地代码推送到远程仓库，或者从远程仓库拉取最新代码到本地。通过添加远程仓库，可以方便地与其他开发者协作，共享代码和管理项目。其中，"origin"是一个默认的名称，也可以使用其他名称来标识远程仓库。

```
:~/chapter4/test4$ git log --oneline --all --graph
* 024151c (HEAD -> master, iss53) 加入浮点数加法,并在主函数中调用展示
* 30b557e 加入主函数参数
* 6de4ea7 修改 add_int.c,加入头文件包含
* d0c0c5d 加入 Makefile 文件和.gitignore 文件
* 176bood 加入头文件 add.h
* d5cd398 完成主函数和基本加法
:~/chapter4/test4 git status
位于分支 master
无文件要提交，干净的工作区
:~/chapter4/test4$ git remote add origin git@gitee.com:stu-a/git-study-demo.git
```

```
:~/chapter4/test4$ git remote -v
origin git@gitee.com:stu-a/git-study-demo.git (fetch)
origin git@gitee.com:stu-a/git-study-demo.git (push)
:~/chapter4/test4$ git remote show origin
* 远程 origin
    获取地址: git@gitee.com:stu-a/git-study-demo.git
    推送地址: git@gitee.com:stu-a/git-study-demo.git
    HEAD 分支: (未知)
```

使用"git push -u origin master"命令将本地代码推送到远程仓库, 并将本地分支与远程分支进行关联。其中-u 参数的作用是设置当前分支跟踪远程的分支, 也就是说后续在 master 分支上"git push"等于"git push origin master"。这里的 master 是指把本地的 master 分支推送到远程仓库, 示例如下。

```
:~/chapter4/test4S git push -u origin master
Warning: Permanently added the ECDSA host key for Ip address '212.64.63.190' to the
list of known hosts.
枚举对象中: 22, 完成.
对象计数中: 100% (22/22), 完成.
使用 4 个线程进行压缩
压缩对象中: 100% (20/2), 完成.
写入对象中: 100% (22/22), 2.46 KiB  2.46 MiB/s, 完成.
总共 22 (差异 6) , 复用   (差异 ) , 包复用 0
remote: Powered by GITEE.COM [GNK-6.4]
To gitee.com:stu-a/git-study-demo.git
* [new branch]  master -> master
分支 'master' 设置为跟踪 'origin/master'
```

刷新网页, 可以看到此时仓库已经不为空了, 并且可以浏览提交的代码。现在可以随时随地从远程仓库下载代码了, 在仓库界面单击"克隆/下载"按钮, 找到远程仓库的地址, 并复制该地址。新建一个名为 test5 的文件夹并在该文件夹下打开终端, 执行"git clone 远程仓库的地址"命令, 具体步骤如下, 这样便可以把远程仓库中的代码下载下来, 在本地修改代码了。

```
:~/chapter4/test5$ git clone git@gitee.com:stu-a/git-study-demo.git
正克隆到 'git-study-demo'...
remote: Enumerating objects: 22, done.
remote: Counting objects: 100% (22/22), done.
remote: Compressing objects: 100%(20/20), done.
remote: Total 22 (delta 6), reused 0 (delta 0), pack-reused 0
接收对象中: 100%(22/22), 完成.
处理 delta 中: 100% (6/6), 完成.
:~/chapter4/test5$ ls
git-study-demo
:~/chapter4/test5$ cd git-study-demo/
:~/chapter4/test5/git-study-demo$ ls
add_float.c add.h add_int.c main.c makefile
:~/chapter4/test5/git-study-demo$ git log --oneline --all --graph
* 024151c (HEAD -> master, origin/master, origin/HEAD) 加入浮点数加法,并在主函数中调用展示
* 30b557e 加入主函数参数
* 6de4ea7 修改 add_int.c, 加入头文件包含
* d0c0c5d 加入 Makefile 文件和.gitignore 文件
* 176b00d 加入头文件 add.h
* d5cd398 完成主函数和基本加法
```

test5 文件夹中本地分支和远程分支的关系如图 4-32 所示。

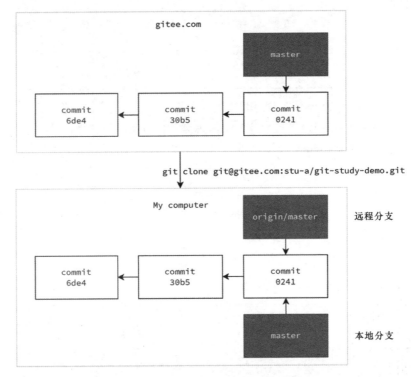

图 4-32　test5 文件夹中本地分支和远程分支的关系

现在用 stu-a 和 stu-b 两个文件夹来模拟开发者 stu-a 和 stu-b 下载远程代码并分别修改的情况。由于 Git 的全局配置是基于 stu-a 的用户信息，需要将 stu-b 的用户信息设置到 stu-b 文件夹的配置信息中，示例如下。

```
:~/chapter4/test5$ ls
git-study-demo
:~/ chapter4/test5$ mv git-study-demo/ stu-a
:~/chapter4/test5$ git clone git@gitee.com:stu-a/git-study-demo.git
正克隆到 'git-study-demo'...
remote: Enumerating objects: 22, done.
remote: Counting objects: 100% (22/22), done.
remote: compressing objects: 100%(20/20), done.
remote: Total 22 (delta 6), reused 0 (delta 0), pack-reused 0
接收对象中: 100%(22/22), 完成.
处理 delta 中: 100% (6/6), 完成.
:~/chapter4/test5$ mv git-study-demo/ stu-b
:~/chapter4/test5$ cd stu-b/
:~/chapter4/test5/stu-b$ git config user.name "stu-b"
:~/chapter4/test5/stu-b$ git config user.email "stu-b@163.com"
```

现在 stu-b 用户修改代码，添加整数减法，并在主函数中调用整数减法，使用 "git push origin master" 命令将本地的提交推送到远程仓库 origin 的 master 分支上，示例如下。

```
:~/chapter4/test5/stu-b$ git log --oneline --all --graph
* c8aaca2 (HEAD -> master) 在主函数中调用整数减法
* 5328c97 实现整数减法
```

```
* 024151c (origin/master, origin/HEAD) 加入浮点数加法,并在主函数中调用展示
* 30b557e 加入主函数参数
* 6de4ea7 修改 add_int.c,加入头文件包含
* d0c0c5d 加入 Makefile 文件和.gitignore 文件
* 176b00d 加入头文件 add.h
* d5cd398 完成主函数和基本加法
:~/chapter4/test5/stu-b$ git push origin master
枚举对象中: 9, 完成.
对象计数中: 100% (9/9), 完成.
使用 4 个线程进行压缩
压缩对象中: 100% (5/5), 完成.
写入对象中: 100% (7/7), 711 字节 | 711.00 KiB/s, 完成.
总共 7 (差异 3) , 复用 0 (差异 0) , 包复用 0
remote: Powered by GITEE.COM [GNK-6.4]
To gitee.com:stu-a/git-study-demo.git
   024151c..c8aaca2 master -> master
```

刷新仓库,可以看到 stu-b 的两个提交已经推送到远程仓库中,如图 4-33 所示。

图 4-33　刷新后的仓库提交记录

此时远程仓库的状态如图 4-34 所示。

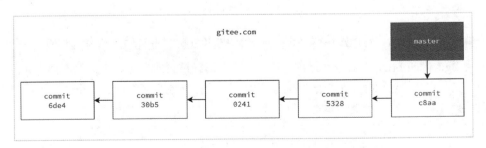

图 4-34　远程仓库的状态

现在 stu-a 用户同样对代码进行修改并推送，不过 stu-a 用户实现的是浮点数减法并在主函数中调用浮点数减法，示例如下。

```
:~/chapter4/test5/stu-a$ git log --oneline --all --graph
* b14060a (HEAD -> master) 在主函数中调用浮点数减法
* fe80d1a 实现浮点数减法
* 024151c (origin/master,origin/HEAD) 加入浮点数加法,并在主函数中调用展示
* 30b557e 加入主函数参数
* 6de4ea7 修改 add_int.c, 加入头文件包含
* d0coc5d 加入 Makefile 文件和.gitignore 文件
* 176b0od 加入头文件 add.h
* d5cd398 完成主函数和基本加法
:~/chapter4/test5/stu-a$ git push origin master
To gitee.com:stu-a/git-study-demo.git
! [rejected]         master -> master (fetch first)
错误：无法推送一些引用到 'gitee.com:stu-a/git-study-demo.git'
提示：更新被拒绝，因为远程仓库包含您本地尚不存在的提交。这通常是因为另外
提示：一个仓库已向该引用进行了推送。再次推送前，您可能需要先整合远程变更
提示：(如 'git pull ...')
提示：详见 'git push --help' 中的 'Note about fast-forwards' 小节
```

可以看到此时推送到远程仓库中出现了错误，现在的状况如图 4-35 所示。

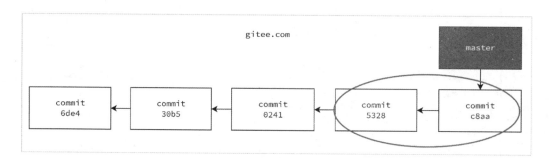

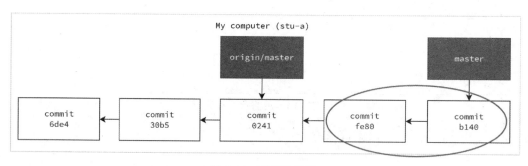

图 4-35　现在的状况

要想推送到远程仓库，得先拉取远程仓库来更新 stu-a 用户本地的远程分支，如图 4-36 所示。

使用"git fetch origin"命令从远程仓库 origin 中下载最新的提交记录，但不会将其自动合并到本地分支。它会将远程分支更新到本地仓库中，并且在本地仓库中创建一个指向远程分支的指针，但不会自动合并远程分支到本地分支，示例如下。

```
:~/chapter4/test5/stu-a$ git fetch origin
remote: Enumerating objects: 9, done.
remote: counting objects: 100% (9/9), done.
```

```
remote: compressing objects: 100% (5/5), done.
remote: Total 7 (delta 3), reused 0 (delta 0), pack-reused 0
展开对象中：100%(7/7)，691 字节 | 691.00 KiB/s，完成.
来自 gitee.com:stu-a/git-study-demo
    024151c..c8aaca2 master -> origin/master
:~/chapter4/test5/stu-a$ git log --oneline --all --graph
* b14060a (HEAD -> master) 在主函数中调用浮点数减法
* fe80d1a 实现浮点数减法
| * c8aaca2 (origin/master, origin/HEAD) 在主函数中调用整数减法
| * 5328c97 实现整数减法
|/
* 024151c 加入浮点数加法,并在主函数中调用展示
* 30b557e 加入主函数参数
* 6de4ea7 修改 add_int.c,加入头文件包含
* d0c0c5d 加入 Makefile 文件和.gitignore 文件
* 176b00d 加入头文件 add.h
* d5cd398 完成主函数和基本加法
```

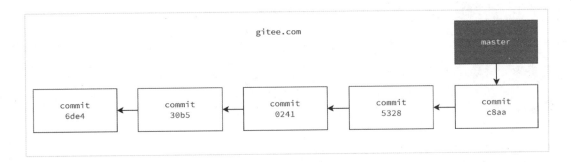

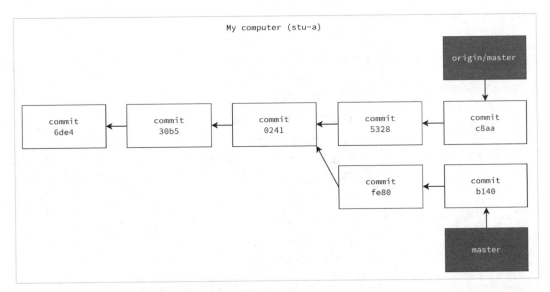

图 4-36　先拉取远程仓库来更新 sut-a 用户本地的远程分支

　　当运行 "git fetch origin" 命令后，如果远程仓库中有新的提交记录，它们会被下载到本地仓库中的远程跟踪分支。然后，可以使用 "git merge" 或者 "git rebase" 命令从远程跟踪分支中将最新更改合并到本地分支。最后，将本地分支成功推送到远程代码托管服务器，示例如下。

```
:~/chapter4/test5/stu-a$ git merge origin/master
自动合并 main.c
自动合并 sub.h
冲突（添加/添加）：合并冲突于 sub.h
自动合并失败，修正冲突然后提交修正的结果
:~/chapter4/test5/stu-a$ git mergetool sub.h
Merging:
sub.h

Normal merge conflict for 'sub.h' :
    {local}: created file
    {remote}: created file
:~/chapter4/test5/stu-a$ git status -s
M    main.c
M    sub.h
A    sub_int.c
??   sub.h.orig
:~/chapter4/test5/stu-a$ rm sub.h.orig
:~/chapter4/test5/stu-a$ git commit
[master 6cb821d]合并远程分支'origin/master'到本地 master
:~/chapter4/test5/stu-a$ git push origin master
枚举对象中：16，完成.
对象计数中：100% (16/16)，完成.
使用 4 个线程进行压缩
压缩对象中：100%(10/10)，完成.
写入对象中：100%(11/11)，1.08 KiB | 1.08 MiB/s，完成.
总共 11（差异 5），复用 0（差异 0），包复用 0
remote: Powered by GITEE.COM [GNK-6.4]
To gitee.com:stu-a/git-study-demo.git
    c8aaca2..6cb821d master -> master
```

stu-a 将修改推送到远程仓库上的结果如图 4-37 所示，可以看到 stu-a 和 stu-b 都将自己本地的修改提交到了远程仓库中。

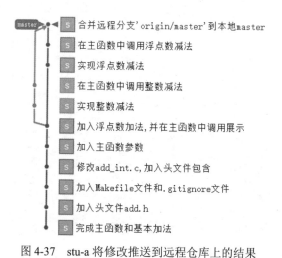

图 4-37　stu-a 将修改推送到远程仓库上的结果

4.4.3　使用变基重做

现在回到起点用变基方法来处理远程仓库，看看使用变基重做的结果有什么不同？

在 Gitee 上新建一个空仓库：git-study-demo-rebase。以未加入减法、只在本地做过工作、只完成加法的代码为起点。增加远程仓库，这次用新建的代码仓库。同样先把本地代码推送（push）

到新的空仓库。通过克隆（clone）拉取代码到新建目录 test6 中，和之前一样，分别用两个目录来模拟两位开发者，配置其中一个目录的用户名和邮箱为 stu-b 用户。让 stu-b 用户新建 feat-sub-int 分支，并在新分支上做和之前一样的修改并提交，示例如下。

```
:~/chapter4/test6/stu-b$ git log --oneline --all
9d80f35 (HEAD -> feat-sub-int) 在主函数中实现对整数减法模块的调用展示
4cfda2e 实现整数减法模块
024151c (origin/master, origin/HEAD, master) 加入浮点数加法,并在主函数中调用展示
30b557e 加入主函数参数
6de4ea7 修改 add_int.c,加入头文件包含
d0c0c5d 加入 Makefile 文件和.gitignore 文件
176b00d 加入头文件 add.h
d5cd398 完成主函数和基本加法
```

修改完成，在将其推送到远程仓库之前，要把 feat-sub-int 分支上的修改整合到 master 分支。为了确保过程清晰，可以通过 rebase 把两个 commit 合并成一个，示例如下。

```
:~/chapter4/test6/stu-b$ git rebase -i master
[分离头指针 57db34e]实现整数减法模块
Date: sat Feb 25 19:14:36 2023 +0800
3 files changed, 7 insertions(+)
create mode 100644 sub.h
create mode 100644 sub_int.c
成功变基并更新 refs/heads/feat-sub-int。
:~/chapter4/test6/stu-b$ git log --oneline --all --graph
* 57db34e (HEAD -> feat-sub-int) 实现整数减法模块
* 024151c (origin/master, origin/HEAD, master) 加入浮点数加法,在主函数中调用展示
* 30b557e 加入主函数参数
* 6de4ea7 修改 add_int.c,加入头文件包含
* d0c0c5d 加入 Makefile 文件和.gitignore 文件
* 176b00d 加入头文件 add.h
* d5cd398 完成主函数和基本加法
:~/chapter4/test6/stu-b$ git switch master
切换到分支 'master'
您的分支与上游分支 'origin/master' 一致。
:~/chapter4/test6/stu-b$ git merge feat-sub-int
更新 024151c..57db34e
Fast-forward
main.c    | 2 ++
sub.h     | 1 +
sub_int.c | 4++++
3files changed, 7 insertions(+)
create mode 100644 sub.h
create mode 100644 sub_int.c
```

stu-b 用户将修改推送到远程仓库中，示例如下。

```
:~/chapter4/test6/stu-b$ git log --oneline --all --graph
* 57db34e (HEAD -> master, feat-sub-int) 实现整数减法模块
* 024151c (origin/master, origin/HEAD) 加入浮点数加法,并在主函数中调用展示
* 30b557e 加入主函数参数
* 6de4ea7 修改 add_int.c,加入头文件包含
* d0c0c5d 加入 Makefile 文件和.gitignore 文件
* 176b00d 加入头文件 add.h
* d5cd398 完成主函数和基本加法
:~/chapter4/test6/stu-b$ git push origin master
枚举对象中: 7, 完成.
对象计数中: 100%(7/7), 完成.
使用 4 个线程进行压缩
压缩对象中: 100%(3/3), 完成.
写入对象中: 100% (5/5), 542 字节 | 542.00 KiB/s, 完成.
```

```
总共 5（差异 2），复用 0（差异 0），包复用 0
remote: Powered by GITEE.COM [GNK-6.4]
To gitee.com:stu-a/git-study-demo-rebase.git
    024151c..57db34e master -> master
```

　　stu-b 用户推送完后，让 stu-a 同样做上述过程，新建 feat-sub-float 分支，并在该分支上修改。再将 feat-sub-float 分支上的修改整合到 master 分支，示例如下。

```
:~/chapter4/test6/stu-a$ git rebase -i master
[分离头指针 3c4bc8f]实现浮点数减法模块
  Date: sat Feb 25 19:27:20 2023 +0800
  3 files changed, 7 insertions(+)
  create mode 100644 sub.h
  create mode 100644 sub_float.c
成功变基并更新 refs/heads/feat-sub-float
:~/chapter4/test6/stu-a$ git log --oneline --all --graph
* 3c4bc8f (HEAD -> feat-sub-float) 实现浮点数减法模块
* 024151c (origin/master,origin/HEAD,master) 加入浮点数加法,并在主函数中调用展示
* 30b557e 加入主函数参数
* 6de4ea7 修改 add_int.c,加入头文件包含
* d0c0c5d 加入 Makefile 文件和.gitignore 文件
* 176b00d 加入头文件 add.h
* d5cd398 完成主函数和基本加法
:~/chapter4/test6/stu-a$ git switch master
切换到分支 'master'
您的分支与上游分支 'origin/master' 一致
:~/chapter4/test6/stu-a$ git merge feat-sub-float
更新 024151c..3c4bc8f
Fast-forward
  main.c        | 2 ++
  sub.h         | 1 +
  sub_float.c   | 4 ++++
  3 files changed, 7 insertions(+)
  create mode 100644 sub.h
  create mode 100644 sub_float.c
```

　　使用"git fetch origin"命令从远程仓库中下载最新的提交记录，更新本地仓库中的远程跟踪分支，示例如下。

```
:~/chapter4/test6/stu-a$ git fetch origin
remote: Enumerating objects: 7, done.
remote: counting objects: 100%(7/7), done.
remote: compressing objects: 100% (3/3), done.
remote: Total 5 (delta 2), reused 0 (delta 0), pack-reused 0
展开对象中: 100% (5/5), 522 字节 | 522.00 KiB/s, 完成.
来自 gitee.com:stu-a/git-study-demo-rebase
    024151c..57db34e master -> origin/master
:~/chapter4/test6/stu-a$ git log --oneline --all --graph
* 3c4bc8f (HEAD -> master, feat-sub-float) 实现浮点数减法模块
| * 57db34e (origin/master, origin/HEAD) 实现整数减法模块
|/
* 024151c 加入浮点数加法,并在主函数中调用展示
* 30b557e 加入主函数参数
* 6de4ea7 修改 add_int.c,加入头文件包含
* d0c0c5d 加入 Makefile 文件和.gitignore 文件
* 176b00d 加入头文件 add.h
* d5cd398 完成主函数和基本加法
```

　　现在使用变基方式整合远程分支，示例如下。可以看到 sub.h 中出现了冲突，需要修改 sub.h 来解决冲突。

```
:~/chapter4/test6/stu-a$ git log --oneline --all --graph
* 3c4bc8f (HEAD -> master,feat-sub-float) 实现浮点数减法模块
| * 57db34e (origin/master, origin/HEAD) 实现整数减法模块
|/
* 024151c 加入浮点数加法,并在主函数中调用展示
* 30b557e 加入主函数参数
* 6de4ea7 修改 add_int.c,加入头文件包含
* d0c0c5d 加入 Makefile 文件和.gitignore 文件
* 176b00d 加入头文件 add.h
* d5cd398 完成主函数和基本加法
:~/chapter4/test6/stu-a$ git rebase origin/master
自动合并 main.c
自动合并 sub.h
冲突 (添加/添加) : 合并冲突于 sub.h
错误: 不能应用 3c4bc8f... 实现浮点数减法模块
提示: Resolve all conflicts manually, mark them as resolved with
提示: "git add/rm <conflicted_files>", then run "git rebase --continue".
提示: You can instead skip this commit: run "git rebase --skip" .
提示: To abort and get back to the state before "git rebase", run "git rebase --abort".
不能应用 3c4bc8f... 实现浮点数减法模块
```

解决冲突后将本地仓库推送到远程仓库形成新的结果如图 4-38 所示。可以看到相比之前的提交，使用变基的方法可以将多条提交记录整合成一条，并且只保留一个分支的提交历史，保持提交历史的清晰，使开发者更容易阅读和理解代码的演变过程。

图 4-38　解决冲突后将本地仓库推送到远程仓库形成新的结果

上述操作流程可称为集中式工作流程。Git 集中式工作流程是一种在团队协作中常用的 Git 工作流程模型。在该模型中，代码存放在中央仓库中，所有团队成员都可以在本地进行修改，但是必须将这些修改推送到中央仓库，其他团队成员能从中央仓库中获取最新版本。具体流程如下。

① 创建中央仓库并初始化版本库，然后将其推送到服务器。

② 团队成员通过"git clone"命令将中央仓库中的代码复制到本地，然后在本地进行修改。

③ 团队成员提交本地代码到本地仓库，可以使用"git commit"命令提交修改到本地仓库。

④ 团队成员使用"git push"命令将本地仓库中的修改推送到中央仓库。

⑤ 其他团队成员通过"git fetch"命令从中央仓库中获取最新版本，并合并到本地仓库，使用"git merge"命令将最新版本合并到本地代码中。

在这种工作流程中，所有的修改都需要被推送到中央仓库，并且需要经过团队成员的审核才能被合并到主分支中。这样可以保证团队协作的稳定性和代码质量。同时，由于中央仓库是单点，所有的提交都要经过中央仓库，因此可能存在瓶颈问题，影响工作效率。

4.4.4　代码管理工作流程

GitHub 提供了强大的协作工具和代码管理功能，可以帮助团队更好地组织和管理代码，提高代码质量和协作效率。GitHub 代码管理工作流程和 Gitee 是一样的，但由于 GitHub 的网络连接不稳定，因此接下来都使用 Gitee 进行讲解。该工作流程可以概括如下。

① 创建公开项目和主版本库：用户 A 在 Gitee 上创建一个公开项目，并建立主版本库。

② 主版本库的管理：用户 A 可对主版本库进行推送、修改等操作，并负责维护主版本库。

③ fork（复刻）主版本库：其他用户 B 可以 fork 这个库，在自己账户下，建立主版本库的副版本库。这样用户 B 就可以在自己的副版本库中做修改，而不影响用户 A 的主版本库。

④ clone 副版本库到本地：用户 B 可以将自己的副版本库 clone 到本地，并在本地进行修改。

⑤ 新建分支做修改：用户 B 在本地新建一个分支，在这个分支上进行代码修改和提交，并将修改推送到自己的副版本库。

⑥ 发起 pull（拉取）请求：用户 B 在 Gitee 网站上发起 pull 请求，向用户 A 的主版本库请求合并。

⑦ 添加新的远程仓库：用户 A 在本地添加一个新的远程仓库，即用户 B 的副版本库。

⑧ fetch（取得）副版本库的修改：用户 A 通过 fetch 命令获取用户 B 副版本库的修改，测试并确认代码修改正确性。

⑨ 合并副版本库的修改分支：用户 A 将用户 B 的修改分支合并到主分支，并将修改推送到主版本库。

⑩ 同步副版本库：用户 B 同步主版本库的修改，使得自己的副版本库与主版本库保持一致。

这样，用户 A 和用户 B 就可以通过 Gitee 平台实现协作开发，并对代码进行版本控制和管理。现在使用两台龙芯计算机来模拟在 Gitee 上进行代码管理的工作流程。

在一台龙芯计算机上打开 Gitee，登录 a 账户并建立主版本库。在另一台龙芯计算机上登录 b 账户。其中，a 账户用户名为 stu-a，邮箱为 stu-a@163.com；b 账户用户名为 stu-b，邮箱为 stu-b@163.com。

在 stu-a 用户的仓库界面单击"管理"按钮，在仓库设置的基本信息中将仓库设置为公开，这样其他用户才能在 Gitee 上搜索到 a 账户的仓库。stu-b 用户搜索到 stu-a 用户创建的公开代码仓库并进入后，可以单击右上角的"fork"按钮复制主版本库，从而 stu-b 用户就在自己账户下创建了主版本库的副版本库。stu-b 用户可以在自己的仓库界面中找到主版本库的副本。

现在有两个远程仓库：a 账户下的主版本库和 b 账户下的副版本库。那么 stu-b 用户该 clone 哪一个仓库的地址，是 git@gitee.com:stu-a/pr-demo.git 还是 git@gitee.com:stu-b/pr-demo.git？对 stu-b 这个用户来说，第二个才有写入权限，如果要修改代码，那么需要 clone 第二个，这样才有权限。所以 stu-b 用户从自己账户的副版本库 clone 代码到本地，示例如下。

```
:~/chapter4$ git clone git@gitee.com:stu-b/pr-demo.git
正克隆到 'pr-demo'...
remote: Enumerating objects: 8, done.
remote: counting objects: 100% (8/8), done.
```

```
remote: compressing objects: 100% (7/7), done.
remote: Total 8 (delta 0), reused 8 (delta 0), pack-reused 0
接收对象中: 100% (8/8), 完成.
:~/chapter4$ ls
pr-demo
:~/chapter4$ cd pr-demo/
:~/chapter4/pr-demo$ git log --oneline --all --graph
* 57253a3 (HEAD -> master, origin/master, origin/HEAD) 实现整数和浮点数加法
:~/chapter4/pr-demo$ git config user.name "stu-b"
:~/chapter4/pr-demo$ git config user.email "stu-b@163.com"
```

stu-b 用户在本地新建 Feat-sub-int 分支并修改代码，示例如下。在新建的分支上完成两次提交，第一次是实现整数减法模块，第二次是主函数调用整数减法展示输出。

```
:~/chapter4/pr-demo$ git switch -c Feat-sub-int
切换到一个新分支 'Feat-sub-int'
:~/chapter4/pr-demo$ gedit sub_int.c
:~/chapter4/pr-demo$ gedit sub.h
:~/chapter4/pr-demo$ git add .
:~/chapter4/pr-demo$ git commit
[Feat-sub-int bacdd17]实现整数减法模块
  2 files changed, 5 insertions(+)
  create mode 100644 sub.h
  create mode 100644 sub_int.c
:~/chapter4/pr-demo$ gedit main.c
:~/chapter4/pr-demo$ git add .
:~/chapter4/pr-demo$ git commit
[Feat-sub-int 3b4cf3a]主函数调用整数减法展示输出
1 file changed, 2 insertions(+)
:~/chapter4/pr-demo$ git log --oneline --all --graph
* 3b4cf3a (HEAD -> Feat-sub-int) 主函数调用整数减法展示输出
* bacdd17 实现整数减法模块
* 57253a3 (origin/master, origin/HEAD, master) 实现整数和浮点数加法
```

stu-b 用户把新的分支推送到远程仓库，也就是 stu-b 用户建立的副版本库，示例如下。

```
:~/chapter4/pr-demo$ git push -u origin Feat-sub-int
枚举对象中: 9, 完成.
对象计数中: 100% (9/9), 完成.
使用 4 个线程进行压缩
压缩对象中: 100% (5/5), 完成.
写入对象中: 100% (7/7), 720 字节 | 720.00 KiB/s, 完成.
总共 7 (差异 3), 复用 0 (差异 0), 包复用 0
remote: Powered by GITEE.COM [GNK-6.4]
remote: Create a pull request for 'Feat-sub-int' on Gitee by visiting:
remote: https://gitee.com/stu-b/pr-demo/pull/new/stu-b:Feat-sub-int...stu-b:master
To gitee.com:stu-b/pr-demo.git
 * [new branch] Feat-sub-int -> Feat-sub-int
分支 'Feat-sub-int' 设置为跟踪 'origin/Feat-sub-int'.
```

stu-b 用户到 stu-a 用户的主版本库中单击+ "Pull Requests" 按钮，向 stu-a 用户请求合并自己的代码修改到目的分支中。现在可以在 a 账户中看到收到了 Pull Requests。让 stu-a 用户添加新的远程仓库并拉取该仓库的代码，示例如下。

```
:~/chapter4/test7$ git log --oneline --all --graph
* 57253a3 (HEAD -> master, origin/master) 实现整数和浮点数加法
:~/chapter4/test7$ git remote add stu-b git@gitee.com:stu-b/pr-demo.git
:~/chapter4/test7$ git remote -v
origin git@gitee.com : stu-a/pr-demo.git (fetch)
origin git@gitee.com :stu-a/pr-demo.git (push)
stu-b  git@gitee.com : stu-b/pr-demo.git (fetch)
```

```
stu-b   git@gitee.com : stu-b/pr-demo.git (push)
:~/chapter4/test7$ git fetch stu-b
remote: Enumerating objects: 9, done.
remote: counting objects: 100% (9/9), done.
remote: compressing objects: 100% (5/5), done.
remote: Total 7 (delta 3), reused 0 (delta 0), pack-reused 0
展开对象中: 100% (7/7), 700 字节 | 700.00 KiB/s, 完成.
来自 gitee.com:stu-b/pr-demo
*[新分支]Feat-sub-int -> stu-b/Feat-sub-int
*[新分支]master -> stu-b/master
```

stu-a 用户创建 Feat-sub-int 分支跟踪新的远程分支，示例如下。

```
:~/ chapter4/test7$ git branch --all
* master
  remotes/origin/master
  remotes/stu-b/Feat-sub-int
  remotes/stu-b/master
:~/chapter4/test7$ git switch -c Feat-sub-int -t stu-b/Feat-sub-int
分支 'Feat-sub-int' 设置为跟踪 'stu-b/Feat-sub-int'
切换到一个新分支 'Feat-sub-int'
:~/chapter4/test7$ git log --oneline --all --graph
* 3b4cf3a (HEAD -> Feat-sub-int, stu-b/Feat-sub-int) 主函数调用整数减法展示输出
* bacdd17 实现整数减法模块
* 57253a3 (stu-b/master, origin/master, master) 实现整数和浮点数加法
:~/chapter4/test7$ ls
add_float.c add.h add_int.c  main.c makefile sub.h sub_int.c
```

stu-a 用户合并新的修改到自己的主分支，示例如下。示例过程正好是一个快进合并的过程。

```
:~/chapter4/test7$ git switch master
切换到分支 'master'
您的分支与上游分支 'origin/master' 一致
:~/chapter4/test7$ git merge Feat-sub-int
更新 57253a3..3b4cf3a
Fast-forward
  main.c    | 2 ++
  sub.h     | 1 +
  sub_int.c | 4 ++++
  3 files changed, 7 insertions(+)
  create mode 100644 sub.h
  create mode 100644 sub_int.c
:~/chapter4/test7$ git log --oneline --all --graph
* 3b4cf3a (HEAD -> master, stu-b/Feat-sub-int, Feat-sub-int) 主函数调用整数减法展示输出
* bacdd17 实现整数减法模块
* 57253a3 (stu-b/master, origin/master) 实现整数和浮点数加法
```

推送后，对应 Pull Requests 就自动完成了。如果 stu-b 用户想继续修改，需要拉取主版本库的更新。示例如下，stu-b 用户拉取主版本库的修改，合并到本地。

```
:~/chapter4/pr-demo$ git remote add main git@gitee.com:stu-a/pr-demo.git
:~/chapter4/pr-demo$ git remote -v
main     git@gitee.com:stu-a/pr-demo.git (fetch)
main     git@gitee.com:stu-a/pr-demo.git (push)
origin      git@gitee.com:stu-b/pr-demo.git (fetch)
origin      git@gitee.com:stu-b/pr-demo.git (push)
:~/chapter4/pr-demo$ git fetch main
Warning: Permanently added the ECDSA host key for IP address '212.64.63.190' to the
list of known hosts.
来自 gitee.com:stu-a/pr-demo
  * [新分支] master -> main/master
:~/chapter4/pr-demo$ git branch --all
```

```
* Feat-sub-int
  master
  remotes/main/master
  remotes/origin/Feat-sub-int
  remotes/origin/HEAD -> origin/master
  remotes/origin/master
:~/chapter4/pr-demo$ git switch master
切换到分支 'master'
您的分支与上游分支 'origin/ master' 一致。
:~/chapter4/pr-demo$ git merge main/master
更新 57253a3..3b4cf3a
Fast-forward
  main.     | 2 ++
  sub.h     | 1 +
  sub_int.c | 4 ++++
  3 files changed, 7 insertions(+)
  create mode 100644 sub.h
  create mode 100644 sub_int.c
```

　　stu-b 用户推送修改到副版本库，删除本地和远程分支，示例如下。现在用户 stu-a 和 stu-b 就可以通过 Gitee 平台实现协作开发，并对代码进行版本控制和管理。

```
:~/chapter4/pr-demo$ git push origin master
总共 0 (差异 0)，复用 0 (差异)，包复用 0
remote: Powered by GITEE.COM [GNK-6.4]
To gitee.com:stu-b/pr-demo.git
    57253a3..3b4cf3a master -> master
:~/chapter4/ pr-demo$ git branch -d Feat-sub-int
已删除分支 Feat-sub-int (曾为 3b4cf3a)。
:~/chapter4/pr-demo$ git branch
* master
:~/chapter4/pr-demo$ git push origin --delete Feat-sub-int
remote: Powered by GITEE.COM [GNK-6.4]
To gitee.com:stu-b/pr-demo.git
  - [deleted]         Feat-sub-int
```

　　至此，本章介绍了 Git 的所有基本操作，现在读者应该可以在自己的项目中使用 Git 进行版本控制、协作开发和代码管理了。当然，Git 是一个非常强大和灵活的工具，还有很多高级用法和技巧等待开发者去探索和学习。掌握好 Git 的使用可为开发者的开发工作带来便利和提高开发效率，能够在开发过程中保持良好的代码协作、开发规范和代码流程，确保项目的顺利开发和维护。

第 5 章

网络编程基础

5.1 网络程序及其基本要素

本书的主题是信创平台下的网络程序设计，也就是网络程序的编程学习，在开始学习之前我们要知道网络程序究竟是什么。实际上我们每天都离不开网络程序，比如微信、QQ 和微博等手机应用程序。但是在日常的生活中，我们仅仅使用这些程序的功能，而对其涉及的通信协议、通信过程等基础知识知之甚少。通过对本章的学习，相信大家对网络程序会有一个全新的、更深的认识。

我们首先需要了解网络程序，特别是网络通信程序，它应该具备哪些组成部分？

网络程序的基本要素有 3 个：网络通信协议、网络通信地址、应用标识。在日常生活中，人与人之间的交流也会涉及 3 个问题：我们与谁通信？我们用什么语言进行通信？我们要谈什么话题？网络通信协议就代表我们用的通信语言，网络通信地址代表我们通信的人，应用标识则代表我们谈的话题。下面将会详细解释这 3 个要素的具体内容。

5.2 网络通信协议

网络通信协议是网络中的通用语言，可为连接不同操作系统和不同硬件体系结构的互联网提供通信支持。换句话说，我们用计算机进行网络通信的时候，软件版本、硬件系统的不同等都会导致数据直接交换的失败，通信协议通过变换将不同软硬件平台产生的数据转换成通用的网络语言进行传输。网络通信协议使得分布在世界各地且软硬件不同的计算机都可以进行无障碍通信，使各种异构网络能够互联互通，从而变成互联网。

网络通信协议的典型例子有传输控制协议/互联网协议（Transmission Control Protocol/Internet Protocol，TCP/IP）、互联网分组交换/序列分组交换（Internet Work Packet Exchange/Sequenced Packet Exchange，IPX/SPX）协议等。本章主要讲解 TCP/IP 的有关知识和应用。

5.2.1 分层模型

互联网的本质就是一系列的协议，总称为"互联网协议"。互联网协议的功能是定义计算机如何接入互联网，以及接入互联网的计算机通信的标准。我们按照功能和分工，可以将具有相似功能的协议进行分层，以便于区分和使用这一系列协议。下面重点介绍两种常见的分层模型：开放系统互连（Open System Interconnection，OSI）七层模型和更加注重实用性的 TCP/IP 四层模型。

1. OSI 七层模型

为了制定一个统一的计算机网络体系，国际标准化组织（International Standards Organization，ISO）提出了一个试图使各种计算机都可以在世界范围内互联成网的标准框架：开放系统互连参考模型（Open System Interconnection/Reference Model，OSI/RM），简称 OSI 七层模型。该模型为开放式互连信息系统提供了一种功能结构的框架。

OSI 七层模型从低到高分别是物理层、数据链路层、网络层、传输层、会话层、表示层和应用层。

- 应用层：网络服务与最终用户的接口，负责向用户或者目的主机提供应用服务。

- 表示层：负责数据的表示、安全、压缩，以及确保一个系统的应用层所发送的信息可以被另一个系统的应用层读取。

- 会话层：负责建立、管理、终止会话，对应着主机进程，也就是本地主机与远程主机正在进行的会话。

- 传输层：负责定义传输数据的协议端口号，以及流量控制和差错校验。

- 网络层：负责进行逻辑寻址，实现不同网络之间的路径选择。

- 数据链路层：在物理层提供比特流服务的基础上，负责建立相邻节点之间的数据链路。

- 物理层：负责建立、维护、断开物理连接。

2. TCP/IP 四层模型

TCP/IP 四层模型将网络分为了 4 层，即应用层、传输层、网络层、链路层，如图 5-1 所示。TCP/IP 四层模型由 OSI 七层模型演变而来，其中 OSI 七层模型的应用层、表示层、会话层被集成为 TCP/IP 四层模型的应用层；数据链路层和物理层被集成为 TCP/IP 四层模型的链路层，而传输层和网络层则保持不变。

由此可见，TCP/IP 四层模型是根据协议集的功能分类建立的，源于 OSI 七层模型但又更加注重实用性。

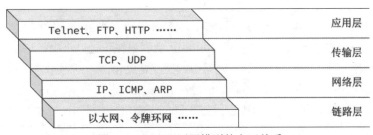

图 5-1　TCP/IP 四层模型的上下关系

- 应用层：最高层，任务是通过应用进程间交互来实现特定网络应用，主要负责把应用程序中的用户数据传输给另一台主机或同一主机上的其他应用程序。它是所有应用程序协议的运行层，主要协议有简单邮件传送协议（Simple Mail Transfer Protocol，SMTP）、文件传送协议（File Transfer Protocol，FTP）、SSH、超文本传送协议（Hypertext Transfer Protocol，HTTP）等。

- 传输层：负责向两个主机进程之间的通信提供通用的数据传输服务，主要协议有用户数据报协议（User Datagram Protocol，UDP）、TCP 等。

- 网络层：负责为分组交换网上的不同主机提供通信服务。该层定义了寻址和路由功能，主要协议是 IP 协议。它定义了 IP 地址，在路由中的功能是将数据报传输到充当 IP 路由器的下一个主机，该主机更接近最终数据目的地。

- 链路层：主要功能是提供链路管理错误检测、对不同通信媒介有关信息细节问题进行有效处理等，通常包括操作系统中设备驱动程序和计算机对应的网络接口卡（又称网卡、网络适配器）。

表 5-1 展示了 TCP/IP 四层模型和 OSI 七层模型的对应关系。

表 5-1　TCP/IP 四层模型和 OSI 七层模型的对应关系

TCP/IP 四层模型	OSI 七层模型	数据格式	主要协议
应用层	应用层、表示层、会话层	报文	FTP、HTTP、SSH、DHCP 等
传输层	传输层	数据段	TCP、UDP 等
网络层	网络层	数据包	IP、ICMP、RIP、ARP 等
链路层	数据链路层、物理层	数据帧、比特	ARP、RARP 等

5.2.2　TCP/IP

本节我们详细介绍与网络程序设计密切相关的网络层和传输层协议。

1. IP

IP 是 TCP/IP 体系中的网络层协议。IP 是 TCP/IP 的核心，所有的 TCP、UDP、互联网控制报文协议（Internet Control Message Protocol，ICMP）、互联网组管理协议（Internet Group Management Protocol，IGMP）数据都以 IP 数据格式封装传输。要注意的是，IP 不是提供可靠传输服务的协议，也就是说 IP 不提供数据未传达情况的处理机制（这种情况下的处理机制是由上层协议 TCP 来提供的）。

我们知道数据链路层的主要作用是在同一种数据链路的互联节点之间进行数据传递。而一旦跨越多种数据链路，就需要借助网络层的 IP。IP 可以跨越不同的数据链路，也就是说，即使在不同的数据链路上也能实现两端节点之间的数据包传输。

IP 的主要作用是寻址和路由、分片与重组。寻址和路由是指 IP 数据包中会携带源 IP 地址和目的 IP 地址来标识数据包的源主机和目的主机。IP 数据报在传输过程中，每个中间节点（IP 网关、路由器）只根据网络地址进行转发，如果中间节点是路由器，则路由器会根据路由表选择合适的路径。IP 根据路由选择协议提供的路由信息对 IP 数据报进行转发，直至抵达目的主机。分片与重组是指 IP 数据包在传输过程中可能会经过不同的网络，在不同的网络中数据包的最大长度限制是不同的，IP 通过给每个 IP 数据包分配一个标识符、分段与组装的相关信息，使得 IP 数据包在不同的网络中能够传输，被分段后的 IP 数据报可以独立地在网络中进行转发，在到达目的主机后由目的主机完成重组工作，将其恢复为原来的 IP 数据包。

2. TCP

TCP 是一种面向连接的、可靠的、基于字节流的传输层通信协议，现行版本是因特网工程任务组（Internet Engineering Task Force，IETF）标准化的 RFC793。

TCP 旨在适应支持多网络应用的分层协议层次结构。连接到不同的计算机通信网络的终端中的成对进程之间依靠 TCP 提供可靠的通信服务，允许网络中的两个应用程序建立一个虚拟连接，并在任何一个方向上发送数据，把数据当作双向字节流进行交换，然后终止连接。

（1）特点

- 面向连接：通过 3 次握手建立连接后才可收发数据，TCP 协议是全双工的，即每端既可以发送数据也可以接收数据。
- 可靠传输：TCP 可提供可靠的数据传输功能，通过使用序号、确认和重传机制来确保数据的完整性和正确性。数据分成多个小的数据包进行传输，接收方会确认已接收的数据，并要求发送方重新发送任何丢失或损坏的数据。
- 有序性：TCP 通过使用序号字段对传输的数据进行排序，保证数据在接收方按正确的顺序重新组装。这样，即使数据包在网络中的到达顺序不同，接收方也可以正确地还原数据。
- 流量控制：TCP 使用滑动窗口机制来控制数据的发送速率，确保发送方不会"压倒"接收方。接收方可以通过控制窗口大小来告知发送方可以接收多少数据，以避免丢失或堆积数据。
- 拥塞控制：TCP 具有拥塞控制机制，可通过监测网络的拥塞情况并相应地调整发送速率，以避免过多的数据注入网络导致网络拥塞。TCP 会根据网络的拥塞程度动态调整发送窗口的大小和发送速率。
- 全双工通信：TCP 支持全双工通信，这意味着数据可以同时在两个方向上进行传输。发送方和接收方可以同时发送和接收数据，实现更高效的通信。

（2）3 次握手

为确保连接的建立和终止都是可靠的，TCP 使用 3 次握手的方式建立连接。图 5-2 所示为建立连接的 3 次握手过程，其中交换了 3 个消息，前两个被称为同步段（Synchronization Segment，SYN）。

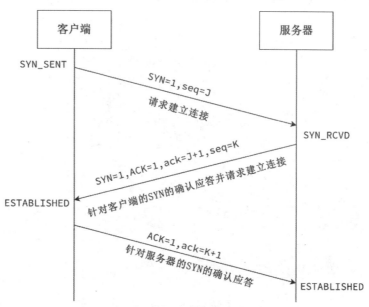

图 5-2　建立连接的 3 次握手过程

- 第一次握手：客户端发送 SYN 报文给服务器，初始序列号为 J（seq=J），此时客户端进入 SYN_SENT 状态，等待服务器确认。这时，客户端知道自己发送能力正常，服务器知道自己接收能力正常。

- 第二次握手：服务器收到数据包后，由标志位 SYN=1 知道客户端请求建立连接，服务器将 TCP 报文标志位 SYN 和肯定应答（Acknowledgement，ACK）都置为 1，确认号 ack=J+1，随机产生一个序列号 seq=K，并将数据包发送给客户端以确认连接请求，服务器进入 SYN_RCVD 状态。这时客户端知道服务器收发能力正常，自己收发能力正常；服务器知道自己收发能力正常，但不知道客户端接收能力正常，因此需要进行第三次握手。服务器发送报文的 4 个参数具体含义如下。

    a. SYN=1：表示连接请求报文，不能携带数据。

    b. seq=K：表示服务器的序列号为 K。

    c. ACK=1：表示确认客户端序列号有效，此时确认号（ack）有值。

    d. ack=J+1：表示 ack 的值为客户端传来的序列号（seq）加 1。

- 第三次握手：客户端收到确认后，检查 ack 是否为 J+1，ACK 是否为 1，如果是则将标志位 ACK 置为 1，ack=K+1，并将数据包发送给服务器。服务器检查 ack 是否为 K+1，ACK 是否为 1，如果是则连接建立成功，客户端和服务器都进入 ESTABLISHED 状态。完成 3 次握手后，客户端与服务器之间就可以开始传输数据了。

（3）4 次挥手

断开 TCP 连接时，需要客户端（主机 A）和服务器（主机 B）交互 4 次来确认连接的断开。由于 TCP 连接是全双工的，因此每个方向都必须单独进行断开。这是因为当一方完成数据发送任务后，发送一个结束段（Finish Segment，FIN）来断开这一方向的连接，收到一个 FIN 只是意味着这一方向上没有数据流动了，即不会再收到数据了，但是在另一个 TCP 连接上仍然能够发送数据，直到这一方向也发送 FIN。4 次挥手过程如图 5-3 所示。

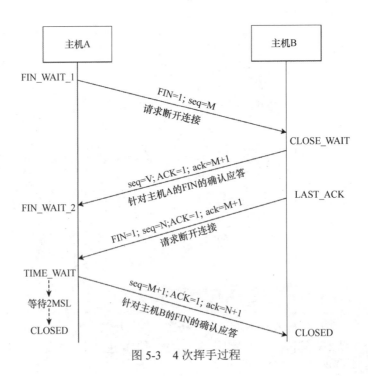

图 5-3　4 次挥手过程

- 第一次挥手：主机 A 向主机 B 发送 FIN 报文（FIN 标识为 1 的报文），其序列号 seq=M，发完后进入 FIN_WAIT_1 状态，即主动断开 TCP 连接，不再发送数据，但可以接收主机 B 发来的报文，等待主机 B 回复。

- 第二次挥手：主机 B 收到 FIN 报文后，返回 ACK 报文（ACK 标识为 1 的报文），确认序号 ack=M+1（FIN 报文的序列号加 1），并且此报文的序号 seq=V。表明主机 B 已经接收到 FIN 报文，进入 CLOSE_WAIT 状态。此时主机 A 收到 ACK 报文之后知道主机 B 已经接到自己的断开连接请求，进入 FIN_WAIT_2 状态，TCP 处于半关闭状态，但主机 B 可能还有数据要传输。

- 第三次挥手：主机 B 关闭与主机 A 的连接，向主机 A 发送 FIN 报文（FIN 标识和 ACK 标识均为 1），其序列号 seq=N，确认序号 ack=M+1（与第二次挥手的确认序号相同，确保为同一个过程的报文）。此时主机 B 进入 LAST_ACK 状态，等待主机 A 应答。

- 第四次挥手：主机 A 收到报文后，发送一个报文 ACK（确认序号 ack=N+1）给主机 B 作为应答。此时主机 A 处于 TIME_WAIT 状态，等待足够的时间以确保主机 B 接收到 ACK 报文。主机 B 接收到 ACK 报文之后就进入 CLOSED 状态，主机 B 端连接完全断开。而主机 A 进入 TIME_WAIT 状态之后等待 2MSL（2 倍的最长报文寿命时长）即进入 CLOSED 状态，完成整个连接的断开。

3. UDP

UDP 是一种在计算机网络中常用的传输层协议。它与 TCP 一样，属于 TCP/IP 四层模型中的传输层，用于网络上两台计算机之间的数据传输。

UDP 是一种无连接的协议，这意味着在数据传输之前，发送方和接收方不需要在彼此之间建立持久的连接。UDP 通过将数据打包成独立单位"数据报"来传输数据。每个数据报都包含源 IP 地址和目的 IP 地址，以及用于验证数据完整性的校验和。

与 TCP 不同，UDP 不提供可靠性和流控制机制。它采用一种简单的传输方式，将数据报发送到目的地址，但不保证其可靠性、顺序性或完整性。因此，UDP 更适合那些对实时性要求较高，但对数据传输的可靠性要求较低的应用程序。

UDP 具有如下特点。

- 无连接性：UDP 不需要在通信前进行连接的建立和断开，通信双方可以直接发送和接收数据。

- 面向报文：UDP 将应用程序传递给它的报文作为整体发送，而不像 TCP 那样将数据流划分为数据块。

- 不可靠性：UDP 不保证数据的可靠性传输。如果数据报在传输过程中丢失或损坏，UDP 不会自动重传，也不会通知发送方。这使得 UDP 在某些情况下传输速度更快，但可能导致数据的丢失。

- 低延迟：由于 UDP 不需要遵守连接建立和流量控制等机制，因此它的传输延迟较低，适合对实时性要求高的应用，如音视频、流媒体和实时游戏等。

- 广播和多播支持：UDP 支持向多个主机发送广播和多播消息，使得它在一些需要向多个接收方传输数据的场景下很有用。

在表 5-2 中，从连接性、传输可靠性、应用场合、传输速度、数据类型等方面对 TCP 和 UDP 进行了比较。

表 5-2　TCP 与 UDP 的比较

维度	TCP	UDP
连接性	面向连接	面向非连接
传输可靠性	可靠	不可靠
应用场合	传输少量数据	传输大量数据
传输速度	慢	快
数据类型	字节流（无边界）	数据包（有边界）

4. TCP/IP 的数据封装过程

TCP/IP 的数据封装过程是将数据从应用层封装为 TCP/IP 可识别的格式，以便在网络中传输，如图 5-4 所示。首先将客户数据在应用层添加 FTP 头成为应用层数据包，然后传输到传输层，经过 TCP/UDP 添加 TCP 头后成为 TCP 段传输到网络层，经过网络层的 IP 协议添加 IP 头后成为 IP 数据报传输到链路层，经过链路层添加以太网头后完成封装。数据成为以太网数据帧后就可以通过网络向目的主机发送。接收方接收到数据帧之后就可以完成数据封装的逆过程，得到原始的客户数据。

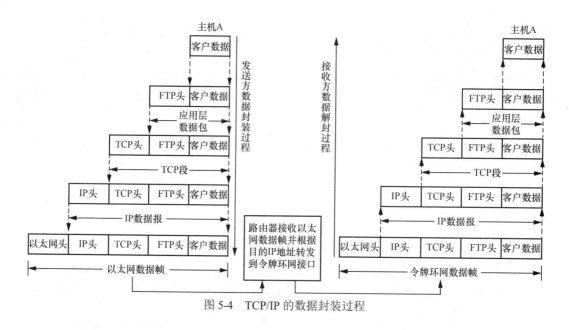

图 5-4　TCP/IP 的数据封装过程

5.3　网络通信地址

在通信过程中，寻找到信息的目的主机设备是很重要的，网络通信地址就是用来完成这个操作的。在不同的网络协议中，网络通信地址的表示方式可能有所不同，根据通信的需要，可以使用不同类型的地址来定位和识别网络中的终端设备和服务。下面我们来详细介绍常用的几类网络通信地址。

5.3.1　MAC 地址

介质访问控制（Medium Access Control，MAC）地址在数据链路层中使用，用于唯一标识网络设备，又称物理地址、硬件地址。负责生产的网络设备制造商在网络设备出厂时，会为每台设备分配一个对应的唯一不变的 MAC 地址。MAC 地址在数据链路层中发挥作用，通过地址解析协议（Address Resolution Protocol，ARP）与网络设备的 IP 地址进行对应。

MAC 地址一般由 48 位二进制数组成，通常以冒号或连字符分隔的 6 组十六进制数表示。其中前 3 个字节表示组织唯一标识符（也称为厂商标识符），是由电气电子工程师学会（Institute of Electrical and Electronics Engineers，IEEE）分配给网络设备制造商的唯一标识码；后 3 个字节（24位）由网络设备制造商自行分配给其设备。

在以太网中，MAC 地址可以分为 3 类：MAC 单播地址、MAC 多播地址和 MAC 广播地址。

- MAC 单播地址：在局域网内实现直接点对点通信的基础。通过使用 MAC 单播地址，每个设备都可以被准确地标识和定位，从而确保数据包能够有序地传递到目的设备，实现点对点的通信。MAC 单播地址的第一个字节的最低位为 0，如 00-F5-B4-00-02-12。
- MAC 多播地址：48 位的地址，其中最低位是 1，用于与 MAC 单播地址进行区分，剩下的47 位用于表示多播组的标识，如 01-F5-B4-00-02-12。
- MAC 广播地址：用于向所有设备发送消息的特殊地址，要求所有 48 位都为 1，如FF-FF-FF-FF-FF-FF。

需要注意的是，MAC 广播地址只在本地网络中有效，它不会被路由器转发到其他网络。这意味着当设备发送广播消息时，它只会被同一局域网中的设备接收到。

5.3.2　IP 地址

IP 地址是指互联网协议地址，又称网际协议地址。IP 地址是 IP 提供的一种统一格式的地址，它为互联网上的每一个网络和每一台主机分配一个逻辑地址，以此来屏蔽物理地址的差异。也就是说，IP 地址是 IP 分配的用以标识网络用户的逻辑地址，网络设备的物理地址（也就是 MAC 地址）是固定的，而 IP 地址是可变的。

1. IPv4 地址

IPv4 地址是一串 32 位的二进制数，为方便记忆和使用，我们以 8 位为一组化为十进制数，用小数点分隔，构成形如 172.20.5.6（10101100.00010100.00000101.00000110）的地址。

Internet 委员会定义了 5 种 IP 地址类型以适应不同容量的网络，即 A 类～E 类。其中 A、B、C 这 3 类 IP 地址由国际互联网络信息中心（Internet Network Information Center, InterNIC）在全球范围内统一分配，如表 5-3 所示；D 类、E 类 IP 地址为特殊地址。

表 5-3　3 类 IP 地址

类型	最大网络数	IP 地址范围	单个网段最大主机数	私有 IP 地址范围
A	126	1.0.0.1～127.255.255.254	16777214	10.0.0.0～10.255.255.255
B	16384	128.0.0.1～191.255.255.254	65534	172.16.0.0～172.31.255.255
C	2097152	192.0.0.1～223.255.255.254	254	192.168.0.0～192.168.255.255

- A 类 IP 地址：第一个字节范围是 1～126，剩下的 3 个字节用于标识主机。A 类 IP 地址的网络部分占据了最高的 8 位（第一个字节），而主机部分占据了剩余的 24 位。所以 A 类 IP 的网络数量少，只有 126 个，但每个网络可以容纳 1600 多万台主机，这使得 A 类 IP 地址适用于大型组织、互联网服务提供商和大规模网络部署。A 类 IP 地址中的第一个地址（网络部分为 0）被保留作为默认路由器或本地环回地址使用。此外，A 类地址 127.0.0.0/8 被保留用于环回测试，通常用于本地主机测试和网络故障排除。

- B 类 IP 地址：网络部分占据了前 16 位，而主机部分占据了后面的 16 位。B 类 IP 地址范围中的网络部分有 16384 个网络可供分配，每个 B 类网络可以容纳大约 6 万台主机。因此，B 类 IP 地址适用于中等规模的组织和网络。需要注意的是，B 类 IP 地址中的第一个地址（网络部分为 0）被保留作为默认路由器使用。另外，B 类 IP 地址中的私有 IP 地址（172.16.0.0～172.31.255.255）可供私有网络使用。

- C 类 IP 地址：网络部分占据了前 24 位，而主机部分占据了后面的 8 位。C 类 IP 地址的网络部分有 2097152 个网络可供分配，每个 C 类网络可以容纳大约 254 台主机，因此 C 类 IP 地址适用于小型网络，如家庭网络、小型办公室网络或小型组织网络。C 类 IP 地址中的第一个地址（网络部分为 0）被保留作为默认路由器使用。另外，C 类 IP 地址中的私有 IP 地址（192.168.0.0～192.168.255.255）可供私有网络使用。

- D 类 IP 地址：IPv4 地址空间中的一种分类方式，用于将数据包同时发送给一组特定的目的设备，而不是单个设备或整个网络，从而实现多播通信。多播地址的最高 4 位二进制数必须是"1110"，范围为 224.0.0.0～239.255.255.255。多播通信可以用于实现有效的分发和共享数据，适用于视频流、音频流、组播文件传输等应用。

另外，IPv4 地址中有许多特殊的地址，可以用于实现许多特定功能。

- 每一个字节都为"0"的地址（0.0.0.0）对应于当前主机。

- IP 地址中的每一个字节都为"1"的 IP 地址（255.255.255.255）是当前子网的广播地址，用于在同一个链路中相互连接的主机之间发送数据包。

- IP 地址中以"11110"开头的 E 类 IP 地址都保留，用于将来和实验使用。

- IP 地址不能以十进制数"127"作为开头，该类地址中数字 127.0.0.1～127.255.255.255 用于环回测试，如 127.0.0.1 可以代表本机 IP 地址，用"http://127.0.0.1"就可以测试本机中配置的 Web 服务器。

2. IPv6 地址

IPv6 地址是为了解决 IPv4 地址耗尽的问题而被标准化的网际协议。IPv4 的地址长度为 4 个 8 位字节，即 32 位；而 IPv6 的地址长度则是其 4 倍，即 128 位。IPv6 地址一般写成 8 个 16 位字节，使用十六进制数表示，中间使用冒号（:）隔开，并且如果出现连续的"0"，可以使用两个连续的冒号（::）进行省略。但是一个 IPv6 地址中只允许有一个连续的冒号出现。

IPv6 地址中也有如下特殊的地址。

- 全局单播地址：世界上唯一的地址，是互联网通信和各个域内部通信中较为常用的一个 IPv6 地址。由 48 位全局路由前缀和 16 位子网 ID 构成的 64 位网络标识和 64 位的主机标识构成全局单播地址。

- 链路本地单播地址：同一个数据链路内唯一的地址。它用于不经过路由器，在同一个链路中的通信。它包含固定为 10 位开头的"1111111010"、54 位"0"和 64 位的接口 ID，通常接口 ID 使用 MAC 地址进行扩展。

5.4　应用标识

互联网通信的实质是各个主机间应用程序的通信，而由于一个主机上往往会有多个应用程序，因此在通信的过程中就需要标识来区别是与哪个应用程序进行通信，这个标识就是应用标识。

5.4.1　端口号

运行中的应用程序称为进程。多任务的操作系统可以同时运行多个进程，每个进程有独一无二的 ID 号（进程 ID）进行标识，图 5-5 显示的就是龙芯计算机上的进程 ID。

图 5-5　龙芯计算机上的进程 ID

在通信过程中，通过 IP 地址将数据包发送到目的设备，此时目的设备还需要确定数据包是发给哪个应用程序的。进程 ID 是计算机随机分配的，不同计算机上的同一应用程序的进程 ID 可能不同，或者说不同计算机的同一进程 ID 可能会指向不同的应用程序。所以用进程 ID 来为数据包指定计算机间通信的目的进程是不可行的，需要单独设定网络程序的应用标识，在 TCP/IP 中就是使用端口号。因此设备间的网络通信变成以×××协议，与×××地址上的×××端口的进程进行通信。

TCP/UDP 的报文中含有传输层协议端口（protocol port）信息（简称端口号），端口号是一个整型标识符，用来区分不同的应用，解决通信进程的标识问题。图 5-6 和图 5-7 所示分别为 TCP 数据报文格式和 UDP 数据报文格式，可以看到端口号占用两个字节（16 位）。

源端口号（16位）			目的端口号（16位）	
序列号（32位）				
确认号（32位）				
数据偏移（4位）	保留（6位）	U R G　A C K　P S H　R S T　S Y N　F I N	窗口（16位）	
校验和（16位）			紧急指针（16位）	
选项和填充项（可变）				

图 5-6　TCP 数据报文格式

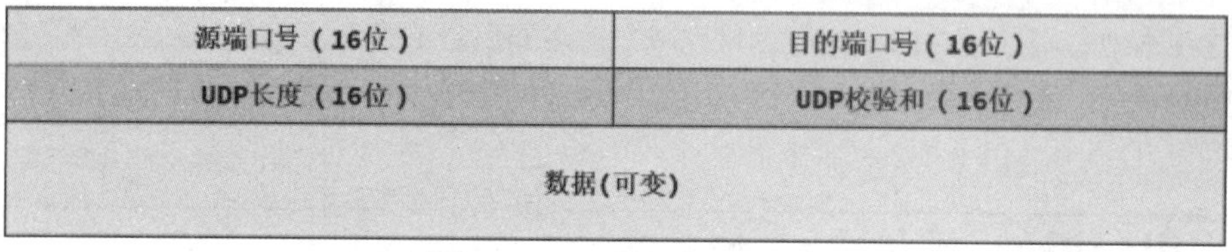

源端口号（16位）	目的端口号（16位）
UDP长度（16位）	UDP校验和（16位）
数据(可变)	

图 5-7 UDP 数据报文格式

5.4.2 端口号分配及常用端口号

在网络编程过程中经常使用的端口号如下。

- 端口号 0：作为特殊的端口号使用。
- 端口号 1～255：TCP 和 UDP 均规定，小于 256 的端口号分配给网络特定的服务。
- 端口号 256～1023：保留给其他的系统服务，如路由。
- 端口号 1024～4999：用作客户端端口号。
- 端口号 5000～65535：用作服务器端口号。

表 5-4 展示了实际应用中常用的 TCP 端口号及其对应功能。

表 5-4 常用的 TCP 端口号及其对应功能

TCP 端口号	关键词	功能
20	FTP-DATA	文件传送协议（数据连接）
21	FTP	文件传送协议（控制连接）
23	Telnet	远程登录协议
25	SMTP	简单邮件传送协议
53	Domain	域名服务器
80	HTTP	超文本传送协议
110	POP3	邮局协议 3
119	NNTP	网络新闻传送协议

5.5 进程的网络地址

通过应用标识的学习，我们了解了网络通信的本质是进程与进程之间的通信，那么在实际的通信过程中，本机的进程如何寻找到远程主机的对应进程呢？这就需要引入新的概念——三元组和五元组。

5.5.1 三元组（半相关）

在网络中，用 3 个信息就可以标识一个应用层进程，这个标识可以表示为（传输层协议，主机 IP 地址，传输层端口号）。这样的一组信息被称为应用层进程地址或进程的网络地址，也被称为三元组。三元组也称为半相关，可以用于在网络中唯一标识一个通信进程端点。

5.5.2　五元组（全相关）

三元组负责标识网络中的通信进程，但是网络中的通信是双方通信甚至多方广播通信，这样我们就要同时使用通信源进程的三元组信息和目的进程的三元组信息来标识通信。由于双方通信的协议是一样的，所以这个标识可以表示为（传输层协议，本地 IP 地址，本地传输层端口号，目的 IP 地址，目的传输层端口号）。这就是五元组，也称为全相关，即两个协议相同的半相关才能组合成一个合适的全相关，用来完全指定一对网络间通信的进程。

5.6　网络程序的基本模式

上面介绍了网络程序的三要素，由此我们知道了网络中两个计算机程序之间的通信具体是怎么进行的，了解了网络协议对网络传输的重要性，知道了网络程序是通信程序，有至少两方参加。那么参与通信的两方或多方之间是什么样的关系呢，或者说它们遵从一种什么模式呢？接下来介绍两种典型的模式——客户端/服务器模式和浏览器/服务器模式。

5.6.1　客户端/服务器模式

客户端/服务器（Client/Server，C/S）模式意味着一个进程作为服务器事先已经启动，在一个公开的端口监听请求；另一台计算机作为客户端需要服务时，向提供这种服务的服务器发出请求，服务器响应请求（注意：这里提到的服务器是指运行模式而不是指服务器硬件设备）。

C/S 模式具有如下特点。

① 服务器一般拥有更多的资源，处于被动地位，等待为客户端提供服务。

② 客户端处于主动地位，向服务器发起请求。

③ 服务器可以响应多个客户端请求，同时为多个客户端提供服务。

5.6.2　浏览器/服务器模式

浏览器/服务器（Browser/Server，B/S）模式是一种 C/S 模式的变化和改进，是一种特殊的 C/S 模式，这种模式的客户端是某种浏览器，采用 HTTP 通信。在这种模式中，用户界面完全通过浏览器实现，一部分事务逻辑在浏览器中实现，大部分事务逻辑在服务器中实现。B/S 模式通常由下面 3 层架构部署实施。

- 客户端表示层：由 Web 浏览器组成，不存放任何应用程序。
- 应用服务器层：由一台或多台服务器组成，用于处理应用中的所有事务逻辑等，具有良好的可扩展性，可以随应用的需要增加服务器。
- 数据中心层：由数据库系统组成，用于存放业务数据。

5.6.3　两种模式的对比

B/S 模式和 C/S 模式是两种相似的模式，但又有各自的特点，下面我们对比两种模式的优缺点，以便在具体的网络程序开发中选择合适的模式。

1. C/S 模式

优点如下。

① 由于客户端实现与服务器直接相连，没有中间环节，因此响应速度快。

② 操作界面漂亮，形式多样，可以充分满足客户自身的个性化要求。

③ 管理信息系统具有较强的事务处理能力，能实现复杂的业务流程。

缺点如下。

① 需要专门的客户端应用程序，分布功能弱，不能够实现快速部署。

② 兼容性差，若迁移到新的应用环境，需要重新改写应用程序。

2. B/S 模式

优点如下。

① 具有分布式特点，可以随时随地进行查询、浏览等业务处理。

② 业务扩展简单、方便，通过增加网页即可增加服务器功能。

③ 维护简单、方便，只需要改变网页即可实现所有用户的同步更新。

④ 开发简单，共享性强。

缺点如下。

① 个性化能力较低，无法实现个性化的功能要求。

② 以鼠标为基本的操作方式，无法满足快速操作的要求。

③ 页面动态刷新，响应速度较低。

第 6 章

套接字编程

6.1 套接字概述

在网络通信程序的编写中，套接字（socket）是常用的工具之一。在引用了套接字相关的头文件之后，可以直接使用封装好的相关函数进行客户端和服务器程序编写，以实现网络通信和数据交换，而不用专门学习这些函数的代码和执行流程等信息，极大地方便了开发者编写网络通信程序。

6.1.1 应用程序接口

应用程序接口是一些在计算机内预先被开发定义完成的函数，通过调用应用程序接口，开发者可以不必访问源代码或者对函数执行流程进行深度学习就可以根据功能来调用函数，从而缩短开发周期，节省开发的人力成本，同时也能简化代码，提高代码可读性和执行流畅性。

C 语言开发的函数库和我们要学习的套接字一样，都是计算机的应用程序接口。无论是网络工程师还是初学者，都可以在短时间内掌握应用程序接口的使用。

6.1.2 发展历程

早期加州大学伯克利分校开发并推广了一个包括 TCP/IP 的 UNIX 操作系统，即伯克利软件套件（Berkeley Software Distribution，BSD），套接字是这个操作系统的一部分。由于这个接口简洁、易用，后来的操作系统就没有开发新的接口，转而对套接字进行支持性开发，套接字因此一直发展至今。套接字的规范是加州大学伯克利分校最早研究开发的，我们一般将它称为伯克利套接字（Berkeley Sockets）规范。

套接字源于 UNIX 操作系统，因此沿用了 UNIX 的 I/O 模式，即对文件和所有其他的 I/O 设备采用一种统一的操作模式，也就是"打开—读—写—关闭"（open-read- write-close）的 I/O 模式。

当网络协议（TCP/IP）被集成在 UNIX 操作系统内核中时，相当于在 UNIX 操作系统中引入了一种特殊的新文件，应用程序与这个文件交互就需要编程接口，也就是套接字编程接口。应用程序写文件就是发送数据，读文件就是接收数据。

但是应用程序与网络协议的交互不仅仅是读/写（I/O）操作，仅使用 open()、read()、write() 和 close() 这 4 个函数并不能满足需求，所以套接字的设计开发者又为其定义了一些辅助函数，共同构成了完整的套接字编程接口。

6.1.3 套接字通信的基础流程

1. 服务器套接字

套接字通信的服务器流程：创建套接字→绑定地址信息→监听连接请求→接收连接请求→双方通信→关闭套接字。在双方通信阶段通信的双方可以通过已经建立的套接字进行消息的交换和收发等操作。一般服务器是被动等待的一方，需要客户端主动连接，但是服务器开机之后，创建套接字和绑定地址信息的工作会自动进行，使服务器处在监听状态，从而等待客户端的请求。

图 6-1 所示是套接字通信服务器流程。

2. 客户端套接字

套接字通信的客户端流程：创建套接字→绑定地址信息→发送连接请求→双方通信→关闭套接字。客户端是主动向服务器发起连接请求的一方，待服务器同意连接请求之后就完成了套接字的建立，此后客户端和服务器就可以进行通信了。

图 6-2 所示是套接字通信客户端流程。

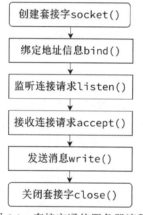

图 6-1　套接字通信服务器流程

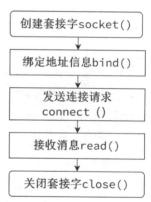

图 6-2　套接字通信客户端流程

3. 套接字通信流程

通过上面的学习我们知道，完整的套接字通信流程实际上包含服务器套接字和客户端套接字。图 6-3 展示了客户端和服务器之间套接字通信的完整流程。

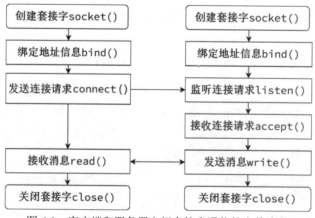

图 6-3　客户端和服务器之间套接字通信的完整流程

6.2　编写"hello,world!"通信服务器程序

通过第 5 章的介绍，我们知道网络通信双方一般使用 C/S 模式进行通信。因此在使用套接字编写网络程序时，一个程序作为服务器提供服务，另一个程序作为客户端获取服务，从而完成双方的通信。这一节我们来学习提供服务的服务器程序的编写。

6.2.1　查询函数文档

编写网络程序需要调用套接字预置的函数，对于这种系统封装好的函数，我们一般是不清楚其用途、参数等具体信息的。如果需要使用这些函数，那么可以通过查询函数文档等了解函数的信息及使用方法。在龙芯平台中，可以通过"man"命令来查询函数的说明文档，文档中包含对函数的参数和函数本身的介绍。下面我们以 socket()函数的查询为例，讲解"man"命令的使用方法。

```
test@loongnix: ~$ man 2 socket
```

命令中的 2 代表查询系统函数，1 则代表查询命令的使用方法。因为有的函数名称和系统命令相同，所以需要使用数字来标识查询，加以区分。查询到的 socket()函数使用说明如下。

```
SOCKET(2)              Linux Programmer's Manual           SOCKET(2)

NAME
       socket - create an endpoint for communication

SYNOPSIS
       #include <sys/types.h>           /* See NOTES */
       #include <sys/socket.h>

       int socket(int domain, int type, int protocol);

DESCRIPTION
       socket() creates an endpoint for communication and returns a
       file descriptor that refers to that endpoint.  The file  de-
       scriptor  returned  by a successful call will be the lowest-
       numbered file descriptor not currently open for the process.
...
```

根据文档的信息可以得知，socket()函数的作用是建立一个套接字。该函数有 3 个 int 类型的参数，分别表示协议族、套接字类型、协议。返回值也是 int 类型的，调用成功会返回套接字描述符，调用失败则会返回-1。使用 socket()函数需要引用头文件 sys/socket.h，这个头文件对于其他的系统预置套接字的相关函数也适用，即当使用套接字的有关函数时就需要引用此头文件。学会如何查询函数文档之后，我们就可以正式开始学习套接字的编程了。

6.2.2　创建套接字

创建套接字使用 socket()函数，函数原型如下。

```
int socket(int domain , int type , int protocol);
```

socket()函数用来创建可以使用的套接字，并返回创建成功的套接字描述符给通信程序使用。

1. 函数参数

socket()函数一般含有 3 个参数：domain、type、protocol。

（1）domain

参数 domain 指代套接字通信使用的协议族，即套接字通信使用的 IPv4、IPv6 等协议。本书的学习内容都与 IPv4 协议族相关，所以我们在这里填写 PF_INET。表 6-1 列出了在套接字编程中常用的协议族类型和名称。

表 6-1　套接字编程中常用的协议族类型和名称

名称	协议族
PF_INET	IPv4 协议族
PF_INET6	IPv6 协议族
PF_LOCAL	本地通信的 UNIX 协议族
PF_PACKET	底层套接字的协议族
PF_IPX	IPX Novell 协议族

（2）type

第二个参数 type 是指套接字的类型，用于决定在第一个参数指定的协议类型中采用什么样的数据传输方式。由于套接字类型和传输协议有对应关系，一般这个参数也可以被用来指定套接字通信使用的协议类型。在使用中一般有 3 种常用的套接字类型：流式套接字（SOCK_STREAM）、数据报套接字（SOCK_DGRAM）、原始套接字（SOCK_RAW）。

SOCK_STREAM 需要建立连接，使用数据流进行数据传输，对应 IPv4 协议族中的 TCP 协议。该类套接字有 4 个主要特点：

① 传输数据前需要先建立连接通道；

② 数据顺序传递（按字节）；

③ 有数据重发机制，是可靠数据传输；

④ 数据无边界。

SOCK_DGRAM 使用数据报进行数据传输，并不需要建立连接，对应 IPv4 协议族中的 UDP。该类套接字有 4 个主要特点：

① 传输数据前不需要建立连接；

② 数据无序到达；

③ 丢包没有重发机制，是不可靠传输；

④ 数据有边界。

SOCK_RAW 是一种不同于 SOCK_STREAM、SOCK_DGRAM 的套接字，它实现于系统核心。SOCK_RAW 的特殊之处在于可以处理普通套接字无法处理的 ICMP 报文、IGMP 报文等网络报文，也可以处理特殊的 IPv4 报文。此外，可以通过 SOCK_RAW 中的 IP_HDRINCL 套接选项由用户构造 IP 头，也就是说 SOCK_RAW 除了可以处理普通的网络报文之外，还可以处理一些特殊协议报文和操作网络层及其以上的数据。

（3）protocol

第三个参数 protocol 是指具体的协议。虽然 type 可以指定协议类型，但是在某种协议类型中，使用流式传输方式的协议有好几种，而第三个参数就是用来确定最终用哪个流式传输协议的。由于在 IPv4 协议族中使用流式传输方式的只有 TCP 协议，使用数据报传输方式的只有 UDP 协议，因此第三个参数可以不填，或者在使用流式传输方式时填 IPPROTO_TCP，在使用数据报传输方式时填 IPPROTO_UDP。如果使用其他的协议族，在不能唯一确定传输协议时，则需要在第三个参数位置填写协议名称，此时需要引用头文件 arpa/inet.h。

2. 套接字描述符

应用程序使用套接字描述符来访问套接字。套接字描述符在 UNIX 操作系统中被当作一种文件描述符，所以许多处理文件描述符的函数可以用于处理套接字描述符。前面讲过，套接字实际是参考 UNIX 的 I/O 来定义的，而 Linux 操作系统沿用了 UNIX 的这种方式。可以说，Linux 操作系统中套接字描述符就是特殊的文件描述符，提供给应用程序访问套接字时来使用。

文件描述符是指操作系统在操作文件的时候赋予文件的数字，通过这个数字可以访问文件（读、写），访问完成后，关闭文件时就释放该数字。这与 C 语言中的文件指针类似，但是这里返回的不是指针而是顺序增长的整数。我们定义好变量之后就可以用变量来储存套接字描述符，从而通过该描述符实现访问套接字。

3. 使用函数编写代码

现在我们可以完成创建套接字的程序代码，预先定义存储套接字描述符的变量并把参数所用的宏定义按照自己的需求加入即可。

需要注意的是，使用 socket()函数时都要加上检错的代码，避免 socket()函数在特殊情况下出现执行不成功的情况。所以我们在调用 socket()函数创建套接字时需按照编程要求加入检错的代码，一旦套接字创建不成功，立刻结束程序并返回错误信息。本书后面的代码示例将不对检错代码进行赘述。

```
1. sock_srv=socket(PF_INET,SOCK_STREAM,0);
2. if(sock_srv==-1)
3. {
4.      printf("socket() error.\n");
5.      return -1;
6. }
```

6.2.3 绑定地址信息

绑定地址信息使用 bind()函数，函数原型如下。

```
int bind(int sockfd, struct sockaddr *myaddr, socklen_t addrlen);
```

第一个参数 sockfd 很好理解，是我们在使用 socket()函数时获得的套接字描述符，用于 bind()函数对获得的套接字进行操作。

第二个参数和第三个参数实际都是用来说明地址信息的，该函数采用地址结构体的形式获取地址信息。TCP/IP 协议编程中使用的主要是另一个名为 sockaddr_in 的结构体，用以表示地址信息。在其他场景下也有使用 sockaddr 结构体的情况。sockaddr 可以表示任何协议的地址和端口号，而 sockaddr_in 特别用来表示 IP 的地址和端口号。参数定义 sockaddr 这个类型，是为了 bind()函数能处理所有类型的协议。而我们写 IP 协议的网络程序时，用 sockaddr_in 来定义变量和填写相关数值，这样更容易编写程序，并且程序的可读性也更好。下面我们可以详细地了解地址结构体。

1. 地址结构体

（1）sockaddr

```
1. struct sockaddr
2. {
3.     unsigned short sa_family;
4.     char sa_data[14];
5. };
```

sockaddr 结构体比较通用，sa_family 用以指定地址结构体使用的协议类型，sa_data 用于存储地址信息。因为各个协议使用的地址信息并不通用，所以使用一个字符组来存储信息，可以根据具体的使用情况进行定义和赋值。

（2）sockaddr_in

```
1. struct sockaddr_in
2. {
3.     sa_family_t sin_family;
4.     uint16_t sin_port;
5.     struct  sin_addr;
6.     char sin_zero[8];
7. }
```

与 sockaddr 相比，sockaddr_in 更加特殊，它在地址结构体中定义了除类型以外的 3 个元素，使地址结构体更加清晰、可读，但使用地址的端口信息也使得它的适用范围并不广泛。所以使用 sockaddr_in 时需要比较确定的协议类型，并在使用之前为其每个元素赋值。

（3）in_addr

```
1. struct in_addr
2. {
3.     in_addr_t s_addr;
4. }
```

结构体 in_addr 用来表示 32 位的 IPv4 地址。

in_addr_t 的类型一般为 32 位的无符号整数，其字节顺序为网络字节序（Network Byte Order，NBO），即该无符号整数采用大端序。其中每 8 位代表一个 IP 地址位中的一个数值，例如 "192.168.3.144" 记为 "0xc0a80390"，其中 "c0" 为 "192"，"a8" 为 "168"，"03" 为 "3"，"90" 为 "144"。

（4）三者之间的关系

sockaddr 和 sockaddr_in 都是存储地址信息的，而 in_addr 只简单存储 32 位的 IPv4 地址。sockaddr 更通用，它通过 sa_family 表示协议；sockaddr_in 专用于保存 IPv4 协议族的地址信息，但为了保持内容一致性，依旧保留了 sa_family 这个元素。sockaddr 用 14 个字节来表示 sa_data，而 sockaddr_in 把 14 个字节拆分成 sin_port、sin_addr 和 sin_zero。sin_port 和 sin_addr 分别表示端口号、IP 地址，sin_zero 用来填充字节使 sockaddr_in 和 sockaddr 保持一样大小。

在具体操作的过程中，我们一般不使用 sockaddr，而是将信息填入 sockaddr_in，通过地址结构体强制转换成 sockaddr 这个更通用的地址结构体，再交给系统进行处理。

2. 设定套接字地址和端口号

学习了地址结构体之后，我们就可以根据需要将地址信息填入地址结构体中了。但是我们发现，地址结构体中的元素并不是可以直接初始化的 int 或者 char 类型的，还需要使用转换函数对地址信息进行一次转化。

（1）IP 地址转换

通常使用的 IPv4 地址用点分十进制字符串来表示，如"192.168.1.1"，但对于计算机系统来说，这样的字符串处理起来并不方便，所以需要对它进行转换，以便于计算机系统的识别和操作。inet_addr() 函数就可以完成地址字符串的转换，按照官方文档的描述，inet_addr() 函数的功能是将点分十进制的 IPv4 地址转换成长整数（u_long 类型），函数的输出即转换结果。inet_addr() 函数原型如下。

```
in_addr_t inet_addr(const char *cp);
```

inet_aton() 函数和 inet_addr() 函数的功能相同，不同点在于 inet_aton() 函数通过函数参数的形式输出结果。inet_aton() 函数原型如下。

```
int inet_aton(const char *strptr, struct in_addr *addrptr);
```

inet_aton() 函数将 addrptr 处的 IP 地址转换为整数，并通过参数 strptr 输出，函数返回值表示转换是否成功。我们可以通过函数返回值检查函数执行情况，避免函数执行错误影响最终的程序执行效果。但是不能通过直接将转化函数写到另一个函数的参数位置来简化程序代码。

服务器程序使用的 IP 地址一般不是固定的，可能会随着网络配置而改变。在实际使用过程中，需要客户端每次都去对应更改 IP 地址或者给通信双方固定唯一的 IP 地址，这显然是不现实的。所以我们引入 INADDR_ANY 宏，INADDR_ANY 指代的是 inet_addr("0.0.0.0")，泛指本机所有 IP 地址，对于多网卡的计算机，这个就可以用来表示全部网卡的 IP 地址。

当服务器的监听地址是 INADDR_ANY 时，表示服务器的 IP 地址能够根据所在的计算机随意配置，这样服务器程序能够运行在任意计算机上，便于网络程序移植。对于多网卡的服务器来说，无论客户端通过服务器的哪个网卡 IP 地址来请求访问，都可以被服务器接收和处理，网络程序的灵活性得到了很好的强化。

（2）端口号转换

在地址结构体初始化的时候，sin_port 要求填写端口号。既然端口号是短整数，那么直接在 sin_port 位置填写常数行不行？比如 servAddr.sin_port = 9190，这样操作是不行的，因为这里涉及网络字节序和主机字节序的问题。

计算机有两种不同的数据保存方式：大序在前（也称大端序，俗称大头）和小序在前（也称小端序，俗称小头）。大端序就是高位在前（低位地址），小端序就是低位在前，这里的高位、低位分别指数值的高位、低位，例如万位就比千位更高。两种顺序会带来网络传输的问题，例如大端序的计算机传一个整数到网络，但是收到数据的计算机采用小端序，那么两边对数值的理解就完全不同。因此规定网络传输的数据一律采用大端序，也就是说无论主机采用什么顺序，发送到网络的数据都转换成大端序——网络字节序。

这种转换通过一系列函数（即 htons()、htonl()、ntohl()、ntohs()等）完成。无论主机采用大端序还是小端序，转换的代码都是一样的，只不过采用大端序的主机实现 htons()函数的时候，不需要调整顺序，而采用小端序的主机会调整顺序。所以我们要在 sin_port 的位置填写 htons（9190），以防出现网络字节序的问题。

3. 编写代码

绑定地址信息是套接字编程中重要的步骤，最主要的是正确设定传递到 bind()函数中的地址结构体。所以在使用 bind()函数之前，要为地址结构体中的信息赋值。可以使用简单的赋值方式给对应元素进行赋值，注意避免使用对地址结构体一次性赋值的方式，以防止出现空值被遗漏而导致的元素对应不正确的情况。

特别需要强调的是，在初始化地址信息时使用的是 sockaddr_in 结构体，而在 bind() 函数中则要求使用 sockaddr 结构体，所以在函数中要对地址结构体进行类型的强制转换以防出现错误。

```
1. addr_srv.sin_family=AF_INET;
2. addr_srv.sin_port=htons(9190);
3. addr_srv.sin_addr.s_addr=inet_addr("127.0.0.1");
4. rv=bind(sock_srv,(struct sockaddr *)&addr_srv,sizeof(addr_srv));
5. if(rv != 0)
6. {
7.     printf("bind() error!\n");
8.     return -1;
9. }
```

6.2.4　建立套接字连接

我们在创建好套接字并绑定好地址信息之后，就可以通过这个套接字建立客户端和服务器之间的连接了。

1. listen()函数

listen()函数的作用是使套接字处于监听状态，监听连接请求。当监听到连接请求的时候就将请求放入等待队列中，等待队列的长度由系统设定最大值，我们设置的值如果超过最大值则以最大值为准。listen()函数原型如下。

```
int listen(int sockfd, int backlog);
```

listen()函数比较简单，第一个参数是已经建立成功的套接字的描述符，第二个参数是设置的等待队列的长度，超过等待队列的长度的请求都会被直接拒绝。

2. accept()函数

accept()函数的作用是接收客户端连接请求，建立与客户端的连接。新的连接由新的套接字来表示，后续可以通过这个新的套接字来与客户端通信。

注意 accept()函数的返回值的类型是 int，是一个套接字描述符，这意味着之前流程的套接字主要用于监听，而之后流程的套接字才是用户发送和接收数据时使用的套接字。accept()函数原型如下。

```
int accept(int sockfd, struct sockaddr* addr, socklen_t *addrlen);
```

其中的参数介绍如下。

- sockfd（IN）：处于监听状态的套接字描述符。
- addr（OUT）：接收客户端的地址信息，设置为 NULL 表示不用输出此信息。
- addrlen（OUT）：客户端地址信息的长度。

我们可以看到函数的后两个参数是输出参数。函数接口的一边是函数的调用者（或使用者），另一边是函数的实现者。函数的实现者需要传递给调用者一些数据，可以采用使用返回参数的方式，当然也有其他的方式，如使用指针。指针指向某个地址空间，函数的实现者在函数返回之前，把数据填写到这个地址空间里面，调用完成之后，使用者读取这个地址空间中的值就可以完成数据读取，很显然这种方式不使用返回参数进行操作。

accept()函数的第二个参数和第三个参数是指针，表示连接完成的时候将客户端地址写入地址空间，调用者可以从地址空间中获取客户端的地址信息。而类似这种输出参数有一个惯例，即如果设置成 NULL，就表示调用者不想得到这个值。

accept()函数的返回值需要新套接字描述符 sock_cln 进行保存，函数的第二个、第三个参数能够返回客户端的地址信息，也需要对应定义变量 clnt_addr 和 clnt_sock_len 来保存返回的地址信息。实际使用的调用代码如下。

```
clnt_sock_len = sizeof(clnt_addr);
sock_cln = accept(sock_srv, (struct sockaddr_in*)&clnt_addr, &clnt_sock_len);
```

3. 代码示例

建立套接字连接有两个步骤，涉及两个函数。首先将创建好的套接字转换为监听状态，等待客户端的连接请求。当监听到连接请求后，服务器同意连接请求，并利用套接字建立连接。之后就可以使用这个套接字进行通信了。

```
1.          rv=listen(sock_srv,5);
2.          if(rv != 0)
3.          {
4.              printf("listen() error!\n");
5.              return -1;
6.          }
7.          sock_cln=accept(sock_srv,NULL,NULL);
8.          if(sock_cln==-1)
9.          {
10.             printf("accept() error!\n");
11.             return -1;
12.         }
```

4. 建立连接和 3 次握手间的关系

套接字通信使用 TCP，由前文我们知道，TCP 在完成连接的时候要进行 TCP 的 3 次握手，两个过程间的关系如图 6-4 所示。

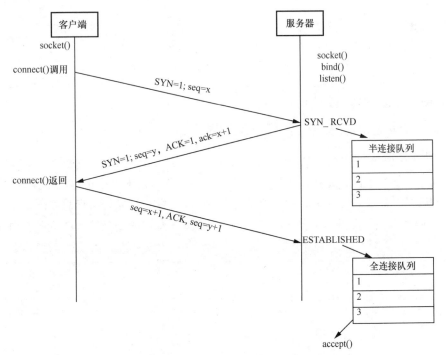

图 6-4　建立连接和 3 次握手间的关系

（1）半连接队列

SYN 队列，也称半连接队列。TCP 进行 3 次握手时，客户端发送 SYN 到服务器，服务器收到之后，将这个连接推入 SYN 队列，等待客户端的 ACK 报文。此时若 SYN 队列已满，则套接字不再接收新的连接请求。

（2）全连接队列

服务器收到第三次握手的 ACK 响应后，内核会把连接从 SYN 队列中移除，然后创建新的全连接，并将其添加到 accept()函数，等待有进程调用 accept()函数时就把连接取出。

（3）3 次握手和函数间的关系

从图 6-4 中我们可以看到，TCP 的 3 次握手由 connect()函数调用套接字开始，服务器收到 SYN 报文后变为 SYN_RCVD 状态，将连接放入 SYN 队列中并回复 SYN+ACK 等待客户端的确认。当收到 ACK 报文完成 3 次握手建立连接后，服务器状态变为 ESTABLISHED，并将建立的连接放入全连接队列中供 accpet()函数调用。

6.2.5　发送消息

当通信双方已经建立连接后，我们就可以通过套接字完成数据通信了。本小节将介绍数据发送与接收的相关内容。

1.　write()函数

该函数实现将数据写到套接字描述符，也就是发送数据。函数原型如下。

```
ssize_t write(int fd, void *buf, size_t nbytes);
```

头文件是 unistd.h。

参数介绍如下。

- fd（IN）：套接字描述符。
- buf（IN）：输出缓冲区。
- nbytes（IN）：要发送数据的长度。
- 返回值：成功则返回发送的字节数，失败则返回-1。

2.　编写发送消息的程序

这里编写服务器程序，是在服务器中设置固定的字符串，当套接字建立连接之后就会将字符串发送到客户端。我们要在主函数中预先定义字符串，并设置字符串信息。在 accept()函数之后使用 write()函数将字符串信息发送出去。write()函数参数中的字符串长度可以使用 sizeof()函数计算。

```
1. char buf[]="hello,socket";
2. …
3. write_len=write(sock_cln,buf,sizeof(buf));
4. if(write_len==-1)
5. {
6.     printf("write() error!\n");
7.     return -1;
8. }
```

3. 缓冲区

由上面 write()函数的介绍，我们可以看到读、写数据的函数比较简单。但是 write()函数中双方并不是直接交换数据，而是引入"缓冲区"。当每个套接字被创建后，都会分配两个缓冲区——输入缓冲区和输出缓冲区。

write/send()函数并不立即向网络中传输数据，而是先将数据写入输出缓冲区，再由 TCP 协议将数据从输出缓冲区发送到目的主机。一旦将数据写入输出缓冲区，函数就可以成功返回，不管它们有没有到达目的主机，也不管它们何时被发送到网络，而这些任务都是由 TCP 协议负责完成的。

read/recv()函数也采用类似的处理机制，从输入缓冲区中读取数据，而不是直接从网络中读取。

缓冲区有以下几个特点。

① I/O 缓冲区在每个 TCP 套接字中单独存在。

② I/O 缓冲区在创建套接字时自动生成。

③ 即使关闭套接字也会继续传输输出缓冲区中遗留的数据。

④ 但是关闭套接字将丢失输入缓冲区中的数据。

4. 阻塞模式和非阻塞模式

为了很好地使用缓冲区进行编程，我们有必要了解套接字通信中涉及缓冲区使用的阻塞模式和非阻塞模式。

（1）阻塞模式

对于 TCP 套接字（默认情况下），当使用 write/send()函数发送数据时，首先会检查缓冲区，如果缓冲区的可用空间长度小于要发送的数据的长度，那么 write/send()函数会被阻塞（暂停执行），直到缓冲区中的数据被发送到目的主机，腾出足够的空间后才"唤醒"write/send()函数继续写入数据。如果 TCP 协议正在向网络发送数据，那么输出缓冲区会被锁定，此时不允许写入，write/send()函数也会被阻塞，直到数据发送完毕缓冲区才解锁，write/send()函数才会被唤醒。如果要写入的数据的长度大于缓冲区的最大长度，那么将分批写入数据，直到所有数据都被写入缓冲区后 write/send()函数才能返回。

当使用 read/recv()函数读取数据时，首先会检查缓冲区，如果缓冲区中有数据，那么就读取，否则函数会被阻塞，直到网络上有数据到来。如果要读取的数据长度小于缓冲区中的数据长度，那么就不能一次性将缓冲区中的所有数据读出，剩余数据将不断积压，直到有 read/recv()函数再次读取数据。read/recv()函数读取到数据后才会返回，否则就一直被阻塞，这就是 TCP 套接字的阻塞模式。所谓的阻塞，实际上就是上一步动作没有完成，下一步动作将暂停，直到上一步动作完成后才能继续，以保持同步性。

（2）非阻塞模式

当数据正常传输的时候，非阻塞模式和阻塞模式没有任何不同。而当数据传输出现错误时，阻塞模式会阻断函数执行，而非阻塞模式不会等待，会直接返回错误状态给主机处理。一般使用 errno()函数就可以获取到返回错误的具体信息，关于 errno()函数的使用会在后面章节中介绍。

6.2.6 关闭套接字

一般情况下可以使用 close()函数来关闭套接字。

close()函数原型如下。

```
int close(int fd);
```

某个进程调用了 close()函数，套接字描述符的计数就会减 1，直到计数为 0。当计数为 0 时，所用进程都调用了 close()，这时系统会释放套接字。

close()关闭套接字的默认行为是把套接字标记为已关闭，然后立即返回到调用进程。套接字描述符不能再由调用进程使用，也就是说它不能再作为 read()函数或 write()函数的第一个参数。然而，在 TCP 中，关闭套接字时，操作系统会尝试发送任何已经排队等待发送到对方的数据。这是因为 TCP 是一种可靠的协议，它会尽力保证数据的可靠传输。在关闭套接字之前，TCP 会将输出缓冲区中的数据发送给对方。如果数据发送成功，对方将会收到这些数据。如果数据发送失败，则会发生相应的错误。

需要注意的是，关闭套接字并不意味着立即终止连接。TCP 是一个面向连接的协议，关闭套接字只是一种表示不再发送或接收数据的方式。实际的连接终止在双方都关闭套接字之后才发生。因此，关闭套接字后，仍然有可能在一段时间内接收到对方发送的数据，以及在对方接收到关闭消息之前发送数据给对方。

6.3 编写"hello,world!"通信客户端程序

在完成了服务器程序的编写学习之后，我们开始学习客户端程序的编写。作为主动发起套接字连接的一方，客户端的一些函数、流程与服务器有一定的相似之处，因此相同的函数使用方式这里就不再次叙述了。下面我们开始学习怎样编写客户端程序。

6.3.1 发送连接请求

客户端一般是主动发送连接请求的一方，在建立好自己的套接字之后，就向服务器发送连接请求。

1. connect()函数

该函数实现客户端向服务器发送连接请求，成功之后就可以用函数中指示的套接字进行通信。函数原型如下。

```
int connect(int sockfd, struct sockaddr* addr, socklen_t addrlen);
```

参数介绍如下。

- sockfd（IN）：套接字描述符。

- addr（IN）：服务器地址。

- addrlen（IN）：服务器地址长度。

- 返回值：成功返回 0，失败返回-1。

2. 代码示例

发送连接请求的客户端需要地址信息，也需要初始化地址结构体信息。为了简便，这里假定地址信息和服务器中的完全相同，这样就可以将客户端和服务器的信息进行对应，开始连接以进行通信。

```
1.  addr_srv.sin_family=AF_INET;
2.  addr_srv.sin_port=htons(9190);
3.  addr_srv.sin_addr.s_addr=inet_addr("127.0.0.1");
4.  rv=connect(sock_cln,(struct sockaddr *)&addr_srv,sizeof(addr_srv));
5.  if(rv == -1)
6.  {
7.      printf("connect() erorr!\n");
8.      return -1;
9.  }
```

6.3.2　接收消息

建立套接字连接之后，客户端和服务器就可根据设定好的套接字进行通信，客户端就可以接收到服务器发送的消息。下面将介绍如何接收消息。

1. read()函数

该函数实现从套接字读取数据，也就是接收数据。函数原型如下。

```
size_t read(int fd, void *buf, size_t nbytes);
```

头文件是 unistd.h。

参数介绍如下。

- fd（IN）：套接字描述符。

- buf（OUT）：输入缓冲区。

- nbytes（IN）：输入缓冲区的长度。

- 返回值：成功则返回接收到的字节数，失败则返回-1。

2. 编写接收消息的程序

调用 read()函数编写接收消息的程序比较容易，在函数输入参数中填入套接字描述符、输入缓冲区信息的变量名称和长度即可。值得注意的是，在设置长度的时候使用 sizeof()函数之后要减 1，这是为了省略编程中自动加在字符串后面的结束符，避免出现不必要的错误。

```
1.  read_len=read(sock_cln,buf,sizeof(buf)-1);
2.  if(read_len == -1)
3.  {
4.     printf("read() error!\n");
5.     return -1;
6.  }
```

6.4　运行 "hello,world!" 程序

完成客户端和服务器程序的编写之后，我们就可以运行程序了。先在服务器文件夹内运行服务器程序，保持开启状态的同时运行客户端程序，此时可以看到客户端接收了服务器预置的消息，双方通信完成之后各自结束程序运行，运行结果如下。

```
服务器:
$./hello_srv 9190
```

```
客户端:
$./hello_cln 127.0.0.1 9190
message from server: hello,socket
```

6.5　完善 "hello,world!" 程序

上文完成了 "hello,world!" 程序的编写，通过实际运行得到双方交换数据的结果。但是在学习编程的过程中，我们发现程序还有很多不足和可以改进的地方，已经实现的功能对于复杂的网络通信来说还远远达不到要求。这一节我们将介绍如何完善上文完成的程序。

6.5.1　通过命令行输入服务器信息

在上文完成的程序中，服务器的端口号是内置在代码中被唯一指定的，客户端的信息是和服务器唯一对应的。一旦对应端口被占用，程序就不能正常使用了，所以应把服务器的端口号设置成每次启动的时候由系统管理员动态输入，客户端启动时由用户输入。为了实现这个功能，需要引入主函数参数。

使用主函数参数之后，就需要在启动服务器和客户端程序的命令后加上对应的 IP 地址和端口号。通过主函数参数将其传入函数中进行对应匹配，示例如下。

```
1.        int main(int argc, char *argv[])
2.        {
3.          ...
4.          if(argc !=2)
5.          {
6.              printf("usage:%s <port>.\n",argv[0]);
7.              return -1;
8.          }
9.          ...
10.       addr_srv.sin_port=htons(atoi(argv[1]));
11.       addr_srv.sin_addr.s_addr=inet_addr("127.0.0.1");
```

可以看到，在主函数中加入了参数，这样就可以在命令行中输入设定好的端口号，让客户端进行访问。但是我们可以看到，这里并没有设置 IP 地址，这主要是为了防止使用无效的 IP 地址导致服务器无法运行。

同样地，我们对客户端程序也进行修改，使得访问的时候需要在命令行中输入服务器的 IP 地址和端口号，这样可以提供一定的灵活性。代码修改如下。

```
1.        int main(int argc,char *argv[])
2.        {
3.          ...
4.          if(argc != 3)
5.          {
```

```
6.              printf("usage: %s <ip> <port>.\n",argv[0]);
7.              return -1;
8.          }
9.      ...
10.     addr_srv.sin_port=htons(atoi(argv[2]));
11.     addr_srv.sin_addr.s_addr=inet_addr(argv[1]);
```

6.5.2 优化错误处理

在程序执行的过程中难免遇到出错的情况，我们已经在前面的代码中设置过函数出错时的应对方式——命令行提示错误并退出程序。在编程中还有一个要求，就是尽量减少重复出现的代码行，比如在出现错误的时候都统一使用 printf()函数输出错误信息，显示 return -1 并退出程序。之前章节中给出的应对方案是出现错误就退出程序，但对编程来说，出现错误之后直接退出程序不方便对程序代码进行调试。所以套接字使用了 errno 变量来收集各个函数返回的错误信息，方便我们直接简化相似的检错代码。

我们可以使用 err_exit()函数简化代码并读取 errno 变量反馈错误的具体信息。errno 变量是系统变量，当调用出错时，许多函数通过设置 errno 变量的值来表示出错原因。使用 errno 变量时需要引用头文件 errno.h。需要注意的是，errno 变量的值只是一个数值，要知道具体出错原因还需要查错误码，可以通过 strerror()函数得到相关错误信息的具体含义，示例如下。

```
1.      #include <errno.h>
2.      #include <string.h>
3.      void err_exit(char *msg)
4.      {
5.          printf("%s \n%s \n",msg,strerror(errno));
6.          exit(1);
7.      }
8.      int main(int argc, char *argv[])
9.      {
10.         ...
11.         sock_srv=socket(PF_INET,SOCK_STREAM,0);
12.         if(sock_srv==-1)
13.         {
14.             err_exit("socket() error!");
15.         }
16.         ...
17.     }
```

我们可以看一下检错代码的执行情况，结果如下。

```
服务器:
$ ./hello_srv 9190
$ ./hello_srv 9190
bind() error!
Address already in use
```

```
客户端:
$ ./hello_cln 127.0.0.1 9190
message from server: hello,socket
```

可以看到，在第一次连接完成、双方程序退出之后，再次尝试启动服务器就出现了 bind()函数调用错误，具体信息是地址已经被使用。这个错误如何处理呢？

6.5.3 通过设置套接字选项解除地址被使用

网络程序不可能只使用一次就完成任务然后关闭。但是根据 6.5.2 节提示的错误信息，程序在完成一次通信之后就出现了地址已经被使用的情况，导致无法重新打开服务器来完成多次通信。本节将介绍如何处理这个错误。

1. TIME_WAIT 状态

出现这个错误是由于服务器先关闭，套接字进入等待状态，在这个状态下，端口需要等待一段时间才能释放。下一个程序再次使用这个端口进行通信时就会显示被占用，导致服务器无法启动。

导致这个错误的实质是，在 TCP 断开连接的 4 次挥手过程中（详见第 5 章），发起断开请求的服务器一方在发送 FIN 包、接收 ACK 包之后直接关闭了套接字，客户端发送的 FIN 包一直无法得到服务器的响应从而进入 TIME_WAIT 状态，期间一直会使用地址。

有一个简单的处理方法：在程序关闭套接字之后设置 sleep()函数使之不完全关闭，以响应客户端的 FIN 包。这样一来 4 次挥手就可以全部完成，套接字会正确关闭，也就不会再出现地址被使用的情况了。

2. 通过函数参数设置套接字选项

实际上加入 sleep()函数只是一个暂时的解决办法，用在简单的程序中是可以的。但是程序睡眠始终是一个隐患，可以引入套接字选项来正确关闭套接字，从而避免隐患。

（1）套接字选项

各个协议层的套接字选项如表 6-2 所示。

表 6-2　各个协议层的套接字选项

协议层	套接字选项	读取	设置
SOL_SOCKET	SO_SNDBUF	○	○
	SO_RCVBUF	○	○
	SO_REUSEADDR	○	○
	SO_KEEPALIVE	○	○
	SO_BROADCAST	○	○
	SO_DONTROUTE	○	○
	SO_OOBINLINE	○	○
	SO_ERROR	○	×
	SO_TYPE	○	×
IPPROTO_IP	IP_TOS	○	○
	IP_TTL	○	○
	IP_MULTICAST_TTL	○	○
	IP_MULTICAST_LOOP	○	○
	IP_MULTICAST_IF	○	○
IPPROTO_TCP	TCP_KEEPALIVE	○	○
	TCP_NODELAY	○	○
	TCP_MAXSEG	○	○

我们先学习其中的 2 个选项，其他的选项后续如果用到会单独介绍。

- SO_REUSEADDR：这个选项设置为 1 后，再次运行服务器就不会出现地址正在被使用的错误了。

- TCP_NODELAY：内格尔（Nagle）算法是默认启用的，将其设置为禁用。

（2）设置套接字选项

这里引入 getsockopt() 和 setsockopt() 函数，分别读取并设置套接字选项。

```
1.    int setsockopt(int sockfd, int level, int optname, void *optval, socklen_t optlen);
2.    int getsockopt(int sockfd, int level, int optname, void *optval, socklen_t *optlen);
```

其中的参数介绍如下。

- sockfd（IN）：套接字描述符。
- level（IN）：要读取的选项属于的协议层。
- optname（IN）：要读取的选项名称。
- optval（IN, OUT）：选项值。
- optlen（IN, OUT）：选项值的长度。

但是在使用 getsockopt() 函数的时候还要注意最后一个参数 optlen 的设置。虽然其是输出参数，但是被调用者需要知道调用者是否备足了需要的空间。比如需要传出的值有 100 个字节，而调用者只准备了 50 个字节，这时就要返回错误值，而不能直接填写进入选项，否则会引起超出的部分访问非法内存，从而导致不可预知的错误。程序错误引起的后果一般是程序崩溃，但只是程序逻辑出错而导致溢出，这种问题在调试过程中很难排查。所以这里可以把 optlen 的值设置为 sizeof(addr_opt)，以防止出现不必要的溢出。

3. 设置套接字选项的示例代码

为了避免关闭套接字时出现地址被使用的错误，我们需要将服务器套接字中的 SO_REUSEADDR 选项的值设为 1。我们使用 addr_opt 变量指代选项值，选项值的长度使用 sizeof() 函数计算得出。

```
setsockopt(sock_srv,SOL_SOCKET,SO_REUSEADDR,(void *)&addr_opt,sizeof(addr_opt));
```

4. Nagle 算法

通过设置 TCP_NODELAY 选项，我们可以禁用 Nagle 算法。Nagle 算法的作用主要是防止网络连接中充斥着长度小于 TCP 提交给网络层最大分段大小（Maximum Segment Size，MSS）的分组。小的分组一方面会造成网络拥塞，另一方面也会造成资源浪费。因为在网络传输过程中，用户程序需要在传递的数据上添加 TCP 头和 IP 头，将数据封装成 TCP/IP 包。Nagle 算法就可以用来解决这个问题。

Nagle 算法的基本思想是任意时刻最多只能有一个未被确认的小段。所谓的"小段"是指小于 MSS 的数据块，而"未被确认"是指一个数据块发送出去后，没有收到对方发送的数据已收到的 ACK 包。也就是说在 TCP 连接中，如果还有未被确认的分组，那么在收到 ACK 包之前禁止发送其他小的分组。

Nagle 算法适用于存在许多小的分组需要发送，同时接收方能够及时发送 ACK 的场景。在默认的 TCP 连接中，Nagle 算法是启用的，为了禁止 Nagle 算法，可以设置套接字为 TCP_NODELAY，从而保证发送方的包及时地发送给接收方。

可以很清楚地看到，Nagle 算法可以明显减少网络中较小的分组，保持较高的网络资源利用率，但是也会出现一些问题：发送方会控制小的分组，并期望合并成为较大的分组一起发送给接收方。在实时地单向发送数据并需要及时获取响应的场景中需要谨慎使用 Nagle 算法。另外，如果接收方设置了 DELAY ACK，情况可能会更麻烦。因为如果接收方设置了 DELAY ACK，接收方接收到发送方发过来的小的分组后，并不会及时发送 ACK 包，只有等到 DELAY ACK 的定时器到期后，才会给发送方发送 ACK 包。这样就会导致转发分组不及时的情况出现，使传送的效率降低。Nagle 算法与普通算法的不同如图 6-5 所示。

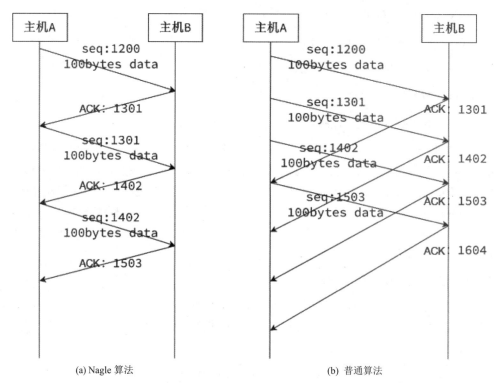

图 6-5　Nagle 算法与普通算法的不同

6.5.4　循环实现服务器功能

处理了错误之后，程序就可以正常使用了，客户端在访问服务器时会得到服务器中预置的消息内容。但是此时的服务器仍是"一次性"的，每次和客户端完成通信之后服务器都会退出，这不符合实际应用场景。我们需要服务器在完成通信之后依旧保持打开的状态，等候客户端的连接，所以要加入循环。

可以在哪些功能处加入循环呢？简要分析一下需求：服务器完成通信之后等待下一个客户端的连接，也就是可以在接收客户端连接请求到关闭套接字处加入循环。示例如下。

```
1.  while(1)
2.  {
3.      sock_cln=accept(sock_srv,NULL,NULL);
4.      if(sock_cln==-1)
5.      {
6.          err_exit("accept() error!");
7.      }
```

```
8.       write_len=write(sock_cln,buf,sizeof(buf));
9.       if(write_len==-1)
10.      {
11.          err_exit("write() error!");
12.      }
13.      close(sock_cln);
14. }
```

程序执行的结果如下。

```
服务器：
$ ./hello_srv 9190
```

```
客户端：
$ ./hello_cln 127.0.0.1 9190
message from server: hello,socket
$ ./hello_cln 127.0.0.1 9190
message from server: hello,socket
$ ./hello_cln 127.0.0.1 9190
message from server: hello,socket
```

6.5.5　使用 shutdown()函数关闭套接字

通常使用 close()函数来关闭套接字，但是通过上面的学习可以知道，如果不能正确使用 close()函数，会造成很多的错误。为了处理这些错误，前面我们引入了套接字选项技术。除了 close()函数以外，我们还可以使用 shutdown()函数来断开已连接的套接字。

shutdown()函数原型如下。

```
int shutdown(int sockfd, int howto);
```

该函数的行为依赖于 howto 参数的值，具体的可选值如下。

- SHUT_RD：关闭套接字的读操作，套接字中不再有数据可接收，而且套接字输入缓冲区中的现有数据都被丢弃，进程不能再对这样的套接字调用任何读函数。对一个 TCP 套接字调用 shutdown()函数后，由该套接字接收的来自对方的任何数据都被确认，然后丢弃。

- SHUT_WR：关闭套接字的写操作，这对于 TCP 套接字来说也称为半关闭。当前留在套接字输出缓冲区中的数据将被发送，其后跟着 TCP 的正常连接终止序列。不管套接字描述符的计数是否等于 0，这样的关闭写操作都会执行，进程不能再对这样的套接字调用任何写函数。

- SHUT_EDWR：关闭套接字的读、写操作，这与调用 shutdown()函数两次等效，也就是第一次使用 SHUT_RD 参数调用 shutdown()函数，第二次使用 SHUT_WR 参数调用 shutdown()函数。

close()函数会关闭套接字 ID，如果有其他进程正在共享这个套接字，那么套接字仍然是打开的，这个连接还是可以用来读和写。这种处理方式有时候非常重要，特别是对于多进程并发服务器来说。

而 shutdown()函数会切断进程共享套接字的所有连接，不管套接字描述符的计数是否为 0。那些试图进行读操作的进程将会接收到文件结束（End of File，EOF）标识，那些试图进行写操作的进程将会检测到 SIGPIPE 信号。同时可利用 shutdown()函数的第二个参数选择关闭套接字的方式。

6.5.6　使用多文件实现检错代码

作为程序的开发者，我们希望代码是可重用的，即一段代码可以用于多个不同的应用场景。

所以我们更希望函数的功能模块化，也就是可以即插即用，可以引入多文件来实现这一优化。

多文件是指 C 语言的多文件编程：给主函数以外的子函数单独设置代码文件，通过在主函数文件中引用相应头文件来实现将代码编译为可执行文件的编程方法。通过多文件可以增加函数功能的模块化程度，加强代码的可重用性，同时也可以使得代码简洁、清晰。

在"hello,world!"程序中，err_exit()作为通用的子函数，可以实现将代码放到单独的文件中。我们对应创建 err_exit.c 文件和 err_exit.h 文件，并在主函数中引用 err_exit.h 文件即可。示例如下。

err_exit.c 文件如下。

```
1. #include "err_exit.h"
2. #include <errno.h>
3.
4. void err_exit(char *msg)
5. {
6.     printf("%s \n%s \n",msg,strerror(errno));
7.     exit(1);
8. }
```

err_exit.h 文件如下。

```
1. #ifndef __ERR_EXIT_
2. #define __ERR_EXIT_
3.
4. void err_exit(char *msg);
5.
6. #endif
```

6.6   编写 TCP "回声"程序

上文实现的主要是客户端和服务器之间的网络通信，程序实现的功能仅仅是简单地在服务器中预置要发送的消息，在客户端连接到服务器后接收服务器中预置的消息并退出。我们的期望是完成双向通信，服务器根据客户端输入的信息给出回复。这才是会经常遇到的网络通信场景，所以我们要从"回声"程序开始学起。

6.6.1   "回声"的逻辑与实现

"回声"的字面意思就是接收到自己说的话，在程序中就是客户端发送的信息经过服务器后原样显示在客户端中。

设计思路是服务器保持循环监听状态，等待客户端发送信息之后将收到的信息原样返回给客户端进行显示。客户端保持循环等待状态，启动客户端就可以多次输入信息并多次接收返回信息，当输入 Q 或者 q 的时候结束输入，退出程序。

- 服务器：在使用 read()函数读取到信息之后立刻使用 write()函数将信息传输出去，不做任何处理。
- 客户端：先判断信息是不是 Q 或者 q，若是直接跳出循环，退出程序；否则使用 write()函数将信息发送到服务器，得到回复后使用 read()函数获取信息，加入终止符后输出显示。

服务器关键代码如下。

```
1.  while(1)
2.  {
3.      sock_cln=accept(sock_srv,NULL,NULL);
4.      if(sock_cln==-1)
5.      {
6.          err_exit("accept() error!");
7.      }
8.      while(1)
9.      {
10.       read_len=read(sock_cln,buf,BUF_SIZE);
11.       if(read_len == -1)
12.       {
13.           err_exit("read() error!\n");
14.       }
15.       else if (read_len>0)
16.       {
17.           write(sock_cln,buf,read_len);
18.       }
19.       else if (read_len == 0)
20.       {
21.           break;
22.       }
23.   }
24. }
```

客户端关键代码如下。

```
1.  while(1)
2.  {
3.      fputs("Input message(Q/q to quit): ",stdout);
4.      fgets(buf,BUF_SIZE,stdin);
5.
6.      if(!strcmp(buf,"q\n")||!strcmp(buf,"Q\n"))
7.      {
8.          break;
9.      }
10.     write(sock_cln,buf,strlen(buf));
11.     read_len=read(sock_cln,buf,BUF_SIZE -1);
12.     buf[read_len]=0;
13.     printf("Message from server : %s",buf);
14. }
```

我们注意到,在服务器的 read()函数返回值判断中,当 read_len 等于 0 的时候完成循环并跳出。在这里的意义是当客户端输入 Q/q 的时候结束输入的循环,执行 close()函数来断开套接字,这会导致发送一个"EOF"标识到服务器,服务器的 read()函数读到 EOF 标识,会返回读到的数据,长度为 0,也就知晓对方断开了连接。所以在这里设置这个判断可以有效帮助程序跳出循环,避免出现死循环。

执行程序后结果如下,符合预期。

```
服务器:
$./hello_srv 9190
```

```
客户端:
$./hello_cln 127.0.0.1 9190
Input message(Q/q to quit): 12345
Message from server: 12345
Input message(Q/q to quit): MESSAGE 12345
Message from server: MESSAGE 12345
Input message(Q/q to quit):q
```

6.6.2 "回声"程序中的隐患——"粘包"

我们重新检查一下代码，客户端程序中有这样两行代码：

```
1.   write(sock_cln,buf,strlen(buf));
2.   read_len=read(sock_cln,buf,BUF_SIZE -1);
```

这段代码出现在 while 循环中，可能会引起多次调用 write()函数的情况。而 TCP 有一个问题，就是没有数据边界，也就意味着 TCP 不能识别两次数据的边界，可能导致多次的 write()函数调用被合并为一次发送。这会造成本该是两个边界分明的数据包头尾相连，产生数据包异常连接的现象，也就是所谓的 TCP "粘包"。

TCP 粘包是指发送方发送的若干数据包到接收方接收时粘成一包，从输入缓冲区看，后一数据包的头紧接着前一数据包的尾，而粘包的原因可能出现在任何一方。

- 发送方：由于 TCP 本身的机制，客户端与服务器会维持一个连接，在连接不断开的情况下，客户端可以持续不断地将多个数据包发往服务器，但是如果发送的数据包太小，协议栈可能对较小的数据包进行合并后再发送。这样的话，服务器在接收到消息（数据流）的时候就无法区分究竟哪些数据包是客户端分开发送的，从而产生粘包。

- 接收方：服务器在接收到数据后，放到缓冲区中，如果数据没有被及时从暂存区取走，下次取数据的时候可能就会出现一次取出多个数据包的情况，造成粘包现象。

要解决这个隐患就要将 TCP 的数据进行分界，应用层要明确知晓预期的数据接收长度，实际上就是要求应用层协议明确每一包应该是什么数据、数据有多长、数据格式是什么，也就是规定好数据的意义。

所以我们可以把客户端的代码做如下更改，这样在发送的时候就知道发送了多长的数据，在接收的时候，强制要求接收完所有数据。

```
1.    write_len=write(sock_cln,buf,strlen(buf));
2.    read_len=0;
3.    while(read_len < write_len)
4.    {
5.        read_len_temp=read(sock_cln,&(buf[read_len]),BUF_SIZE-read_len-1);
6.        if(read_len==-1)
7.        {
8.            err_exit("read() error!\n");
9.        }
10.       read_len += read_len_temp;
11.   }
12.   buf[read_len]=0;
13.   printf("Message from server : %s",buf);
```

6.6.3 基于 TCP 的应用层协议设计

出现粘包现象是由于应用层的协议问题。作为开发者，我们要做的是根据自己的需求或者出现的问题对应用层协议进行设计，使得通信协议能让双方正常通信并正确识别信息。接下来着重介绍基于 TCP 的应用层协议设计方法。

根据第 5 章的知识，我们知道 TCP 是面向流的协议，但是大多数网络程序基于更小的数据单元帧（frame）。绝大部分的程序是需要分帧的，例如我们编写的 "hello,world!" 程序在发送信息量过大时也会出现要求分帧的情况，这是为了确保每次接收方能够按顺序根据自己的能力分批处理信息，避免信息量过大导致拥塞或出现粘包情况。那么为了处理"如何确保应用程序正确读取一帧数据"的问题，可以采用两种分帧方法：基于长度分帧、基于终结符分帧。

1. 基于长度分帧

基于长度分帧就是在发送信息帧前先发送帧的长度（简称帧长），一般用固定长度的字节来发送此长度（最大帧长不能大于 65535），比如 2 字节。使用基于长度分帧的方法，接收方的处理流程一般是这样：读取固定长度的字节→解析出帧长→读取帧长字节→处理帧。基于长度分帧的典型应用是 TLV 数据结构。

2. 基于终结符分帧

基于终结符分帧的典型应用就是 HTTP，使用 "/r/n/r/n" 作为终结符。使用基于终结符分帧的方法，接收方的处理流程一般是这样：读数据→在所读的数据中定位终结符（若没定位到，则将数据缓存，继续读数据，定位终结符）→定位到终结符，将终结符之前的数据作为一帧进行处理。当然，使用基于终结符分帧的方法时务必考虑转义问题，否则在帧的数据中出现终结符时，就会出现意想不到的错误。

3. 两种分帧方法的比较

一般来说，使用基于长度分帧的方法开发更简单，开发出的程序执行效率也更高，使用更广泛。使用基于终结符分帧的方法开发的程序可读性更好，容易模拟和测试（如用 Telnet）。本小节重点讨论基于长度分帧的方法。

注意：不管采用哪种方法，在编程的时候都需要考虑最大帧长的问题。不然如果对方发送 4GB 长度的帧（恶意或程序错误情况），接收方就需要创建并维护 4GB 的缓存；或者对方一直发送数据，没有终结符，这两种情况都可能造成内存耗尽。

4. TLV 数据结构

TLV 是一个缩写，代表了 3 个独立的概念：Type、Length 和 Value。在计算机科学中，TLV 经常用于数据编码和传输，它是一种数据结构，其中每个数据项都由一个 Type 字段、一个 Length 字段和一个 Value 字段组成。

- Type 字段：用于指定数据项的类型。它通常是一个数字或字母码，以标识数据项的含义。例如，一个表示姓名的数据项可能有一个 Type 字段为 0x01，而一个表示年龄的数据项可能有一个 Type 字段为 0x02。
- Length 字段：用于指定数据项 Value 字段中数据的长度，以字节（B）为单位。这个字段通常是一个整数，它可告诉解码器需要读取多少字节来获取完整的数据项。
- Value 字段：包含实际的数据。这个字段的内容取决于数据项的类型和长度，通常是一个字符串、整数或二进制数。

TLV 是一种非常灵活的数据结构，有多种用途。它通常被用于标准化协议、存储数据和网络通信中。在许多编程语言中，都有专门的库和函数用于编码和解码 TLV 结构的数据。

典型的例子是安全套接字层（Secure Socket Layer，SSL）协议，它就是使用类 TLV 结构来设计的，如图 6-6 所示。

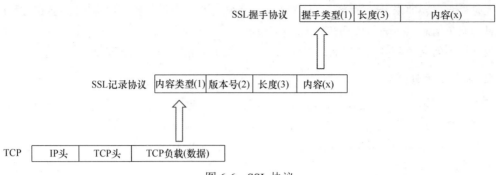

图 6-6　SSL 协议

6.7　编写 UDP "回声" 程序

TCP 面向连接、通信可靠，但是也带来了数据流小、传输速度慢等问题。而在通信中，不可避免会出现需要传输大量数据的情况，这个时候就需要使用 UDP。图 6-7 显示了 UDP 套接字的通信过程。

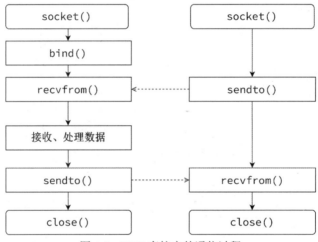

图 6-7　UDP 套接字的通信过程

UDP 套接字和 TCP 套接字的通信过程其实类似，最大的差异是通信双方不必使用额外的套接字来维持连接，只需要使用一个数据包类型的套接字即可进行消息的收发。

```
1.    /* 建立 TCP 套接字 */
2.    sockfd = socket(PF_INET, SOCK_STREAM, 0);
3.    /* 建立 UDP 套接字 */
4.    sockfd = socket(PF_INET, SOCK_DGRAM, 0);
```

6.7.1　sendto()函数和 recvfrom()函数

1. sendto()函数

（1）函数原型

```
ssize_t sendto(int sockfd, void *buf, size_t len, int flags, struct sockaddr *dest_addr,
socklen_t addrlen);
```

（2）函数参数介绍

- sockfd（IN）：套接字描述符，用以确定使用哪个套接字进行通信。
- buf（IN）：输出缓冲区。
- len（IN）：发送数据长度。
- flags（IN）：发送数据方式，以普通方式发送数据时设置为 0。
- dest_addr（IN）：目的地址。
- addrlen（IN）：目的地址长度。

（3）函数功能

与 TCP 的 send()函数类似，sendto()函数的功能主要是向特定的目的套接字发送数据，如果发送成功则返回发送数据的长度，失败则返回-1，可以通过 errno 变量查找对应的错误信息。但是由于有数据边界，sendto()函数需要明确的数据长度，在函数中有对应的参数输入。

（4）函数使用示例

学习过 TCP 的 bind()、write()和 connect()函数之后，我们会发现 sendto()函数基本集成了这 3个函数的功能，同样要根据要求设定缓冲区和缓冲区长度，并填入目的地址，同时规定目的地址长度，示例如下。

```
1.  temp=sendto(sock,msg,strlen(msg),0,(struct sockaddr*)&serv_adr,sizeof(serv_adr));
2.  if(temp==-1)
3.  {
4.      err_exit("sendto() error!\n");
5.  }
```

2. recvfrom()函数

（1）函数原型

```
ssize_t recvfrom(int sockfd, void *buf, size_t len, int flags, struct sockaddr *src_addr,
socklen_t *addrlen);
```

（2）函数参数介绍

- sockfd（IN）：套接字描述符。
- buf（IN）：输入缓冲区。
- len（IN）：接收数据长度。
- flags（IN）：接收数据方式，以普通方式接收数据时设置为 0。
- src_addr（OUT）：接收数据源地址。
- addrlen（OUT）：接收数据源地址长度。

（3）函数功能

从特定的目的套接字中接收数据，如果接收成功则返回接收数据的长度，如果失败则返回-1，可以通过 errno 变量查找错误信息。同样接收方也需要明确知道目的数据长度来确定分配的缓冲区大小。

（4）函数使用示例

同 sendto()函数一样，recvfrom()函数对应设置了输入缓冲区及其长度，同时也设定了接收数据的源地址及其长度。当 sendto()函数和 recvfrom()函数的信息可以对应时，双方即可完成 UDP 通信。

```
1.  str_len=recvfrom(serv_sock,msg,BUF_SIZE,0,(struct sockaddr*)&clnt_adr,&clnt_adr_sz);
2.  if(str_len==-1)
3.  {
4.      err_exit("recvfrom() error!\n");
5.  }
```

6.7.2　实现 UDP 的"回声"程序

TCP 和 UDP "回声"程序的实现思路并没有什么不同，只是两者使用的通信协议不同、调用的套接字函数不同。此处不再过多介绍设计思路，仅展示关键代码和相关的解释说明。

1. 服务器关键代码

```
1.  serv_sock=socket(PF_INET,SOCK_DGRAM,0);
2.  if(serv_sock==-1)
3.  {
4.      err_exit("UDP socket creation error");
5.  }
6.  …
7.  if(bind(serv_sock,(struct sockaddr*)&serv_adr,sizeof(serv_adr))==-1)
8.  {
9.      err_exit("bind() error\n");
10. }
11. while(1)
12. {
13.     clnt_adr_sz=sizeof(clnt_adr);
14.     str_len=recvfrom(serv_sock,msg,BUF_SIZE,0,(struct sockaddr*)&clnt_adr,
                        &clnt_adr_sz);
15.     if(str_len==-1)
16.     {
17.         err_exit("recvfrom() error!\n");
18.     }
19.     temp=sendto(serv_sock,msg,str_len,0,(struct sockaddr*)&clnt_adr,clnt_adr_sz);
20.     if(temp==-1)
21.     {
22.         err_exit("sendto() error!\n");
23.     }
24. }
25. close(serv_sock);
26. return 0;
```

可以发现，其基本的实现思路与 TCP "回声"程序并没有过多的不同之处。同样是收到数据之后将数据依照长度再次回传到客户端，所以可以将前面已经实现的 TCP 代码进行简单修改，使用 sendto()函数和 recvfrom()函数代替 write()函数和 read()函数实现功能。另外 str_len 这个参数在两者之间起桥梁的作用，正好将收到的数据长度作为参数传入 sendto()函数完成使命。

2. 客户端关键代码

```
1.      sock=socket(PF_INET,SOCK_DGRAM,0);
2.      if(sock==-1)
3.      {
4.          err_exit("socket() error!\n");
5.      }
```

```
6.    …
7.        while(1)
8.        {
9.            fputs("Input message(Q/q to quit): ",stdout);
10.           fgets(msg,sizeof(msg),stdin);
11.           if(!strcmp(msg,"q\n")||!strcmp(msg,"Q\n"))
12.           {
13.               break;
14.           }
15.           temp=sendto(sock,msg,strlen(msg),0,(struct sockaddr*)&serv_adr,
                       sizeof(serv_adr));
16.           if(temp==-1)
17.           {
18.               err_exit("sendto() error!\n");
19.           }
20.           adr_sz=sizeof(from_adr);
21.           str_len=recvfrom(sock,msg,BUF_SIZE,0,(struct sockaddr*)&from_adr,&adr_sz);
22.           if(str_len==-1)
23.           {
24.               err_exit("recvfrom() error!\n");
25.           }
26.           msg[str_len]=0;
27.           printf("Message from server : %s",msg);
28.       }
29.       close(sock);
30.       return 0;
31. }
```

与服务器相同，客户端也不需要在 TCP "回声"程序的逻辑上做过多改动，将使用的函数按照要求进行替换即可实现功能。

3. 代码运行示例

```
服务器：
$ ./hello_srv 9190
```

```
客户端：
$ ./hello_cln 127.0.0.1 9190
  Input message(Q/q to quit): 12
  Message from server: 12
  Input message(Q/q to quit): UD
  Message from server: UD
  Input message(Q/q to quit): Q
```

6.7.3　UDP 通信使用 connect()函数注册地址信息

UDP 通信是面向无连接的通信，不需要在发送者和接收者之间建立连接。但是我们可以看到，为了正确使用 sendto()和 recvfrom()这两个函数，需要调用大量的参数，双方也需要通过参数传递信息。对函数参数了解不够细致的开发者容易在这里出现错误，从而导致程序无法运行。

其实在 UDP 程序中也可以使用 connect()函数。但是这里的 connect()函数的作用不是在两个程序之间建立连接，而是为套接字注册地址信息。套接字带有地址信息之后就不需要在函数中通过参数来传递地址信息了。也就是说，通过 connect()函数注册地址信息之后我们可以使用 read()函数和 write()函数进行数据传输。这样就可以把代码化繁为简了。关键代码如下。

```
1.    connect(sock,(struct sockaddr*)&serv_adr,sizeof(serv_adr));
2.    while(1)
3.    {
4.        fputs("Input message(Q/q to quit): ",stdout);
5.        fgets(msg,sizeof(msg),stdin);
6.        if(!strcmp(msg,"q\n")||!strcmp(msg,"Q\n"))
```

```
7.          {
8.              break;
9.          }
10.    //temp=sendto(sock,msg,strlen(msg),0,(struct sockaddr*)&serv_adr,
                    sizeof(serv_adr));
11.    temp=write(sock,msg,sizeof(msg));
12.    if(temp==-1)
13.    {
14.        err_exit("write() error!\n");
15.    }
16.    //adr_sz=sizeof(from_adr);
17.    //str_len=recvfrom(sock,msg,BUF_SIZE,0,(struct sockaddr*)&from_adr,&adr_sz);
18.    str_len=read(sock,msg,BUF_SIZE-1);
19.    if(str_len==-1)
20.    {
21.        err_exit("recvfrom() error!\n");
22.    }
23.    msg[str_len]=0;
24.    printf("Message from server : %s",msg);
25. }
```

第 **7** 章

多线程网络程序

通过第 6 章的学习，我们已经基本掌握了套接字相关函数的使用、服务器程序和客户端程序的编写等知识，已经能够编写通过套接字完成网络通信的简单程序。但是我们在使用程序中发现，当服务器接收一个客户端的连接请求之后，就无法向其他客户端提供服务了。这在日常的使用过程中是极不方便的，我们通常希望服务器可以为多个客户端提供服务，此功能称为服务器的并发。实现并发通常有 3 种方法：多线程、多进程和 I/O 复用。这一章将重点介绍多线程的相关知识。

7.1 线程概述

线程又称轻量级进程（Light Weight Process，LWP），是进程中的执行路径，也是 CPU 的基本调度单位。一个进程由一个或多个线程组成，彼此完成不同的工作，共享相同的内存空间和资源。一个程序中同时执行多个线程的编程模型就是多线程，其可以实现并发执行，充分利用多核处理器和多任务环境的优势，提高程序的性能和响应性。

7.1.1 操作系统、进程和线程之间的关系

从线程的概念我们了解到进程是由线程组成的，进程是操作系统当中不可或缺的执行单元。探究操作系统、进程和线程之间的关系能够帮助我们更好地掌握线程和进程的功能，并对怎样发挥线程和进程的功能有更深的理解。

如图 7-1 所示，操作系统中同时运行着多个进程，而每个进程中又运行着多个线程。线程执行代码语句构成具有功能的进程，进程是占用内存空间、正在运行的程序，操作系统通过执行多个进程来向用户提供服务。

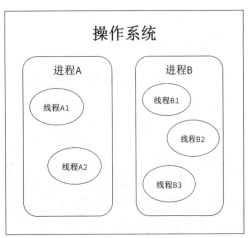

图 7-1 操作系统、进程和线程之间的关系

7.1.2 进程和线程之间的关系

我们清楚了操作系统、进程和线程之间的关系，但可能还是会有疑问：为什么要引入轻量级进程的概念？线程和进程之间有什么差异？我们熟知进程的定义是"占用内存空间、正在运行的

程序",所以要了解进程和线程之间的关系,就从了解进程的内存空间开始。

　　每个进程的内存空间都由 3 部分组成,即负责保存全局变量的数据区、malloc()等函数占用的堆(heap)区域和函数运行时使用的栈(stack)区域,如图 7-2 所示。在函数中直接定义的变量在栈区域中分配,随着函数消亡,栈区域里面的变量也会消亡。而堆区域中的变量如果不主动销毁的话,进程退出了才会释放内存空间。全局变量、静态变量存放在数据区。

　　由图 7-2 可以得知,每个进程的内存空间是独立的,负责进程代码的执行。但是如果要获得多个代码执行流,根据图 7-2 中的分配,就需要每个执行流对应一个完整的内存空间。这样的话,重复的数据区和堆区域会造成空间的不必要浪费,所以要在进程中引入线程来解决这个问题。

　　同一个进程中的线程共享数据区和堆区域,但有自己独立的栈区域,如图 7-3 所示。在线程之间切换时不需要切换数据区和堆区域,新建线程的时候也不需要复制数据区和堆区域。线程之间可以利用数据区和堆区域来进行数据通信。

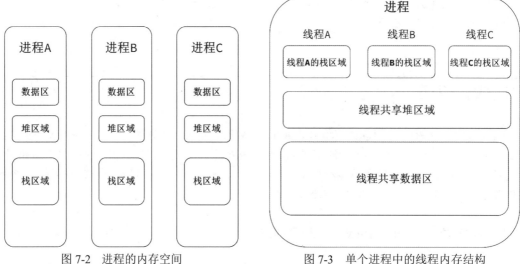

图 7-2　进程的内存空间　　　　　　图 7-3　单个进程中的线程内存结构

　　多线程相较于多进程有以下几点优势。

　　① 创建代价比多进程小。

　　② 多个线程之间切换比多个进程之间切换的开销小。

　　③ 多个线程之间共享数据简单。

7.2　线程的创建与销毁

7.2.1　线程创建函数

　　pthread_create()函数用于在程序中创建新的线程,函数原型如下。

```
int pthread_create(pthread_t *thread, const pthread_attr_t *attr, void* (*start_routine)
(void *), void* arg);
```

函数参数介绍如下。

- thread（OUT）：创建线程得到的线程 ID 信息。

- attr（IN）：设置新创建的线程属性，NULL 表示创建默认属性的线程。

- start_routine（IN）：函数指针，新创建的线程将执行此函数指针指向的函数。

- arg（IN）：用来给线程传递参数，这个值会被用作 start_routine 指向的函数的参数。当 start_routine 指向的函数需要参数输入时，arg 可以帮助传输参数，不过在使用 arg 的时候要注意变量类型的转换。在 start_routine 指向的函数中也要注意将变量类型转换成需要的类型。

示例代码如下。

```
1.  #include <pthread.h>
2.  void* thread_main(void *arg)
3.  {
4.      int i;
5.      int cnt=*((int *)arg);
6.      for(i=0;i < cnt;i++)
7.      {
8.          sleep(1);
9.          puts("running thread");
10.     }
11.     return NULL;
12. }
13. int main(void)
14. {
15.     pthread_t t_id;
16.     int thread_param= 5;
17.     if(pthread_create(&t_id,NULL,thread_main,(void *)&thread_param)!=0)
18.     {
19.         puts("pthread_create() error");
20.         return -1;
21.     }
22.     sleep(10);
23.     puts("end of main");
24.     return 0;
25. }
```

对上面的示例代码进行编译，得到如下的运行结果。

```
~/thread$ cmake .
~/thread$ cmake .
 -- Configuring done
 -- Generating done
 -- Build files have been written to:/home/fjx/thread
 ~/thread$ make
 [ 50%] Linking C executable thread
 /usr/bin/ld:CMakeFiles/thread.dir/thread.c.o: in function'main': thread.c: (.text+
oxe4): undefined reference to 'pthread_create'
 /usr/bin/ld: thread.c:(.text+0x114): undefined reference to 'pthread_join'
 collect2: error: ld returned 1 exit status
 make[2]:***|[CMakeFiles/thread.dir/build.make:84: thread]错误 1
 make[1]:***[CMakeFiles/Makefile2:73:CMakeFiles/thread.dir/all]错误 2
 make:***[Makefile:84: all]错误 2
```

我们发现一个链接错误，提示 pthread_create 是未定义的引用。检查代码发现已经在代码开头加入了 pthread_create 的头文件 pthread.h。

这里需要着重说明，程序中已经包含头文件但还报出链接错误的编译问题，原因是程序没有链接库文件。在前面部分介绍过，有些函数是在库文件中实现的，使用者需要把库文件链接进来。但是我们之前的代码也调用了 bind()、accept()等函数，为什么不需要链接库文件呢？那是因为之前使用的函数用到的库都被编译器默认包含，也就是说不需要用户编译的时候指定，编译器会自动去链接这些函数对应的库文件。而 pthread_create()函数不是这样，除了包含头文件之外，还需要在编译的时候指定函数所在的库文件。

如果使用 CMake 编译，就需要修改 CMakeLists.txt 文件，加入 target_link_libraries(app pthread)语句，这个语句在之前的章节中已经有过解释。我们直接将其写入文件。

```
1. cmake_minimum_required(VERSION 3.0.0)
2. project(thread)
3. aux_source_directory(. APP_SRC)
4. add_executable(thread ${APP_SRC})
5. target_link_libraries(${PROJECT_NAME} pthread)
```

编译的结果如下。

```
~/thread/build$ cmake ..
  -- Configuring done
  -- Generating done
  -- Build files have been written to /home/fix/thread/build
~/thread/build$ make
[ 50%] Linking C executable thread
[100%] Built target thread
```

运行的结果如下。

```
~/thread$ ./thread
running thread
running thread
running thread
running thread
running thread
end of main
```

7.2.2　线程销毁函数

将上面的主函数中的 sleep(10)修改为 sleep(3)，继续运行会得到如下结果。

```
~/thread1/build$ ./thread1
running thread
running thread
end of main
```

可以看到，预计出现 5 次的 running thread 只出现了两次，接着就输出了标志着主线程结束的 end of main，也就是说要执行 5 次的子线程还没有执行完毕就被动结束了。这就意味着主线程是不知道某个子线程什么时候结束运行的（执行 return）。另外线程不会在 return 的时候自动销毁自己创建的栈区域，需要使用 pthread_join()函数或者 pthread_detach()函数来完成子线程的结束和销毁。

1．pthread_join()函数

函数原型如下。

```
int pthread_join(pthread_t thread,void **staus);
```

函数参数介绍如下。

- thread（IN）：等待此参数确定的线程结束，此函数才返回。

- staus（OUT）：保存线程函数的返回值，线程函数的返回值是 void*类型，因此这里用 void**
  类型。

调用此函数之后阻塞，等待某个线程结束并获取线程的返回值。

函数示例代码如下。

```
1.  #include <pthread.h>
2.  void* thread_main(void *arg)
3.  {
4.        int i;
5.        int cnt=*((int *)arg);
6.        char *msg=(char *)malloc(sizeof(char)*50);
7.        strcpy(msg,"hello!i'm thread!");
8.        for(i=0;i < cnt;i++)
9.        {
10.              sleep(1);
11.              puts("running thread");
12.       }
13.       return (void *)msg;
14. }
15.  int main(void)
16. {
17.       pthread_t t_id;
18.       int thread_param= 5;
19.       void *thr_ret;
20.       if(pthread_create(&t_id,NULL,thread_main,(void *)&thread_param)!=0)
21.       {
22.              puts("pthread_create() error");
23.              return -1;
24.       }
25.       if(pthread_join(t_id,&thr_ret)!=0)
26.       {
27.              puts("pthread_join() error");
28.              return -1;
29.       }
30.       printf("thread return message: %s \n",(char *)thr_ret);
31.       free(thr_ret);
32.       return 0;
33. }
```

函数示例代码执行后，获取了子线程的返回值，结果如下。

```
~/thread$ ./thread
  running thread
  running thread
  running thread
  running thread
  running thread
  thread return message: hello!i'm thread
```

图 7-4 很清晰地展示了 pthread_join()函数是如何影响线程执行的。

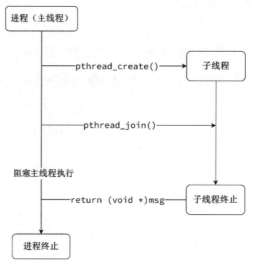

图 7-4　pthread_join()函数的执行流程

pthread_join()函数在创立子线程之后阻塞了主线程的执行，直到获取子线程的返回值之后才允许主线程继续执行，这就解决了由于等待时间不足导致子线程没有完全执行完毕就随着主线程结束的问题。pthread_join()函数保证了子线程执行的完整性，而且通过获取子线程的返回值销毁了子线程，避免其继续占用系统资源。

2. pthread_detach()函数

函数原型如下。

```
int pthread_detach(pthread_t thread);
```

其中参数 thread（IN）用于指定分离的线程 ID。

pthread_detach()函数与 pthread_join()函数的不同之处在于不阻塞函数的执行，调用函数之后指定的线程就进入分离状态，不能再使用 pthread_join()函数，也不能获取到返回值，但是好处是在 return 或者 pthread_exit 的时候销毁自己的内存空间。

pthread_detach()函数的执行流程如图 7-5 所示。

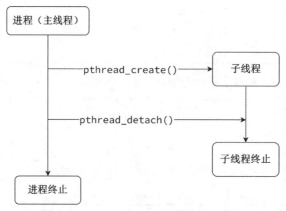

图 7-5　pthread_detach()函数的执行流程

函数示例代码如下。

```
1.   #include <pthread.h>
2.    void* thread_main(void *arg)
3.    {
4.        pthread_detach(pthread_self());
5.        int i;
6.        int cnt=*((int *)arg);
7.        char *msg=(char *)malloc(sizeof(char)*50);
8.        strcpy(msg,"hello!i'm thread!");
9.        for(i=0;i < cnt;i++)
10.       {
11.               sleep(1);
12.               puts("running thread");
13.       }
14.       pthread_exit(0);
15.   }
16.   int main(void)
17.   {
18.       pthread_t t_id;
19.       int thread_param= 5;
20.       if(pthread_create(&t_id,NULL,thread_main,(void *)&thread_param)!=0)
21.       {
22.               puts("pthread_create() error");
23.               return -1;
24.       }
25.       sleep(4);
26.       printf("end of main \n");
27.       return 0;
28.   }
```

7.3　线程同步方法

在 7.2 节中我们学习了怎样创建和正确销毁线程，接下来就可以进行多线程的编程学习。但要解决一个关键问题：如何使多个线程正确访问同一个变量来实现线程间的同步。

7.3.1　多线程同步问题

为说明多线程同步问题，我们首先使用一段代码来演示线程不同步会产生的问题。

```
1. #include <stdio.h>
2. #include <stdlib.h>
3. #include <string.h>
4. #include <pthread.h>
5. #include <unistd.h>
6.
7. #define NUM_THREAD 100
8. long long num =0;
9.
10. void* thread_inc(void *arg)
11. {
12.     int i;
13.     for(i=0;i<5000000;i++)
14.     {
15.         num +=1;
16.     }
17.     return NULL;
18. }
19.
```

```
20. void* thread_des(void *arg)
21. {
22.     int i;
23.     for(i=0;i<5000000;i++)
24.     {
25.         num -=1;
26.     }
27.     return NULL;
28. }
29.
30. int main(void)
31. {
32.     pthread_t thread_id[NUM_THREAD];
33.     int i;
34.     printf("sizeof long long:%ld \n",sizeof(long long));
35.     for(i=0;i<NUM_THREAD;i++)
36.     {
37.         if(i%2)
38.         {
39.             pthread_create(&(thread_id[i]),NULL,thread_inc,NULL);
40.         }
41.         else
42.         {
43.             pthread_create(&(thread_id[i]),NULL,thread_des,NULL);
44.         }
45.     }
46.     for(i=0;i<NUM_THREAD;i++)
47.     {
48.         pthread_join(thread_id[i],NULL);
49.     }
50.     printf("result:%ld\n",num);
51.     return 0;
52. }
```

示例代码运行结果如下。

```
~/thread3/build$ ./thread3
  size of long long :8
  result:2016328
~/thread3/build$ ./thread3
  size of long long :8
  result:917662
~/thread3/build$ ./thread3
  size of long long :8
  result:866741
```

我们对示例代码进行分析，其创建了 100 个线程，一半的线程用于对全局变量 num 进行累加操作（thread_inc），另一半线程用于对 num 进行累减操作（thread_des）。以我们正常的理解来看，100个线程执行完毕之后，num 值应该是 0。但是由代码运行结果可知，每次的 num 值都不是 0，而且每次的 num 值都不相同。

出现该问题的原因是线程之间没有同步。比如累加的线程 1 首先读取 num 值（num=0），然后执行加 1 操作，此时 num 值变成 1。但是当该值还没有写入全局变量时，线程 2 就加入执行，读取了 num值（num=0）并进行加 1 操作。这个过程中线程 1 将 num=1 写回全局变量。本来两次对 num 值的加 1操作应该使 num 的值变为 2，但是实际内存中变量 num 的值是 1，这样就导致了错误的产生。

num += 1 和 num -= 1 这两段代码访问了同一内存空间，在多线程的情况下，会使 num 值的计算不正确，这样的代码段被称为临界区。当其同时访问同一内存空间，并都对这个内存空间有写操作时就会出问题。想要避免这个问题，我们就要保证代码在执行过程中只有一个线程在运行临界区的代码，并且这个线程不会被其他的线程中断执行。

我们引入两个解决线程同步问题的新概念——互斥量和信号量。

7.3.2　使用互斥量实现线程同步

互斥量即互斥信号量，是特殊的二值信号量，用于实现对临界资源的独占式处理。

互斥量就像一把锁，每个线程都来争取锁的权力，一个线程得到这个权力之后其他线程就只能等待解锁后才能再去争取锁的权力。因此如果用"锁"和"解锁"控制一段代码，那么这段代码在同一时间就只能由一个线程执行，其他线程在"解锁"前无法抢到这段代码的执行权。

互斥量操作函数原型如下。

```
//创建互斥量。参数 mutex（OUT）表示互斥量的地址；attr（IN）用于指定互斥量的属性，默认属性可以传 NULL
pthread_mutex_init(pthread_mutex_t *mutex,pthread_mutex_attr *attr)
pthread_mutex_destroy(pthread_mutex_t *mutex)        //删除互斥量
pthread_mutex_lock(pthread_mutex_t *mutex)           //上锁
pthread_mutex_unlock(pthread_mutex_t *mutex)         //解锁
```

在主函数中首先使用 pthread_mutex_init()函数创建互斥量，在 return 之前删除互斥量。这样就可以在代码中使用 lock 和 unlock 来控制代码执行了。具体使用方法如下。

```
pthread_mutex_lock(&mutex);
//……（临界区代码）
pthread_mutex_unlock(&mutex);
```

我们要解决前面代码中 num 值的错误问题，就需要锁定累加和累减的代码段。可以使用 lock 和 unlock 锁定 thread_inc 和 thread_des 中间累加的语句，使得锁定的语句在对 num 值进行操作时其他语句不能同时对 num 值进行操作，这样就可以得到正确的结果。

示例代码如下。

```
 1. #include <stdio.h>
 2. #include <stdlib.h>
 3. #include <string.h>
 4. #include <pthread.h>
 5. #include <unistd.h>
 6.
 7. #define NUM_THREAD 100
 8. long long num =0;
 9. pthread_mutex_t mutex;
10. void* thread_inc(void *arg)
11. {
12.     int i;
13.     pthread_mutex_lock(&mutex);
14.     for(i=0;i<5000000;i++)
15.     {
16.        num +=1;
17.     }
18.     pthread_mutex_unlock(&mutex);
19.     return NULL;
20. }
21.
22. void* thread_des(void *arg)
```

```
23. {
24.     int i;
25.     pthread_mutex_lock(&mutex);
26.     for(i=0;i<5000000;i++)
27.     {
28.         num -=1;
29.     }
30.     pthread_mutex_unlock(&mutex);
31.     return NULL;
32. }
33.
34. int main(void)
35. {
36.     pthread_t thread_id[NUM_THREAD];
37.     int i;
38.     printf("sizeof long long:%ld \n",sizeof(long long));
39.     pthread_mutex_init(&mutex,NULL);
40.     for(i=0;i<NUM_THREAD;i++)
41.     {
42.         if(i%2)
43.         {
44.             pthread_create(&(thread_id[i]),NULL,thread_inc,NULL);
45.         }
46.         else
47.         {
48.             pthread_create(&(thread_id[i]),NULL,thread_des,NULL);
49.         }
50.     }
51.     for(i=0;i<NUM_THREAD;i++)
52.     {
53.         pthread_join(thread_id[i],NULL);
54.     }
55.     printf("result:%ld\n",num);
56.     pthread_mutex_destroy(&mutex);
57.     return 0;
58. }
```

可以看到使用互斥量锁子函数的时候锁住了整个 for 循环，表示锁和解锁之间执行 500 万次累加。但如果我们把锁加到 for 循环之间，就会导致累加 1 次就需要锁住、解锁一次，这会影响代码执行效率。所以加锁的范围大小是程序设计者需要仔细考虑的。

互斥量加入之后代码运行正确，结果如下。

```
~/mutex/build$ ./mutex
  size of long long: 8
  result:0
~/mutex/build$ ./mutex
  size of long long: 8
  result:0
~/mutex/build$ ./mutex
  size of long long: 8
  result:0
```

7.3.3　使用信号量实现线程同步

信号量本质上是计数器，通过数值的改变来控制线程执行代码的顺序或实现并发。互斥量就是一种特殊的信号量。

和互斥量相似，信号量的操作函数也是 4 个，函数原型如下。

```
//创建信号量
int sem_init(sem_t *sem, int pshared, unsigned int value);
//参数 sem（OUT）表示信号量地址
//参数 pshared（IN）为 0 表示信号量只在线程内部使用，不为 0 表示可以创建多个线程共享的信号量
//参数 value（IN）用于指定新创建的信号量初始值（0 或者 1）
int sem_destroy(sem_t *sem);　//销毁信号量
int sem_post(sem_t *sem); //信号量加 1
int sem_wait(sem_t *sem); //信号量减 1，如果信号量为 0 则函数阻塞，直到信号量为 1，然后执行减 1 操作
```

二进制信号量使用方法如下。

```
Sem_wait(&sem);
//……（临界区代码）
Sem_post(&sem);
```

示例代码如下。

```
 1.  #include <stdio.h>
 2.  #include <stdlib.h>
 3.  #include <string.h>
 4.  #include <pthread.h>
 5.  #include <semaphore.h>
 6.
 7.  static sem_t sem_one;
 8.  static sem_t sem_two;
 9.  static int num =0;
10.  void *read(void *arg)
11.  {
12.      int i;
13.      for(i=0;i<5;i++)
14.      {
15.          fputs("input num:",stdout);
16.          sem_wait(&sem_two);
17.          scanf("%d",&num);
18.          sem_post(&sem_one);
19.      }
20.      return NULL;
21.  }
22.  void *accu(void *arg)
23.  {
24.      int sum=0;
25.      int i;
26.      for(i=0;i<5;i++)
27.      {
28.          sem_wait(&sem_one);
29.          sum +=num;
30.          sem_post(&sem_two);
31.      }
32.      printf("result: %d\n",sum);
33.      return NULL;
34.  }
35.  int main(void)
36.  {
37.      pthread_t id_t1,id_t2;
38.      sem_init(&sem_one,0,0);
39.      sem_init(&sem_two,0,1);
40.      pthread_create(&id_t1,NULL,read,NULL);
41.      pthread_create(&id_t2,NULL,accu,NULL);
42.      pthread_join(id_t1,NULL);
43.      pthread_join(id_t2,NULL);
44.      sem_destroy(&sem_one);
```

```
45.        sem_destroy(&sem_two);
46.        return 0;
47. }
```

上述代码实现的功能是完成 5 个数的累加。如果使用线程，就需要输入子函数和累加子函数两个子函数，以先输入子函数后累加子函数的顺序执行，而两个子函数对应的两个线程的顺序执行就需要信号量的介入。

我们知道 sem_wait()函数在信号值为 0 的时候会阻塞，等待其他线程执行 sem_post()函数之后才能继续执行。因此使用两个信号量就可以实现线程顺序执行。即代码中 read()子函数使用 sem_two 的 wait 和 sem_one 的 post，而累加子函数则相反。我们只要保证 sem_two 的初始值为 1、sem_one 的初始值为 0 就可以正确执行代码，这一步在主函数的初始化阶段就可以完成。

信号量代码执行流程图如图 7-6 所示。

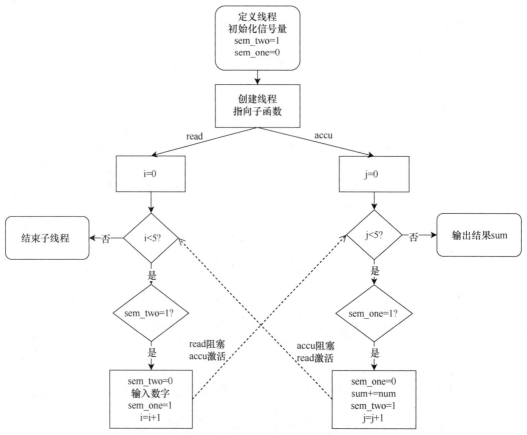

图 7-6　信号量代码执行流程

信号量代码运行结果如下。

```
~/sem/build$ ./semaphore
  input num:12
  input num:23
  input num:34
  input num:45
  input num:56
  result:170
```

```
~/sem/build$ ./semaphore
  input num:123
  input num:234
  input num:345
  input num:456
  input num:567
  result:1725
```

7.4　编写多线程聊天室程序

了解线程的操作函数和解决线程同步问题的方法之后，就可以开始使用多线程来编写网络程序了。我们常使用的聊天室程序就是使用多线程编写的，它通过多个客户端连接同一个服务器以获取相同的服务。本节我们就来学习编写一个聊天室程序。它的多个客户端连接同一个服务器，客户端发送的消息，其他客户端都可以接收到，客户端收到消息时，可以显示消息的发送方。聊天室程序的功能流程如图 7-7 所示。

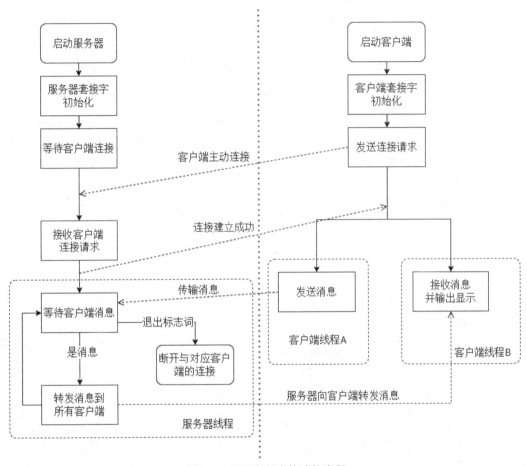

图 7-7　聊天室程序的功能流程

首先根据图 7-7 分析聊天室程序的需求：服务器在接收客户端的连接请求之后，就进入等待客户端消息的状态。而作为服务器，需要具有接收多个客户端同时连接的请求且同时处理它们发送的消息的能力（对应图 7-7 中虚线框表示的"等待客户端消息"、"转发消息到所有客户端"和"断开与对应客户端的连接" 3 个操作），这可以使用多线程并发来实现。接收客户端连接请求之后需要保存对应的套接字描述符，这时可以使用全局变量数组，同时对整个数组进行操作也能方便地实现将消息转发到所有客户端。

涉及多线程访问全局变量的操作，一定要重视线程同步的问题。根据前面所学，我们可以使用互斥量来保护涉及重要操作的代码行，正确实现线程同步。

由于是多线程的服务器，所以在线程对应的套接字退出连接之后，我们需要在全局变量数组中删除对应的套接字描述符，避免其占用内存空间。

客户端基本功能不需要改变，但是由于发送消息和接收消息有可能同时发生，所以我们要使用线程将两个功能做成同步的，这就需要改变第 6 章中"回声"程序读写有先后的结构。对聊天室程序来说，我们需要转发消息时知晓并显示消息的发送方。

我们对多线程聊天室程序的编程学习就围绕上述分析出来的要点展开。在第 5 章中我们已经编写了一个比较完善的套接字通信程序，能够实现客户端和服务器之间的通信。聊天室程序可以在"回声"程序的基础上进行改写、升级，以满足我们对聊天室功能的需要。

7.4.1 使用多线程实现服务器的并发

下面我们会综合之前所学习的多线程知识，按步骤编写一个多线程的网络服务器。

1. 创建空的线程函数文件

在第 6 章中我们学习了使用多文件实现函数代码的优化，分离子函数的功能形成单独的执行文件，这方便我们对功能进行模块化处理。线程的执行代码可能有重复，我们要将线程的代码形成子函数，构成单独的模块。这样既将线程功能独立出来，方便理解多线程执行相同代码的原理，也同样方便在后期向线程中添加新功能，并且不需要改动主函数的逻辑。

先根据之前所学的知识创建一个空的线程函数文件 chat_thread.c，并创建对应的 chat_thread.h 文件，将其放在服务器文件夹下。这样在使用线程处理程序功能时可以方便地直接向线程函数文件中添加代码，并完成头文件引用等准备工作。图 7-8 中左侧的 chat_srv.c、CMakeLists.txt 等文件是"回声"程序已经编写好的部分，之后会在这个基础上进行程序升级。

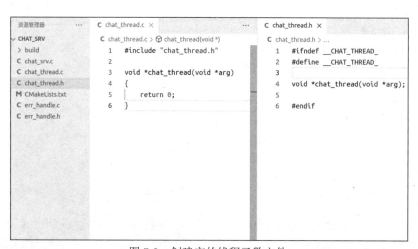

图 7-8　创建空的线程函数文件

2. 优化主函数代码

创建好线程函数文件之后，我们可以着手优化主函数代码了。根据需求分析，需要在 accept() 函数之后创建线程和销毁线程，把负责服务器和客户端间通信部分的代码移入线程函数文件中，同时需要更改主函数的一些细节。

首先添加需要的头文件 pthread.h 和 chat_thread.h，它们分别对应线程操作函数文件和子线程文件。之后就可以在 accept()函数之后进行线程创建和销毁的函数编写了。

　　主函数负责通过套接字与客户端建立连接，线程函数负责通过套接字将信息发送到所有的客户端。这里还有一个问题：如何将主函数创建的套接字传到线程函数中使用呢？使用 pthread_create()函数中最后一个参数 arg（详情参见 7.2.1 小节）将套接字描述符作为线程子函数的输入参数就可以了。

```
1. #include <pthread.h>
2. #include "chat_thread.h"
3. …
4. pthread_t chat_thread_id;
5. …
6. while(1)
7. {
8.         sock_cln=accept(sock_srv,NULL,NULL);
9.         if(sock_cln==-1)
10.        {
11.            err_exit("accept() error!");
12.        }
13.        pthread_create(&chat_thread_id,NULL,chat_thread,(void *)&sock_cln);
14.        pthread_detach(chat_thread_id);
15.}
```

3. 补充线程函数文件的内容

　　完成在主函数中创建和销毁线程的代码编写之后，我们需要将对应部分的代码移到线程函数文件中，并补充好对应的头文件和变量定义。要删除主函数中对应的冗余部分或者注释掉相应代码行，避免出现不可预期的错误。

```
1. #include <stdlib.h>
2. #include <stdio.h>
3. #include <unistd.h>
4.
5. #include"err_exit.h"
6. #include "chat_thread.h"
7.
8. #define BUF_SIZE 1024
9.
10. void *chat_thread(void *arg)
11. {
12.     ssize_t r_len=0;
13.     int sock_cln = *((int *)arg);
14.     char msg_buf[BUF_SIZE]={0};
15.     while(1)
16.     {
17.         r_len=read(sock_cln,msg_buf,BUF_SIZE);
18.         if(r_len == -1)
19.         {
20.             err_exit("read() error!\n");
21.         }
22.         else if (r_len>0)
23.         {
24.             write(sock_cln,msg_buf,r_len);
25.         }
26.         else if (r_len == 0)
27.         {
28.             break;
29.         }
30.     }
31.     return 0;
32. }
```

7.4.2 实现转发消息到所有客户端

完成线程函数的初步功能之后我们要针对需求来进行进一步优化。对于聊天室程序来说，关键功能是将客户端发送的消息转发到已经连接的所有客户端，也就是转发到对应的线程当中。根据前面的分析，首先要使用全局变量数组去保存多个套接字描述符，然后实现消息内容转发的逻辑。

1. 使用全局变量数组保存套接字描述符

在需求分析中已经提到使用全局变量数组来保存套接字描述符了，这里我们来分析一下为什么使用全局变量数组。主函数是负责服务器与客户端进行连接的代码行，保存的套接字描述符存储在主函数中，但是要实现转发的功能，子函数要获取这些套接字描述符。根据 7.1 节的知识和图 6-3 可知，线程之间共享数据区，所以我们可以使用全局变量来保存和使用套接字描述符，而且可以模仿前面的代码，在其他文件中通过变量申明来访问全局的套接字描述符，如图 7-9 所示。

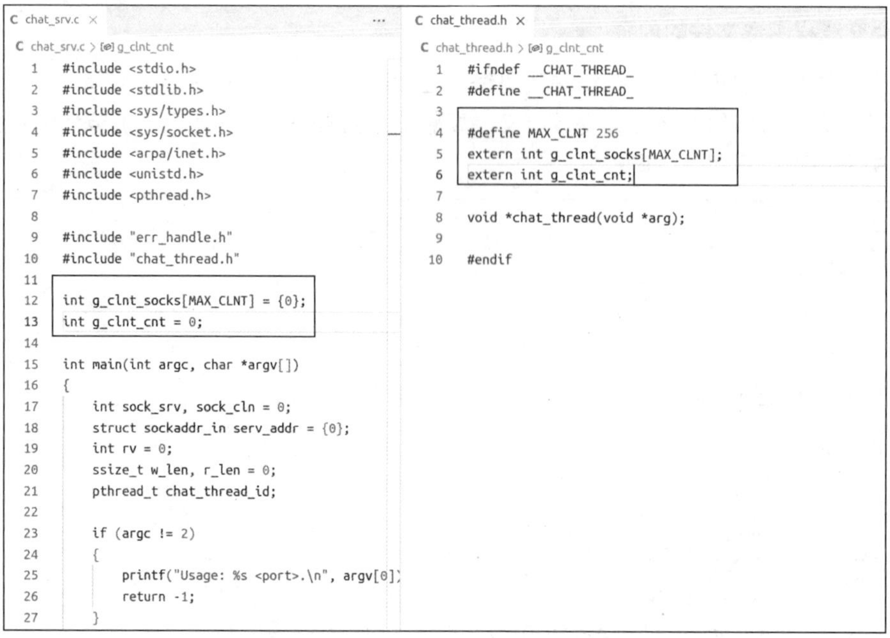

```c
C chat_srv.c ×                              ...    C chat_thread.h ×
C chat_srv.c > [∅] g_clnt_cnt                      C chat_thread.h > [∅] g_clnt_cnt
1    #include <stdio.h>                             1    #ifndef __CHAT_THREAD_
2    #include <stdlib.h>                            2    #define __CHAT_THREAD_
3    #include <sys/types.h>                         3
4    #include <sys/socket.h>                         4    #define MAX_CLNT 256
5    #include <arpa/inet.h>                          5    extern int g_clnt_socks[MAX_CLNT];
6    #include <unistd.h>                             6    extern int g_clnt_cnt;
7    #include <pthread.h>                            7
8                                                   8    void *chat_thread(void *arg);
9    #include "err_handle.h"                         9
10   #include "chat_thread.h"                        10   #endif
11
12   int g_clnt_socks[MAX_CLNT] = {0};
13   int g_clnt_cnt = 0;
14
15   int main(int argc, char *argv[])
16   {
17       int sock_srv, sock_cln = 0;
18       struct sockaddr_in serv_addr = {0};
19       int rv = 0;
20       ssize_t w_len, r_len = 0;
21       pthread_t chat_thread_id;
22
23       if (argc != 2)
24       {
25           printf("Usage: %s <port>.\n", argv[0]);
26           return -1;
27       }
```

图 7-9   通过变量申明来访问全局的套接字描述符

2. 保存所有套接字描述符

执行 accept()函数之后，把返回值保存到数组中即可。每保存一个套接字描述符，数组标记量加 1。示例代码如下。

```
1. while(1)
2. {
3.     sock_cln=accept(sock_srv,NULL,NULL);
4.     if(sock_cln==-1)
5.     {
6.         err_exit("accept() error!");
7.     }
8.     g_clnt_socks[g_clnt_cnt++]=sock_cln;
```

```
9.        pthread_create(&chat_thread_id,NULL,chat_thread,(void *)&sock_cln);
10.       pthread_detach(chat_thread_id);
11.}
```

3. 实现群发功能

群发是指将信息写到全局变量数组中保存的所有套接字描述符指向的套接字，用遍历数组就可以实现。同样也单独在线程函数文件中建立一个群发的子函数来实现。示例代码如下。

```
1. void send_msg_to_all(char *msg,int len)
2. {
3.      int i;
4.      for(i=0;i<g_clnt_cnt;i++)
5.      {
6.          write(g_clnt_socks[i],msg,len);
7.      }
8. }
9. …
10. else if (r_len>0)
11. {
12.      send_msg_to_all(msg_buf,r_len);
13. }
```

7.4.3　断开与对应客户端的连接

多线程服务器和单线程服务器处理客户端退出的方法是不同的。单线程服务器按照流程设置好套接字的选项，关闭套接字即可，不影响后续的线程接入。但是多线程服务器在全局变量数组中保存了套接字描述符，如果不及时清理就会占满数组的内存空间，导致后续的线程无法接入。所以多线程服务器在接收到客户端的退出消息之后会先清除数组中保存的对应套接字描述符，再跳出循环并关闭套接字。

找到对应的套接字描述符是关键的一步。在 C 语言程序中，在数组中寻找元素有两种方法——顺序查找和二分查找。二分查找虽然速度快、效率高，但前提条件是数组的元素按照大小排列，对于随机、无序的套接字描述符是不适用的。所以可以选择顺序查找方法，遍历数组中所有元素直到寻找到对应套接字描述符，随后将后面的元素前移来完成删除。

同样我们也使用子函数来实现功能，示例代码如下。

```
1. void remove_clnt(int clnt_sock)
2. {
3.      int i;
4.      for(i=0;i<g_clnt_cnt;i++)
5.      {
6.          if(clnt_sock==g_clnt_socks[i])
7.          {
8.              while(i<g_clnt_cnt-1)
9.              {
10.                 g_clnt_socks[i]=g_clnt_socks[i+1];
11.                 i++;
12.             }
13.             break;
14.         }
15.     }
16.     g_clnt_cnt--;
17.     return;
18. }
19. …
```

```
20. else if (r_len == 0)
21. {
22.     remove_clnt(sock_cln);
23.     break;
24. }
25. …
```

7.4.4　正确实现线程同步

我们使用了全局变量，且这个全局变量要被线程访问，因此设计时就要考虑线程同步的问题。g_clnt_socks 和 g_clnt_cnt 是会被多个线程共同访问的变量，所以要使用互斥量来锁住读、写全局变量的代码。在前面的章节已经学习过如何使用互斥量，下面主要看一下如何直接修改主函数的关键代码。

```
 1. pthread_mutex_t g_mutex;
 2. int main(int argc,char *argv[])
 3. {
 4. …
 5.     pthread_mutex_init(&g_mutex,NULL);
 6.     sock_srv=socket(PF_INET,SOCK_STREAM,0);
 7. …
 8.     pthread_detach(chat_thread_id);
 9.     pthread_mutex_destroy(&g_mutex);
10.     close(sock_srv);
```

线程函数部分代码修改如下。

```
 1. void send_msg_to_all(char *msg,int len)
 2. {
 3.     int i;
 4.     pthread_mutex_lock(&g_mutex);
 5.     for(i=0;i<g_clnt_cnt;i++)
 6.     {
 7.         write(g_clnt_socks[i],msg,len);
 8.     }
 9.     pthread_mutex_unlock(&g_mutex);
10. }
11.
12. void remove_clnt(int clnt_sock)
13. {
14.     int i;
15.     pthread_mutex_lock(&g_mutex);
16.     for(i=0;i<g_clnt_cnt;i++)
17.     …
18.     g_clnt_cnt--;
19.     pthread_mutex_unlock(&g_mutex);
20.     return;
21. }
```

如果这样直接对线程函数进行编译会报错，如图 7-10 所示，原因是全局变量没有被线程函数承认定义。

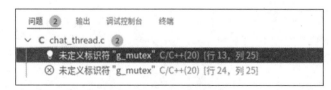

图 7-10　线程函数报错

这时使用 extern 定义互斥量，加入线程函数的头文件即可解决问题。

```
1.  #ifndef __CHAT_THREAD_
2.  #define __CHAT_THREAD_
3.
4.  #include  <pthread.h>
5.
6.  #define MAX_CLNT 256
7.  extern int g_clnt_socks[MAX_CLNT];
8.  extern int g_clnt_cnt;
9.  extern pthread_mutex_t g_mutex;
10.
11. void *chat_thread(void *arg);
12.
13. #endif
```

7.4.5 实现聊天室客户端程序

前面部分介绍了多线程聊天室程序的编写，这部分我们根据"回声"程序的客户端程序和本章分析的要点内容进行程序的优化。

1. 加入用户名

对于聊天室程序来说，每个连接的客户端发送消息的时候都需要表明自己的身份，并能在聊天界面随着消息显示客户端身份。不能让服务器去识别每个套接字对应的名称，而且每一个连接对应的用户名是用户随机指定的。所以我们让客户端去发送消息，发送的消息中含有用户名，服务器只需要转发消息即可。

在命令行中输入 IP 地址、端口号和用户指定的用户名。

因为发送和接收消息的子函数也需要操作用户名，所以我们使用全局变量来保存。示例代码如下。

```
1.  #define NAME_SIZE 128
2.  char g_cln_name[NAME_SIZE];
3.  int main(int argc,char *argv[])
4.  {
5.       ...
6.       if(argc != 4)
7.       {
8.               printf("usage:%s <ip> <port> <name>.\n");
9.               return -1;
10.      }
11.      strcpy(g_cln_name,argv[3]);
12.      ...
13.}
```

2. 编写发送函数

与服务器代码类似，我们首先创建空的线程函数和相关的头文件。

在聊天室程序中我们不能保证客户端在发送消息的时候不接收消息，为了保证接收消息和发送消息的同步，要新建两个线程，一个单独负责发送消息，一个单独负责接收消息。

发送函数和回声函数的发送代码段存在差异：由于 write()函数只能发送一个字符串变量，所以在 write()函数之前要将用户名和消息进行拼接，其余的逻辑基本不变。下面介绍一个拼接函数 sprintf()，函数原型如下。

```
int sprintf( char *buffer, const char *format [, argument]… );
```

sprintf()是一个变参函数，其参数中 buffer 是拼接结果，format 是拼接格式，后面可以拼接多个变量。其功能是按照 format 规定的格式将后面的参数拼接成一个字符串。这个函数正适用于拼接用户名和消息，同时还可以用于按照需求定制格式。

发送函数的示例代码如下。

```
1.  void *send_thread(void *arg)
2.  {
3.      int sock =*((int *)arg);
4.      char msg[BUF_SIZE];
5.      char name_msg[NAME_SIZE +BUF_SIZE];
6.
7.      while(1)
8.      {
9.          fgets(msg,BUF_SIZE,stdin);
10.         if(!strcmp(msg,"q\n") || !strcmp(msg,"Q\n"))
11.         {
12.             close(sock);
13.             exit(0);
14.         }
15.         sprintf(name_msg,"%s %s",g_cln_name,msg);
16.         write(sock,name_msg,strlen(name_msg));
17.     }
18.     return NULL;
19. }
```

3. 编写接收函数

接收函数的代码和我们之前编写的"回声"程序中的接收函数代码基本保持一致，关键是执行 read()函数时接收区要能同时接收用户名加消息的长度。示例代码如下。

```
1.  void *recv_thread(void *arg)
2.  {
3.      int sock=*((int *)arg);
4.      char name_msg[NAME_SIZE+BUF_SIZE];
5.      int str_len;
6.
7.      while(1)
8.      {
9.          str_len=read(sock,name_msg,NAME_SIZE+BUF_SIZE);
10.         if(str_len==-1)
11.         {
12.             return NULL;
13.         }
14.         name_msg[str_len]=0;
15.         fputs(name_msg,stdout);
16.     }
17.     return NULL;
18. }
```

4. 程序运行示例

在编写完成客户端代码之后，就可以编译客户端程序和服务器程序了。同样先启动服务器，并开启多个客户端，分别发送消息就可以得到如下的运行结果。

```
服务器:                              客户端 stu_l:
~/lts/srv/build$ ./srv 9190         ~/lts/cln/build$ ./cln 192.168.1.118
                                    9190 stu_l
                                    stu_f 1234567
                                    stu_f 1234
                                    123124
                                    stu_l 123124
                                    123123
                                    stu_l 123123
                                    stu_z tongxinruanjiansheji
                                    stu_z thread
```

```
客户端 stu_l:                         客户端 stu_z:
~/lts/cln/build$ ./cln 192.168.1.118 ~/lts/cln/build$ ./cln 192.168.1.118
9190 stu_f                           9190 stu_z
1234567                              stu_f 1234567
stu_f 1234567                        stu_f 1234
1234                                 stu_l 123124
stu_f 1234                           stu_l 123123
                                     tongxinruanjiansheji
stu_l 123124                         stu_z tongxinruanjiansheji
stu_l 123123                         thread
stu_z tongxinruanjiansheji           stu_z thread
stu_z thread
```

7.4.6　代码优化

上文已经实现了多线程聊天室的基本功能，程序的运行结果大致符合预期，但是我们仍可以对代码做如下优化。

1. 优化消息显示

在上面的运行示例中我们发现一个问题，虽然用空格将用户名和消息隔开了，但是命令行消息显示还是有些杂乱，此时我们可以通过修改 sprintf() 函数的格式来优化消息显示，示例如下。

```
sprintf(name_msg,"[%s]: %s",g_cln_name,msg);
```

命令行消息显示优化效果如下。

```
服务器:                              客户端 stu_f:
~/lts/srv/build$ ./srv 9190         ~/lts/cln/build$ ./cln 192.168.1.118
                                    9190 stu_f
                                    [stu_f]1234567
                                    [stu_f] 1234
                                    123124
                                    [stu_l]123124
                                    123123
                                    [stu_l]
                                    123123
                                    [stu_z] tongxinruanjiansheji
                                    [stu_z] thread
```

```
客户端 stu_l:                         客户端 stu_z:
~/lts/cln/build$ ./cln 192.168.1.118 ~/lts/cln/build$ ./cln 192.168.1.118
9190 stu_f                           9190 stu_z
1234567                              [stu_f] 1234567
[stu_f] 1234567                      [stu_f] 1234
1234                                 [stu_l] 123124
[stu_f] 1234                         [stu_l] 123123
[stu_l]123124                        tongxinruanjiansheji
[stu_l]123123                        [stu_z] tongxinruanjiansheji
[stu_z] tongxinruanjiansheji         thread
[stu_z] thread                       [stu_z] thread
```

2. 封装对套接字列表的操作

我们对比一下两个程序的代码，发现客户端程序的代码比较清晰、合理，但服务器程序的代码由于涉及套接字列表的操作，还加入了线程和互斥量，可读性比较差。我们可以对这部分代码进行优化，让主函数不去涉及加锁的细节。

对套接字列表的操作可以简单归为 4 类，即添加、删除、遍历和读取发送，这有利于我们将这些重复性比较高的代码设计成函数模块。这样可以提高函数的模块化程度和程序的可重用性，最终不必更改函数的逻辑就可以添加或者删除模块。

我们将这 4 类操作和互斥量的建立与销毁单独做成一个文件，命名为 chat_socks，将对应的功能移到模块中，对应编辑头文件即可替换掉线程函数和主函数中涉及的功能代码。详细代码见本章示例代码的 chat_socks.c。

实际上仍可以对代码进行进一步优化。我们是在主函数中创建的全局变量和互斥量，这样暴露全局变量的定义对代码可读性和代码安全性都有比较大的影响，所以一般在设计开发程序的时候要慎用全局变量，尤其在主函数中声明全局变量更要谨慎。

这里的优化措施是将全局变量声明和互斥量的声明移入 chat_socks 模块中，这样就能做到主函数的实现代码和套接字的操作代码完全分离（解耦）。这样主函数逻辑中不含有操作套接字列表的方法，实现了套接字列表操作的完全模块化，主函数逻辑也更加清楚，适合添加新的功能模块。

3. 代码优化的意义

① 代码解耦。有利于代码的重用，即程序代码可以用于其他的应用环境。

② 代码的模块化。有利于代码的维护，即可以根据代码的功能模块，对其进行具有针对性的优化提升，而不需要更改主函数或者其他函数的逻辑。

第 **8** 章

多进程网络程序

第 7 章提到了实现服务器的并发的 3 种方法（多线程、多进程和 I/O 复用），并详细介绍了使用多线程编写网络聊天室程序的相关知识。多进程与多线程有着不同的特点，但需要注意的是，Windows 操作系统不支持多进程网络程序。本章将重点介绍如何使用多进程方法实现并发的网络程序。

8.1 进程概述

进程是占用内存空间的正在运行中的程序，是操作系统分配资源和执行任务的基本单位。每个进程都有独立的内存空间和系统资源，并在操作系统的管理下运行。

进程具有如下三大特点。

① 独立性。进程是系统中独立存在的实体，它拥有独立的资源。每个进程都拥有私有的地址空间，在没有经过进程本身允许的情况下，一个进程不可以直接访问其他进程的地址空间。

② 动态性。进程与程序的区别在于，程序只是静态的指令集合，而进程是正在系统中活动的指令集合，程序加入时间的概念以后，称为进程。进程具有生命周期和各种不同的状态，这些特点都是程序所不具备的。所以在存储空间中已经安装好的程序不能称为进程，程序只有运行起来之后才能被称为进程。

③ 并发性。多个进程可以在单个 CPU 上并发执行，且多个进程之间不会互相影响。

8.1.1 进程 ID

前面提到，网络通信的本质是一台计算机的进程通过网络和另外一台计算机的进程进行通信。在网络中标识进程使用的是端口号，当信息进入计算机之后，我们引入进程 ID（Process ID，PID）这个概念来标识计算机中的不同进程。在 Linux 操作系统中，每个进程都会被分配一个进程 ID，用作命名空间中唯一的标识。进程 ID 是非负整数，由操作系统分配给每个正在运行的进程。它是进程在系统中的唯一标识符，可以用于查找、管理和控制进程。用 fork() 函数或 clone() 函数产生的每个进程都由内核自动地分配了新的唯一的进程 ID。

我们可以在命令行中使用 "ps au" 命令查看当前用户的进程，使用 "ps aux" 命令查看系统正在运行的所有进程。示例如下。

```
$ ps aux
  USER PID %CPU %MEM    VSZ    RSS  TTY  STAT  START  TIME  COMMAND
```

```
root  1   0.0  0.0  165872   10864   ?    Ss    19:40  0:01   /lib
root  2   0.0  0.0       0       0   ?    S     19:40  0:00   [kth
root  3   0.0  0.0       0       0   ?    I<    19:40  0:00   [rcu
root  4   0.0  0.0       0       0   ?    I<    19:40  0:00   [rcu
```

系统监视器是图形化的工具，用来输出正在运行的进程及其 ID 等信息。单击“视图”选项卡中的“进程”即可查看系统的所有进程，结果如图 8-1 所示。

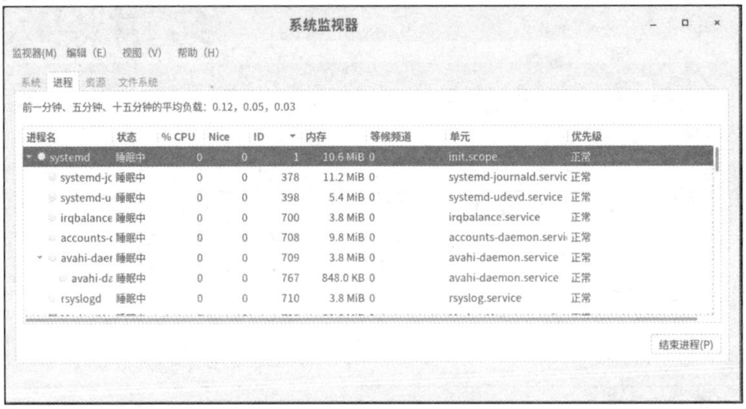

图 8-1　用系统监视器查看进程

8.1.2　父进程和子进程

在使用系统监视器查看进程 ID 的时候选择“显示依赖关系”选项之后，我们会发现本来平行显示的进程之间出现了从属关系。像这样有从属关系的进程称为父进程和子进程。其中上层进程 ID 较小的为父进程，下层进程 ID 较大的为子进程。

子进程由父进程负责创建，继承父进程的某些属性和资源，包括父进程的内存空间、文件描述符、环境变量等。子进程在创建后独立运行，有自己的进程 ID，并可以执行不同的程序代码或任务，与其他子进程共同实现相关功能。

子进程的创建可以通过系统调用（如 fork()函数、exec()函数等）或其他相关的编程接口来实现。子进程在创建后，可以选择执行不同的程序代码，从而实现并发执行和任务分配的功能。可以在命令行中使用“pstree -pu”命令查看进程的从属关系，如图 8-2 所示。

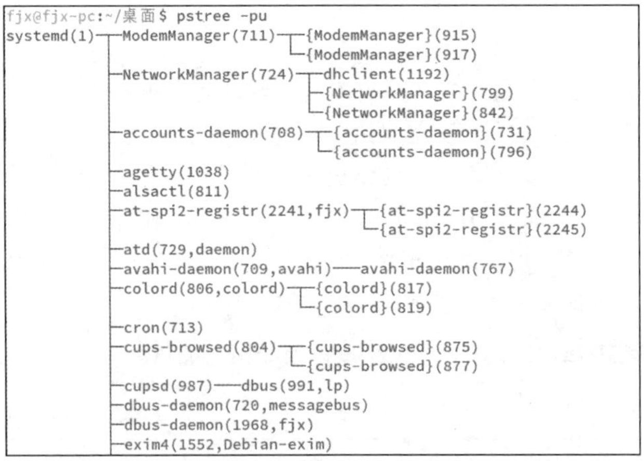

```
fjx@fjx-pc:~/桌面$ pstree -pu
systemd(1)─┬─ModemManager(711)─┬─{ModemManager}(915)
           │                   └─{ModemManager}(917)
           ├─NetworkManager(724)─┬─dhclient(1192)
           │                     ├─{NetworkManager}(799)
           │                     └─{NetworkManager}(842)
           ├─accounts-daemon(708)─┬─{accounts-daemon}(731)
           │                      └─{accounts-daemon}(796)
           ├─agetty(1038)
           ├─alsactl(811)
           ├─at-spi2-registr(2241,fjx)─┬─{at-spi2-registr}(2244)
           │                           └─{at-spi2-registr}(2245)
           ├─atd(729,daemon)
           ├─avahi-daemon(709,avahi)───avahi-daemon(767)
           ├─colord(806,colord)─┬─{colord}(817)
           │                    └─{colord}(819)
           ├─cron(713)
           ├─cups-browsed(804)─┬─{cups-browsed}(875)
           │                   └─{cups-browsed}(877)
           ├─cupsd(987)───dbus(991,lp)
           ├─dbus-daemon(720,messagebus)
           ├─dbus-daemon(1968,fjx)
           ├─exim4(1552,Debian-exim)
```

图 8-2　使用“pstree–pu”命令查看进程的从属关系

8.2 进程的创建与销毁

在多进程技术中，由于子进程的代码等信息都是从父进程复制而来的，所以如何正确创建、退出及销毁子进程是关键。

8.2.1 创建进程

创建子进程常用的函数就是 fork()函数，在有些情况下也会使用 vfork()、clone()等函数。本节重点介绍 fork()函数的使用，其余函数在此不做赘述。

fork()函数原型如下。

```
pit_t fork(void)
```

函数头文件为 unistd.h。

父进程中 fork()函数返回子进程的 ID，子进程中 fork()函数返回 0。

该函数用于创建新的子进程，该子进程是父进程的一个副本。子进程继承了父进程的代码、数据、堆栈、文件描述符和其他属性。子进程和父进程从 fork()函数调用之后的位置开始并行执行，每个进程都有自己独立的内存空间。fork()函数的返回值可以用于区分父进程和子进程的执行流程。在父进程中，可以通过其返回的子进程 ID 来识别和管理子进程。在子进程中，其返回值为 0，通常可以用于执行不同的程序代码。

示例代码如下。

```
1.  #include <stdio.h>
2.  #include <unistd.h>
3.  int main(int argc,char *argv[])
4.  {
5.      pid_t pid;
6.      int value=20;
7.      pid=fork();
8.      if(pid==0)
9.      {
10.         printf("Child process value:%d \n",value);
11.         value=getpid();
12.         printf("Child process ID:%d \n",value);
13.     }
14.     else
15.     {
16.         printf("Parent process value:%d \n",value);
17.         value=getpid();
18.         printf("Parent process ID:%d \n",value);
19.         printf("Parent's child ID:%d \n",pid);
20.     }
21.     return 0;
22. }
```

为了区分父、子进程，可以让 fork()函数之后的代码根据进程不同而执行不同的部分。由于要依靠 fork()函数返回值的不同来区分父、子进程，所以使用 getpid()函数来读取对应进程的进程 ID 并输出。子进程会继承父进程的变量空间，通过变量 value，可以表明子进程的变量空间是完全独立于父进程的。

分别让父、子进程输出继承的变量值，然后使用 getpid()函数读取当前的进程 ID 并将其赋值给变量再输出。父进程由于会接收到 fork()函数返回的子进程的进程 ID，因此再进行一次输出，更清楚地显示两者之间的关系。

具体代码执行结果如下。

```
~fork/build$ ./fork
  Parent process value:20
  Parent process ID:4298
  Parent's child ID:4299
  Child process value:20
  Child process ID:4299
```

8.2.2　销毁进程

父、子进程同时执行时，父进程如果需要主动等待子进程结束，那么可以主动获取子进程的返回值，获得返回值后，子进程才销毁。Linux 操作系统中常用的获取返回值的函数有两个：wait() 和 waitpid()。

1．wait()函数

调用此函数之后，父进程阻塞，等待有子进程终止后获取子进程的返回值，使子进程正确被销毁。

wait()函数原型如下。

```
pid_t wait(int *statloc);
```

函数头文件为 sys/wait.h。

函数参数 statloc（OUT）表示子进程的返回信息，通过宏 WIFEXITED、WEXITSTATUS 来获取返回值和其他信息。

wait()函数示例代码如下。

```
 1. #include <unistd.h>
 2. #include <stdio.h>
 3. #include <stdlib.h>
 4. #include <sys/wait.h>
 5.
 6. int main(int argc,char *argv[])
 7. {
 8.     int status;
 9.     pid_t pid=fork();
10.     if(pid==0)
11.     {
12.         sleep(5);
13.         return 3;
14.     }
15.     else
16.     {
17.         printf("Child PID: %d. \n",pid);
18.         pid=fork();
19.         if(pid==0)
20.         {
21.             sleep(10);
22.             exit(7);
23.         }
```

```
24.          else
25.          {
26.              printf("Child PID: %d. \n",pid);
27.              wait(&status);
28.              if(WIFEXITED(status))
29.              {
30.                  printf("Child send one:%d.\n",WEXITSTATUS(status));
31.              }
32.              wait(&status);
33.              if(WIFEXITED(status))
34.              {
35.                  printf("Child send two:%d.\n",WEXITSTATUS(status));
36.              }
37.              sleep(15);
38.          }
39.      }
40.      return 0;
41. }
```

首先在主函数中使用 fork()函数创建一个子进程，子进程直接睡眠 5s 后使用 return 关键字结束运行并返回整数 3。然后在主函数中再次使用 fork()函数创建第二个子进程，第二个子进程在睡眠 10s 后使用 exit()函数结束运行并传回整数 7。最后在主函数中，使用两次 wait()函数和对应的宏，正确读取两个返回值并显示输出。示例代码展示了子进程使用 return 关键字和 exit()函数两种不同结束方式，以及被父进程正确读取的过程，这时子进程被正确销毁而不是随着父进程销毁才销毁，如图 8-3 所示。

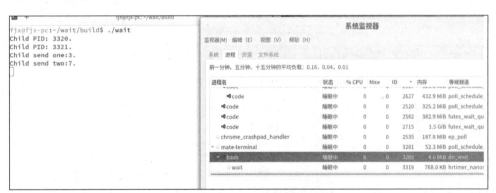

图 8-3　子进程被正确销毁

2. waitpid()函数

如果有子进程结束，调用 waitpid()函数可以获取到相应的返回值。成功则返回结束的子进程的进程 ID 或 0，失败则返回-1。

waitpid()函数原型如下。

```
pid_t waitpid(pit_t pid, int *statloc, int options);
```

函数头文件为 sys/wait.h。

函数参数介绍如下。

- pid（IN）：等待结束的目标子进程的进程 ID，如果为-1 表示等待任意子进程结束。

- statloc（OUT）：子进程的返回信息，通过宏 WIFEXITED、WEXITSTATUS 来获取返回值和其他信息。

- options（IN）：如果为 WNOHANG，调用此函数时没有结束的子进程，此函数不进入阻塞状态，立即返回。

waitpid()函数和 wait()函数都是同步方式，但是 wait()函数调用时会阻塞进程代码执行，而 waitpid()函数调用时不会阻塞进程代码执行。

waitpid()函数示例代码如下。

```
1.  #include <stdio.h>
2.  #include <stdlib.h>
3.  #include <unistd.h>
4.  #include <sys/wait.h>
5.
6.  int main(int argc,char *argv[])
7.  {
8.      int status;
9.      pid_t pid=fork();
10.     if(pid==0)
11.     {
12.         sleep(15);
13.         return 3;
14.     }
15.     else
16.     {
17.         while(waitpid(-1,&status,WNOHANG)==0)
18.         {
19.             sleep(3);
20.             puts("sleep 3sec");
21.         }
22.
23.         if(WIFEXITED(status))
24.         {
25.             printf("child send one:%d.\n",WEXITSTATUS(status));
26.         }
27.     }
28.     sleep(20);
29.     return 0;
30. }
```

由于 waitpid()函数调用时不会阻塞进程代码执行，当 waitpid()函数读取不到任何进程的返回值时会保持返回值为 0。利用这个特性我们使用 while 语句判断 waitpid()函数是否读取到了子进程结束的返回值，当返回值为 0 的时候就可以循环执行 while 结构下的代码而不阻塞。读取到返回值后就可以确定子进程被销毁了，然后将结果输出。为了让结果更加便于观察，可以在读取到返回值之后让父进程保持一段时间的睡眠，使用系统监视器观察子进程是否"存活"，如图 8-4 所示。

图 8-4　waitpid()函数成功读取返回值并销毁子进程

8.2.3　进程退出

在 Linux 操作系统中通常使用两种方法来退出进程：一种方法是调用 exit 相关函数结束子进程；另一种方法是在 main()函数中使用 return 关键字结束子进程。

return 的用法相对简单，和 C 语言中的用法一样，在需要进程结束的代码部分直接使用"return 状态值"语句即可，该状态值可以被等待中的父进程读取。

这部分我们主要介绍 exit()、_exit()和 on_exit()这 3 个函数。

1．exit()函数

exit()函数用来正确结束当前进程的执行，可以根据参数来确定不同的状态。函数执行成功时不产生返回值，失败时返回-1，失败原因存储在 errno 中。

函数原型如下。

```
1. #include <stdlib.h>
2. void exit(int status);
```

函数参数 status 定义的是进程的结束状态，可以用来区分进程，也可以用宏 EXIT_SUCCESS 和 EXIT_FAILURE 来表示正常或者异常退出。这个参数可以被父进程读取。

2．_exit()函数

_exit()函数和 exit()函数相似，但是_exit()函数调用之后不会返回，而是传递一个 SIGCHLD 状态信号给父进程，父进程可以使用 wait()函数获取这个状态信号。并且_exit()函数不能处理标准 I/O 缓冲区，如果需要更新，仍需要调用 exit()函数完成。

函数原型如下。

```
1. #include <stdlib.h>
2. void _exit(int status);
```

函数参数 status 与 exit()函数中的相同。

3．on_exit()函数

on_exit()函数是在进程结束之前调用的，在使用 exit()函数或者 return 结束进程时，on_exit()函数中指定的函数会被首先调用。

函数原型如下。

```
1. #include <stdlib.h>
2. int on_exit(void (*function)(int, void *), void *arg);
```

函数参数介绍如下。

- function：函数指针，指向的函数的返回值为 void 类型，有两个参数，第一个参数为 int 类型，第二个参数为 void *类型。
- arg：作为一个参数回传给 function 指向的函数，对应 void *类型的参数。

函数示例代码如下。

```
1. #include <stdlib.h>
2. void func(int stat,void *arg)
```

```
3. {
4.      printf("func is before exit()\n");
5.      printf("exit status is %d\n",stat);
6.      printf("arg is %s\n",(char *)arg);
7. }
8. int main()
9. {
10.     char *str="on_exit test";
11.     if(on_exit(func,(void *)str)==-1)
12.     {
13.         printf("on_exit() error!\n");
14.          exit(1);
15.     }
16.     exit(3);
17. }
```

我们要验证 on_exit()函数在 exit()函数前完成子函数的调用，可以设置一个子函数 func()，其主要功能是显示在 exit()函数调用之前的语句输出，并且输出 exit()函数的参数和预设语句。on_exit()函数的机制可以帮助我们在调用 exit()函数之前实现一些功能。运行结果如下。

```
~/on_exit/build$ ./on_exit
  func is before exit()!
  exit status is 3
  arg is on_exit test!
```

8.2.4　"僵尸"进程

进程代码调用 exit()函数或者在 main()函数中执行 return 后，进程不会自动销毁，而是等待父进程对其进行处理。处在这种状态下的进程已经完成了工作，却继续占用系统资源，被称为"僵尸"进程。

进程结束时使用 exit()函数的参数或者调用 return 的返回值，标志着进程已经结束了，等待销毁。但操作系统不调用相关函数时，并不能主动获取返回值并传递给父进程处理，需要父进程使用 wait()或 waitpid()函数主动去读取这个返回值。如果在有些情况下父进程没有主动获取返回值，子进程就会成为"僵尸"进程，继续占用系统资源。

我们可以编写一段程序构造一个"僵尸"进程来看一下相关结果。

```
1.  #include <stdio.h>
2.  #include <unistd.h>
3.  #include <sys/types.h>
4.
5.  int main(int argc,char *argv[])
6.  {
7.      pid_t pid=fork();
8.      if(pid==0)
9.      {
10.         puts("child process is running");
11.     }
12.     else
13.     {
14.         printf("parent process is running\n");
15.         printf("Child process ID: %d.\n",pid);
16.         sleep(30);
17.     }
18.     if(pid==0)
19.     {
20.         puts("child process ends");
```

```
21.          puts("zombie process has occurred");
22.      }
23.      else
24.      {
25.          puts("parent process ends");
26.          puts("zombie process is also destroyed");
27.      }
28.      return 0;
29. }
```

获取"僵尸"进程的方式很简单——创建子进程和存活时间更久的父进程，但不允许父进程读取子进程的返回值。可以在执行 fork()函数之后让父进程输出子进程的进程 ID 并睡眠一段时间，而子进程正常结束，这样就使得子进程在父进程睡眠这段时间内成为"僵尸"进程，随后随着父进程的销毁而销毁。

我们使用系统监视器能够看到创建的 zombie 父进程和"僵死"状态下的 zombie 子进程，如图 8-5 所示。

zombie 代码运行示例如下。

```
~/zombie/build$ ./zombie
parent process is running
Child process ID:2746.
child process is running
child process ends
zombie process has occurred
```

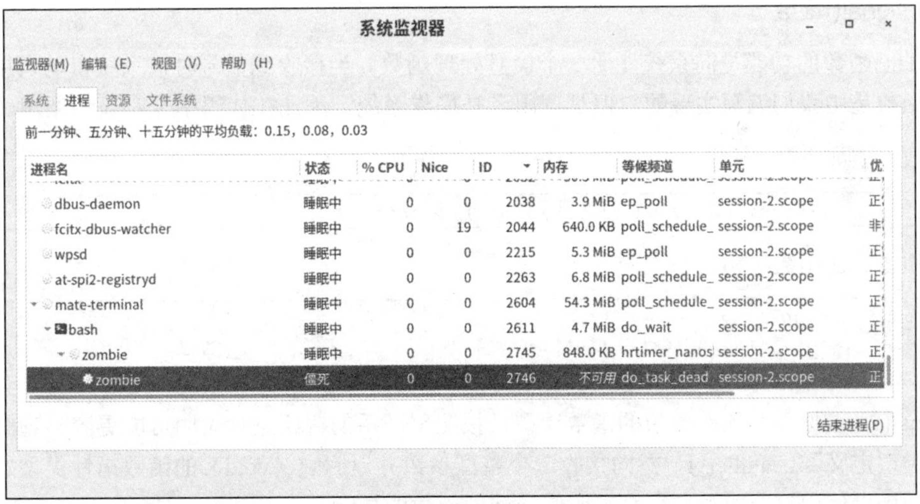

图 8-5　通过系统监视器查看到的"僵尸"进程

如果我们不处理这个"僵尸"进程，它也会随着父进程的销毁而销毁。现象如下。

```
~/zombie/build$ ./zombie
parent process is running
Child process ID:2746.
child process is running
child process ends
zombie process has occurred
parent process ends
zombie process is also destroyed
```

"僵尸"进程对系统资源的占用非常严重，如果存在大量的"僵尸"进程会使系统资源耗尽。与多线程服务器相比，如果使用多进程服务器而又没有及时处理"僵尸"进程，一段时间之后服务器就会被"僵尸"进程占满而不能正常提供服务（因为父进程一直存活，所以"僵尸"进程不能随着父进程销毁，进而会一直存在），这对服务器程序来说是致命的。所以我们不仅要学习如何正确创建进程，更要学习如何正确处理进程的退出和子进程的销毁。

8.2.5　使用异步方式销毁"僵尸"进程

在使用 wait() 和 waitpid() 函数编写示例代码的过程中可以发现，父进程不能准确获知子线程结束的时间，为了正确销毁子线程，需要在父进程中使用 wait() 函数等待或者使用 waitpid() 函数不断查询。

但是查询和进程返回的代码独立于其他代码逻辑，当服务器父进程需要实现其他逻辑时，安排同步等待获取返回值来销毁子进程的代码段，会扰乱正常的代码逻辑，甚至会干扰父进程的正常实现。

使用同步方式销毁进程存在缺点，为了规避这个缺点，我们引入异步方式信号处理（回调）去销毁"僵尸"进程。这样可以实现父进程不需要特别去等待返回值，继续实现代码的逻辑功能，当得到返回值时能够正确处理。

信号处理的方式是让程序向操作系统注册一个函数与信号进行对应，当接收到信号时，操作系统会根据信号调用应用程序注册的函数，从而实现相关功能。

1. signal() 函数

signal() 函数的功能是向系统注册一个信号处理函数。当接收到信号时，系统自动调用注册的函数。函数是由我们编写实现的，但是调用者是操作系统，因此在代码中没有显示调用。

函数原型如下。

```
void (*signal(int signo, void (*func)(int)))(int);
```

整理之后在函数声明中写作如下。

```
1. #include <signal.h>
2. typedef void (*sighandler_t)(int);
3. sighandler_t signal(int signum, sighandler_t handler);
```

signal() 函数原型是比较复杂的函数原型，按照整理后的声明进行说明可能更容易理解。声明中先是类型定义 sighandler_t，指向接收一个整型参数并返回空（void）的函数指针类型。在信号处理中，可以使用这个类型定义来声明信号处理函数的指针。

函数头文件为 signal.h。

函数参数介绍如下。

- signo/signum（IN）：信号名，常用的有 SIGAL/RM、SIGINT、SIGCHILD。
  - SIGAL/RM：已到 alarm() 函数的规定时间。
  - SIGINT：有 Ctrl+C 快捷键被按下。
  - SIGCHILD：子进程结束。

- func/handler（IN）：信号处理函数的地址指针。在声明中使用了 typedef 定义的指针类型，该参数是一个返回值类型为 void，形参类型是整型，名称为 func 或者 handler 的函数指针，用于指向要使用的信号处理函数。

同样根据声明中的函数原型，可以发现 signal()函数的返回值也是 sighandler_t 的指针。说明 signal()函数返回了一个名称为 signal，返回值类型为 void，形参类型为整型的函数指针。这个指针指向之前注册的信号处理函数。

signal()函数示例代码如下。

```
1.  #include <stdio.h>
2.  #include <stdlib.h>
3.  #include <signal.h>
4.  #include <unistd.h>
5.
6.  void timeout(int sig)
7.  {
8.      if(sig==SIGALRM)
9.      {
10.         puts("Time out.");
11.     }
12.     alarm(2);
13. }
14.
15. void keycontrol(int sig)
16. {
17.     if(sig==SIGINT)
18.     {
19.         puts("Ctrl + C has been pressed");
20.     }
21. }
22.
23. int main(int argc,char *argv[])
24. {
25.     int i;
26.
27.     signal(SIGALRM,timeout);
28.     signal(SIGINT,keycontrol);
29.     alarm(2);
30.
31.     for(i=0;i<3;i++)
32.     {
33.         puts("waiting......");
34.         sleep(100);
35.     }
36.
37.     return 0;
38. }
```

首先解释一下程序中用到的 alarm()函数。alarm()函数的功能是设定一个计时器，当计时器超时的时候产生一个 SIGALRM 信号，参数是设定的秒数。

timeout()和 keycontrol()是我们注册的函数，用于 signal()函数的调用，分别用于在超时和按 Ctrl+C 快捷键时调用。

主函数中我们使用两次 signal()函数，处理两种信号产生时的不同操作。使用 alarm()函数定时，随后使用 for 循环实现 100s 的等待。

运行结果如下。

```
~signal/build$ ./signal
  waiting......
  Time out.
  waiting......
  Time out.
  waiting......
  Time out.
~signal/build$ ./signal
  waiting......
  ^CCtrl + C has been pressed
  waiting......
  Time out.
  waiting......
  Time out.
```

可以看到我们运行了两次程序，第一次运行不做任何操作让其超时后退出，第二次运行时按 Ctrl+C 快捷键，两次运行都是在产生信号时进程使用 signal()函数对信号进行了读取和调用函数。但是实际运行程序时，会发现程序其实并没有真正等待 100s，这是因为产生的 SIGALRM 和 SIGINT 信号都会打断睡眠。

2. sigaction()函数

随着发展，signal()函数被功能基本相同但形式更加通用的 sigaction()函数取代。

函数原型如下。

```
#include <signal.h>
int sigaction(int signo, struct sigaction *act, struct sigaction *oldact);
```

函数参数介绍如下。

- signo（IN）：信号名，如 SIGALRM、SIGINT 等。
- act（IN）：信号处理函数相关信息。
- oldact（OUT）：之前注册的信号处理函数相关信息。

函数执行成功返回 0，失败返回-1。

sigaction 结构体如下。

```
struct sigaction
{
    void (*sa_handler)(int); //信号处理函数地址
    sigset_t sa_mask; //不使用，填 0 即可
    int sa_flags; //不使用，填 0 即可
    void (*sa_restorer) (void); //此字段新版本操作系统不再使用
}
```

sigaction()函数示例代码如下。

```
1. //#define _XOPEN_SOURCE
2. #include <stdio.h>
3. #include <stdlib.h>
4. #include <signal.h>
5. #include <unistd.h>
6. void timeout(int sig)
7. {
8.     if(sig==SIGALRM)
9.     {
10.        puts("Time out.");
```

```
11.        }
12.        alarm(2);
13. }
14.
15. int main(int argc,char *argv[])
16. {
17.        int i;
18.        struct sigaction act;
19.
20.        act.sa_handler=timeout;
21.        sigemptyset(&act.sa_mask);
22.        act.sa_flags=0;
23.
24.        sigaction(SIGALRM,&act,0);
25.        alarm(2);
26.
27.        for(i=0;i<3;i++)
28.        {
29.            puts("waiting......");
30.            sleep(100);
31.        }
32.
33.        return 0;
34.
35. }
```

该程序的逻辑和功能与 signal() 函数示例程序基本相同，关键在于结构体的初始化。但是在编译程序时会出现报错，如图 8-6 所示。

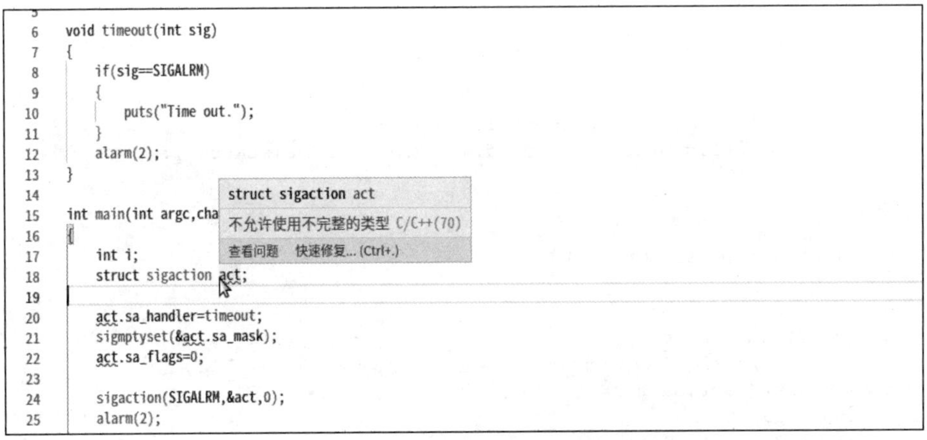

图 8-6　sigaction() 函数示例程序预编译报错

这是因为 glibc 关于 sigaction() 函数的实现支持多种标准，在使用时需要明确指定支持哪种标准。

有如下两种不同的解决方法。

① 在代码中包含头文件前，使用 define 语句指明使用哪种标准。

```
#define _XOPEN_SOURCE
```

② 修改 CMakeLists.txt，在编译时加入预定义宏，告知编译器兼容哪种标准。

```
1. cmake_minimum_required(VERSION 3.0.0)
2. project(sigaction)
3.
4.
```

```
5. aux_source_directory(. APP_SRC)
6. add_definitions(-D _XOPEN_SOURCE)//添加预定义宏
7.
8. add_executable(sigaction ${APP_SRC})
```

需要注意的是上述两种解决方法使用其一即可，如果同时使用会出现警告，提示重复定义宏。

增加预定义宏之后，示例程序可以正常执行，结果如下。

```
~/sigaction/build$ ./sigaction
 waiting......
 Time out.
 waiting......
 Time out.
 waiting......
 Time out.
```

使用 sigaction()函数销毁“僵尸”进程的代码如下。

```
 1. #define _XOPEN_SOURCE
 2. #include <stdio.h>
 3. #include <stdlib.h>
 4. #include <signal.h>
 5. #include <sys/wait.h>
 6. #include <unistd.h>
 7.
 8. void read_childproc(int flag)
 9. {
10.     int status;
11.     pid_t id;
12.
13.     id=waitpid(-1,&status,WNOHANG);
14.     if(WIFEXITED(status))
15.     {
16.         printf("the removed process ID is %d\n",id);
17.         printf("child process send %d.\n",WEXITSTATUS(status));
18.     }
19. }
20.
21. int main(int argc,char *argv[])
22. {
23.     pid_t pid;
24.     struct sigaction act;
25.     act.sa_handler=read_childproc;
26.     sigemptyset(&act.sa_mask);
27.     act.sa_flags=0;
28.     sigaction(SIGCHLD,&act,0);
29.
30.     pid=fork();
31.     if(pid==0)
32.     {
33.         puts("Hi!I'm the  child process!");
34.         sleep(15);
35.         return 12;
36.     }
37.     else
38.     {
39.         int i;
40.         printf("the child ID is %d,\n",pid);
41.         for(i=0;i<3;i++)
42.         {
43.             puts("waiting......");
44.             sleep(10);
```

```
45.            }
46.
47.        }
48. }
```

通过上面的示例代码我们看到，实际销毁"僵尸"进程的方法还是使用同步方式读取返回值。唯一不同的是，不在主函数逻辑中设置等待，而是通过 sigaction()函数注册子函数，当有信号出现时才调用子函数执行等待，读取返回值。这样就可以有效避免使用同步方式等待会打乱主函数逻辑的弊端了。实际执行结果如图 8-7 所示。

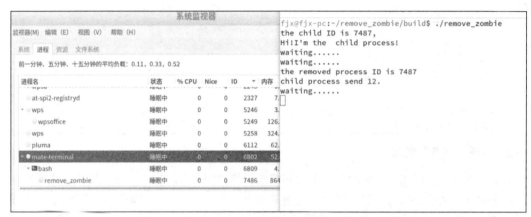

图 8-7   使用 sigaction()函数成功销毁"僵尸"进程

8.3   多进程"回声"程序实现

学习了进程有关知识和相关代码的编写之后，我们就可以利用多进程实现一些网络程序了。在第 6 章中，我们编写了服务器"回声"程序，但该程序只允许一个客户端接入。在使用多进程技术之后，我们就可以实现一个服务器有多个客户端接入，同时为多个客户端提供服务。本节将介绍如何编写多进程"回声"程序。

8.3.1   服务器多进程的实现

基本的功能代码和第 6 章的代码相同，我们只需要把循环部分的代码重新实现即可。

1．实现多进程框架

我们首先要解决的问题是在哪里引入 fork()函数去区分进程。

进程要实现的是每个客户端接入之后，服务器都复制出一个进程，一个进程对应一个客户端。因此我们在接收客户端连接请求的 accept()函数之后使用 fork()函数创建一个子进程，用于为该客户端提供服务，父进程则继续接收连接请求。

我们首先实现父、子进程的框架，再逐步补充功能，代码如下。

```
1.        while(1)
2.        {
3.            sock_cln=accept(sock_srv,NULL,NULL);
4.            if(sock_cln==-1)
5.            {
```

```
6.              err_exit("accept() error!");
7.          }
8.          pid=fork();
9.          if(pid==-1)
10.         {
11.             err_exit("fork() error");
12.         }
13.         if(pid==0)//child process
14.         {
15.             ;
16.         }
17.         else//parent process
18.         {
19.             ;
20.         }
21.     }
22.     close(sock_srv);
23.     return 0;
24. }//main()函数的花括号
```

2. 实现"回声"逻辑

由于子进程与客户端一一对应，负责向客户端提供"回声"服务，因此"回声"逻辑需要在子进程中实现。之前的代码中的"回声"逻辑基本不需要改变，唯一需要注意的是对于子进程，此部分代码结束后，需要使用 exit()函数或者 return 关键字进行退出并提供返回值，代码如下。

```
1. if(pid==0)//child process
2. {
3.     //close(sock_srv);
4.     while(1)
5.     {
6.         read_len=read(sock_cln,buf,BUF_SIZE);
7.         if(read_len == -1)
8.         {
9.             err_exit("read() error!\n");
10.        }
11.        else if (read_len>0)
12.        {
13.            write(sock_cln,buf,read_len);
14.        }
15.        else if (read_len == 0)
16.        {
17.            break;
18.        }
19.    }
20.    close(sock_cln);
21.    puts("client disconnected..");
22.    return 0;
23. }
```

3. 父进程逻辑

子进程实现通信之后，父进程要继续接收新的客户端连接请求，但是此时用于接收连接请求的套接字还要与上一个客户端保持连接，因此我们需要正确处理这个套接字。

通过前面的学习我们知道，fork()函数产生新进程时，会复制原进程的所有变量，当然套接字描述符也同样会被复制，如图 8-8 所示。

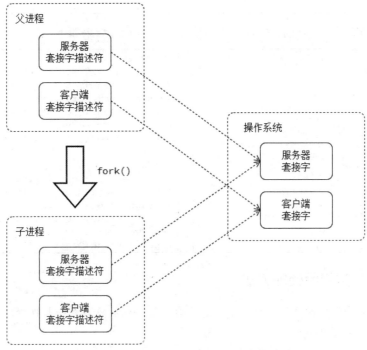

图 8-8　使用 fork()函数复制套接字描述符

　　由图 8-8 可知，套接字描述符的复制是进程间的复制，套接字是操作系统中负责通信的接口集合，不可能随着进程的复制而复制。并且套接字对应唯一的接口，如果被复制则会使两个套接字工作在一个接口。所以我们只需要关闭不需要的套接字描述符即可。需要注意的是，由于一个套接字有多个描述符，要关闭所有描述符，仅仅在父进程中关闭一个描述符是不够的，在子进程开始时也要执行一步关闭，代码如下。

```
1.if(pid==0)//子进程
2.{
3.    close(sock_srv);
4.    while(1)
5.    {
6.        read_len=read(sock_cln,buf,BUF_SIZE);
7.        if(read_len == -1)
8.        {
9.            err_exit("read() error!\n");
10.        }
11.        else if (read_len>0)
12.        {
13.            write(sock_cln,buf,read_len);
14.        }
15.        else if (read_len == 0)
16.        {
17.            break;
18.        }
19.    }
20.    close(sock_cln);
21.    puts("client disconnected..");
22.    return 0;
23.}
24.else//父进程
```

```
25.{
26.   close(sock cln);
27.}
```

通过多进程实现多个客户端"回声"功能的示例代码运行结果如下。

```
服务器:
$ ./server 9190




客户端1:
$ ./client 127.0.0.1 9190
Input message(Q/q to quit):hello!
Message from server:hello!
Input message(Q/q to quit)3913
Message from server:3913
Input message(Q/q to quit):q
```

```
客户端2:
$ ./client 127.0.0.1 9190
Input message(Q/q to quit):hello!
Message from server:hello!
Input message(Q/q to quit):1234
Message from server:1234
Input message(Q/q to quit):q


客户端3:
$ ./client 127.0.0.1 9190
Input message(Q/q to quit):I'm 3
Message from server: I'm 3
Input message(Q/q to quit):test!
Message from server: test!
Input message(Q/q to quit):q
```

8.3.2　"僵尸"进程的处理方法

我们验证"回声"代码之后，使用 Q/q 退出客户端，然后查看系统监视器，发现有"僵尸"进程还未被销毁，如图 8-9 所示。

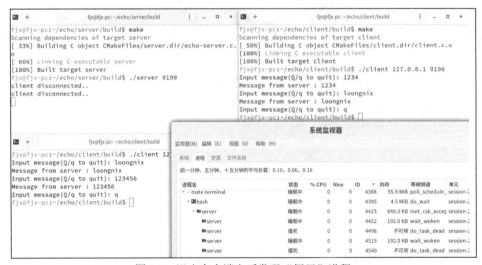

图 8-9　退出客户端之后发现"僵尸"进程

此时可以使用 sigaction()函数处理这个问题，代码如下。

```
1.  #define _XOPEN_SOURCE
2.  …
3.  void read_childproc(int sig)
4.  {
5.      pid_t pid;
6.      int status;
7.      pid=waitpid(-1,&status,WNOHANG);
8.      if(WIFEXITED(status))
9.      {
10.         printf("removed childproc is: %d\n",pid);
```

```
11.      }
12. }
13. …
14. rv=listen(sock_srv,5);
15. if(rv != 0)
16. {
17.     err_exit("listen() error!");
18. }
19. act.sa_handler = read_childproc;
20. sigemptyset(&act,sa_mask);
21. act.sa_flags=0;
22. sigaction(SIGCHLD,&act,0);
23. while(1){}
```

编译、运行代码后得到如下结果。

```
服务器：
$ ./server 9190
client disconnected..
removed childproc is: 3833
accept() error!
Interrupted system call
```

```
客户端：
$ ./client 127.0.0.1 9190
Input message(Q/q to quit):test!
Message from server:test!
Input message(Q/q to quit):q
$
```

我们发现在进程退出后，服务器代码中的 accept()函数报错，提示该函数被系统调用打断了。原因是当退出发生时，waitpid()函数阻塞会打断正在执行的函数，也就是 accept()函数，从而报错。此时可以跳过这个打断，也就是碰到这个错误信息后继续执行而不退出，示例如下。

```
1. sock_cln=accept(sock_srv,NULL,NULL);
2. if(sock_cln==-1)
3. {
4.     if(errno==EINTR)
5.     {
6.         continue;
7.     }
8.     err_exit("accept() error!");
9. }
```

由上面的代码可以看到，当 accept()函数报错并且 errno 为 EINTR 时，不执行 err_exit()函数，这时就不会退出服务器的代码执行。运行结果如图 8-10 所示，可以正确退出，"僵尸"进程不存在。

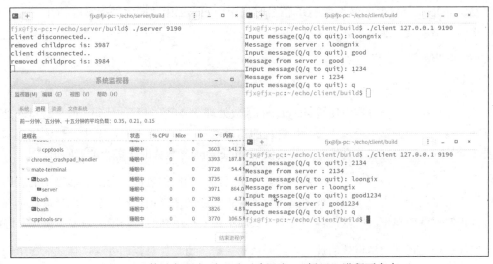

图 8-10　修改代码之后可以正确退出，"僵尸"进程不存在

8.3.3　使用多进程实现客户端的读、写功能分离

改进服务器的代码后，重新审视客户端的代码，也可以尝试使用多进程技术对其进行改进。我们发现对于"回声"程序的客户端来说，读、写功能是有先后关系的，但是对于聊天室程序的客户端来说，读、写两个功能之间是并行的关系，所以我们使用多进程技术分别在两个进程中实现相关功能。

1．读和写功能之间的关系

既然要使用多进程来分离读、写功能，我们首先来分析一下读、写功能之间的关系，以确定父、子进程对应负责实现哪个功能。

"读"是指从服务器接收回传的消息并输出，"写"是指客户端输入信息并将其发送给服务器。无论是"回声"程序还是服务器程序都支持使用 q 或者 Q 来判断退出的语句，是"写"的实现。判断退出之后，套接字的 TCP 还需要完成 4 次挥手来断开连接。如果"写"由子进程实现，那么子进程结束后父进程仍然存在，可以响应服务器的 TCP 断开连接的挥手信息，有助于完成完整的 4 次挥手过程，然后正确关闭套接字，再关闭父进程。反之，如果"写"由父进程实现，那么退出之后会连同子进程一起销毁，很有可能出现 4 次挥手无法完成的情况，套接字就可能不能正确断开，从而占用服务器的资源。

所以我们使用子进程实现写功能，使用父进程实现读功能。

2．正确退出套接字连接

在前一部分学习中，我们知道只有套接字描述符全部关闭，套接字才算被销毁。而客户端的代码涉及套接字描述符的复制，同样我们需要妥善处理同一个客户端下的两个套接字描述符。

我们首先想到 close()函数，但是之前的服务器是先关闭一个套接字描述符，退出时关闭另一个。客户端的读、写功能同时存在且一定程度上相互独立，父进程不知道子进程什么时候关闭，也就不能在退出发生时第一时间向服务器发送 EOF 信号，因此不采用该函数。

我们在第 6 章学习过使用 shutdown()函数关闭套接字连接的有关知识，shutdown()函数通过函数参数实现关闭发送或者接收的方式能够很好地满足本部分的要求。可以直接在调用该函数时向服务器发送 EOF 信号，服务器收到 EOF 信号时也调用 close()函数向父进程发送 EOF 信号，这样就可以正确退出套接字连接了。

3．处理"僵尸"进程

使用多进程时必须考虑如何处理"僵尸"进程。

我们可以直接套用服务器中使用 sigaction()函数处理"僵尸"进程的代码，但是这里的处理方式会有些不同。在服务器中处理"僵尸"进程的前提是父进程一直存在，要去处理连接请求，我们需要单独处理不断退出的子进程，这就要使用 sigaction()函数读取子进程的返回值。

但客户端的父、子进程是一个套接字下分别负责两个功能的进程，会随着套接字的关闭而被全部销毁。根据前面所讲，父进程被销毁之后子进程也会随之被销毁，不会出现父进程单独退出而子进程仍然存活的现象。所以在客户端中，我们不必安排单独的代码段去处理"僵尸"进程。

需要注意的是，涉及多进程的使用时需要认真考虑"僵尸"进程的处理，客户端这个例子仅是一个特例。希望读者都能养成涉及多进程使用时就会处理"僵尸"进程的优良编程习惯。

4. 代码运行示例

具体代码可查看本章对应示例代码。运行结果如图 8-11 所示。

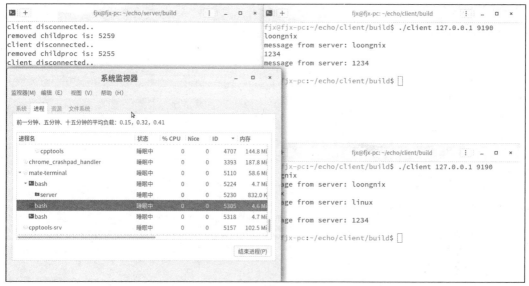

图 8-11　读写分离客户端运行示例，没有"僵尸"进程

8.4　使用管道实现进程间通信

进程是拥有独立内存空间的正在运行的程序，换言之，两个不同的进程之间不存在任何共享的数据或者接口。因此两个进程间的通信就需要通过特殊方法来实现，这种方法就是使用管道。图 8-12 所示是使用管道实现进程间通信的示意。

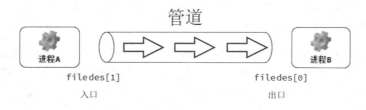

图 8-12　使用管道实现进程间通信

8.4.1　管道的使用方法

管道通信一般采用 pipe() 函数来实现，本节我们将通过学习 pipe() 函数的使用，了解如何使用管道实现进程间的通信。

1. pipe() 函数

pipe() 函数的原型如下。

```
int pipe(int filedes[2]);
```

pipe() 函数调用成功之后，建立管道，filedes[1] 为管道入口，filedes[0] 为管道出口。

pipe()函数示例代码如下。

```
1.  #include <stdio.h>
2.  #include <stdlib.h>
3.  #include <unistd.h>
4.
5.  int main(void)
6.  {
7.      int fds[2];
8.
9.      char str[]="I'm another process!";
10.     char buf[30];
11.     int pidtemp;
12.     pid_t pid;
13.
14.     pipe(fds);
15.     pid=fork();
16.     if(pid==0)
17.     {
18.         pidtemp=getpid();
19.         printf("%d process send:%s\n",pidtemp,str);
20.         write(fds[1],str,sizeof(str));
21.     }
22.     else
23.     {
24.         pidtemp=getpid();
25.         read(fds[0],buf,30);
26.         printf("%d proc receive from %d proc:%s\n",pidtemp,pid,buf);
27.     }
28.     return 0;
29. }
```

两个进程之间的通信，我们可以使用进程 ID 来区分。子进程负责发送信息，父进程负责接收信息。代码运行结果如下。

```
$ ./pipe1
  3099 process send:I'm another process!
  3098 proc receive from 3099 proc: I'm another process!
```

2. 使用管道实现进程间的双向通信

在 pipe()函数示例代码中通过管道实现了进程间的通信。但是在实际应用过程中，进程间的单向通信是很少见的，绝大多数通信都是双向的。这部分将介绍使用管道实现简单的双向通信。可以在上面的代码基础上进行改动，示例代码如下。

```
1.  #include <stdio.h>
2.  #include <stdlib.h>
3.  #include <unistd.h>
4.
5.  int main(void)
6.  {
7.      int fds[2];
8.
9.      char str1[]="Hi!I'm parent process!";
10.     char str2[]="Hi!I'm your child process!";
11.     char buf[30];
12.     int pidtemp;
13.     pid_t pid;
14.
15.     pipe(fds);
16.     pid=fork();
```

```
17.      if(pid==0)
18.      {
19.          pidtemp=getpid();
20.          write(fds[1],str2,sizeof(str2));
21.          sleep(2);
22.          read(fds[0],buf,30);
23.          printf("%d child proc receive:%s\n",pidtemp,buf);
24.      }
25.      else
26.      {
27.          pidtemp=getpid();
28.          read(fds[0],buf,30);
29.          printf("%d parent proc receive:%s\n",pidtemp,buf);
30.          write(fds[1],str1,sizeof(str2));
31.          sleep(3);
32.      }
33.      return 0;
34. }
```

可以看到，我们利用了建立好的一个管道 fds，两个进程都依靠这个管道进行通信。但是管道并不是全双工的，子进程先发送信息到管道中，父进程读取信息并输出；然后父进程发送信息到管道中，子进程读取信息并显示。使用管道实现进程的双向通信的代码运行结果如下。

```
$ ./pipe1
  5598 parent proc receive:Hi!I'm your child process!
  5599 child proc receive:Hi!I'm your parent process!
```

需要注意代码中的一个细节，进程没有优先级或者时间差，代码段是同时执行的，管道中只能同时有一条信息被读、写。如果双向通信仅仅依靠一个管道进行，那么双方的读、写操作就需要使用 sleep()函数去干预代码执行的顺序。我们可以尝试注释掉 sleep()函数，再编译和运行一下代码，结果如下。

```
$ ./pipe1
  5552 child proc receive:Hi!I'm your child process!
```

我们发现子进程读取了自己发送在管道中的信息，导致管道中没有信息，父进程一直保持读的状态但是读取不到任何信息，最终程序无法继续执行。可以使用一个管道来实现双向通信，但是需要以严格的顺序确保正确执行程序。不过在程序设计中，尤其是复杂程序设计中，手动确定程序执行顺序是不现实的。

3. 正确实现双向通信

前面讲到，使用一个管道可以实现双向通信，但是在实际应用中确定程序执行顺序是不易实现的。所以要实现双向通信还是要借助于两个管道，也就是一个管道只负责一个方向上的通信，两个管道分别负责收、发任务。

在编写通过多个管道实现通信的代码时，要注意每个管道负责的通信双方关系，将入口和出口与两个进程的收、发对应好，避免出现难以检查的逻辑错误。

对前面程序进行改写，示例代码如下。

```
1. #include <stdio.h>
2. #include <stdlib.h>
3. #include <unistd.h>
4.
5. int main(void)
6. {
```

```
7.      int fds1[2],fds2[2];
8.
9.      char str1[]="Hi!I'm parent process!";
10.     char str2[]="Hi!I'm your child process!";
11.     char buf[30];
12.     int pidtemp;
13.     pid_t pid;
14.
15.     pipe(fds1);
16.     pipe(fds2);
17.     pid=fork();
18.     if(pid==0)
19.     {
20.         pidtemp=getpid();
21.         write(fds1[1],str2,sizeof(str2));
22.         read(fds2[0],buf,30);
23.         printf("%d  child proc receive:%s\n",pidtemp,buf);
24.     }
25.     else
26.     {
27.         pidtemp=getpid();
28.         read(fds1[0],buf,30);
29.         printf("%d parent proc receive:%s\n",pidtemp,buf);
30.         write(fds2[1],str1,sizeof(str2));
31.     }
32.     return 0;
33. }
```

我们编译和执行一下代码，能够得到正确的结果，而且由于没有 sleep()函数的等待时间，代码的执行速度非常快。

8.4.2　管道通信应用到多进程网络程序中

再来看"回声"服务器，对于网络通信服务器程序来说，我们希望其能够记录各个客户端发送的消息并形成文件，保存成我们熟知的"消息记录"。但各个负责与客户端通信的进程是相互独立的，内存空间不共享。为收集所有进程的消息形成文件，需要进行进程间的通信，这时就需要应用管道通信了。

"回声"服务器的父进程专门负责接收客户端的连接请求，可以新建一个子进程负责收集消息，同时与客户端通信的子进程代码中增加写入管道的语句即可实现。

详细的示例见本章的示例代码，运行结果如下，保存的消息如图 8-13 所示。

```
服务器:
$ ./server 9190
client disconnected..
removed childproc is: 2786
client disconnected..
removed childproc is: 2783
```

```
客户端 1:
$ ./client 127.0.0.1 9190
3913
message from server: 3913
loongnix
message from server: loongnix
q

客户端 2:
$ ./client 127.0.0.1 9190
loongnix
message from server: loongnix
3A5000
message from server: 3A5000
q
```

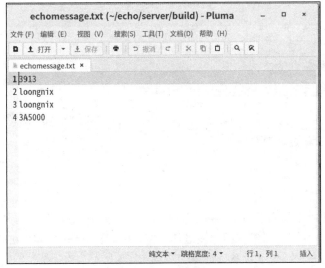

图 8-13　保存的消息

第 9 章

I/O 复用套接字编程

在第 7 章和第 8 章中我们学习了实现服务器并发的两种方法：多进程与多线程。本章我们介绍第三种方法——I/O 复用。和多线程、多进程不同，I/O 复用仅仅依靠单进程、单线程即可实现服务器的并发，从而大大减少了对系统资源的消耗。

本章重点围绕 select()函数和 epoll 讲解如何实现 I/O 复用及如何使用 I/O 复用实现服务器的并发。

9.1　I/O 复用概述

I/O 复用又称 I/O 多路复用或 I/O 接口复用。I/O 是指系统的 I/O 接口，多路是指多个 I/O，复用是指同时共用一个进/线程，即一个进/线程能够操作多个系统 I/O 被称为 I/O 复用。对套接字编程来说，I/O 复用就是指一个进/线程能够操作多个套接字的读/写（接收/发送数据）。

我们用图 9-1 来说明使用多进/线程实现服务器并发和使用 I/O 复用实现服务器并发的区别。多进/线程的客户端与服务器进行交互时都需要服务器对应分配一个子进/线程，由于操作系统都是多任务操作系统，因此可以实现并发。I/O 复用因为依靠单进/线程去实现并发，所以需要服务器轮流为客户端提供服务。因此，确定什么时候服务哪个客户端是使用 I/O 复用实现服务器并发的关键所在。

使用多进/线程实现服务器并发

使用 I/O 复用实现服务器并发

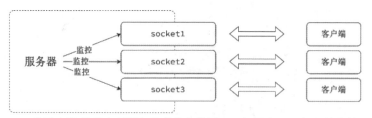

图 9-1　使用多进/线程实现服务器并发和使用 I/O 复用实现服务器并发的区别

9.2　使用 select()函数实现 I/O 复用

9.2.1　select()函数

select()函数是用于控制服务器与哪个客户端进行交互的一个工具。其用于监听多个文件，如果文件出现了对应的"读""写""异常"，则会返回对应的值。

select()函数原型如下。

```
1.#include <sys/select.h>
2.int select(int maxfd, fd_set *readfds, fd_set *writefds, fd_set *excepfds, const struct
timeval *timeout);
```

函数参数介绍如下。

- maxfd（IN）：要比所有受监听的文件描述符大，一般设置为最大的文件描述符+1。

- readfds/writefds/excepfds（IN/OUT）：受监听的文件集合。readfds 对应读事件集合，writefds 对应写事件集合，excepfds 对应异常事件集合。以读事件来说明事件集合，读事件集合中的文件出现有数据可读的情况时，对应文件就发生读事件。

- fd_set：fd_set 数组是 select()函数规定的特殊数组，元素值只能为 0、1。与常见的整型（int）数组直接存储文件描述符不同，fd_set 数组的数组下标与文件描述符的值对应，数组对应位置为 1 代表文件在集合中，为 0 代表文件不在集合中。例如：fd_set[0]=1，表示文件描述符为 0 的文件在集合中。fd_set[12]=0，表示文件描述符为 12 的文件不在集合中。

- timeout（IN）：监听超时时间。

函数执行成功返回一个大于 0 的整数，表示发生事件的文件数量；失败返回-1；超时返回 0。

9.2.2　文件集合的基本操作函数

通过 select()函数的讲解，我们发现其监听的对象是文件，而且是以文件集合的方式来实现监听的。文件集合是指将一系列有关文件整合在一起形成的整体。龙芯操作系统基于 Linux，以文件描述符来对应文件，所以文件集合与文件描述符集合对应。

这部分将针对性地介绍文件集合的一些基本操作函数。

- FD_ZERO(fd_set *fdset)：将 fd_set 数组的所有位置都设置为 0。

- FD_SET(int fd, fd_set *fdset)：将 fd_set 中 fd 对应位置设置为 1。要说明的一点是，数组从 0 开始存储，fd 对应的就是数组中的 fdset[fd]位置，当 fd 为 0 时对应数组的第一个位置 fdset[0]。

- FD_CLR(int fd, fd_set *fdset)：将 fd_set 中 fd 对应位置设置为 0。

- FD_ISSET(int fd, fd_set *fdset)：判断 fd_set 中 fd 对应的位置是否为 1。

图 9-2 直观展示了 FD_SET()、FD_ZERO()和 FD_CLR()的具体执行过程，能够帮助我们更好

地理解这几个集合操作函数的功能和意义，我们也可以直观感受到 FD_SET()函数和 FD_CLR()函数中参数 fd 对应位置的具体意义。

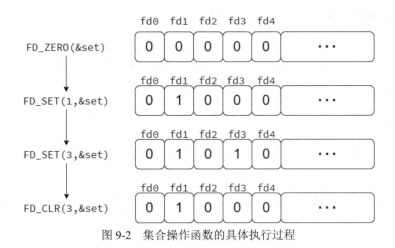

图 9-2　集合操作函数的具体执行过程

9.2.3　select()函数调用流程

按流程正确调用 select()函数是实现 I/O 复用的关键，select()函数的调用流程如图 9-3 所示。

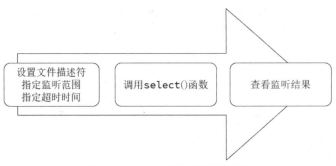

图 9-3　select()函数的调用流程

设置文件描述符就是将需要被监听的文件描述符放入特定的集合中，例如放入读事件集合中。根据之前描述的 fd_set 数组的意义，需要将特定集合中的文件描述符设置为 1，表示文件在集合中。所以使用 FD_SET()函数，将文件描述符作为第一个参数，将集合地址作为第二个参数传入即可。示例代码如下。

```
FD_SET（0, &read）; //0 位置的文件描述符被设置为 1，文件在读事件集合中被监听
```

因为 select()函数是用于监听文件的，所以需指定监听范围以提升效率，避免过多无效监听。因为龙芯操作系统基于 Linux，文件描述符是以 1 递增的，所以监听范围设置为被监听的最大文件描述符+1。

指定超时时间，如果监听时长超过超时时间，即使没有事件发生，函数也会返回，超时的返回值为 0。超时时间可通过结构体 timeval 来指定。

```
#include <sys/time.h>
struct timeval
{
    long tv_sec; //秒
    long tv_usec; //微秒
};
```

所有参数正确设置完成后，全部填入 select()函数实现调用。

select()函数返回后，除了通过返回值表示有多少个文件发生了事件之外，还会通过 fd_set 数组表示具体哪些文件有事件发生。select()函数返回后，fd_set 数组中没有发生事件的位置会被置 0，而发生事件的对应位置会被置为 1。这样就可以先根据返回值判断是否有文件发生事件，如果有，则使用 FD_ISSET 判断哪个文件对应位置为 1，即该文件有事件发生，以便执行后续操作。

接下来通过代码展示一下 select()函数的完整调用流程。

```
 1. #include <stdio.h>
 2. #include <stdlib.h>
 3. #include <unistd.h>
 4. #include <sys/select.h>
 5. #include <sys/time.h>
 6.
 7. #define BUF_SIZE 1024
 8.
 9. int main(void)
10. {
11.     fd_set reads,temps;
12.     int result,str_len;
13.     char buf[BUF_SIZE];
14.     struct timeval timeout;
15.
16.     FD_ZERO(&reads);
17.     FD_SET(0,&reads);
18.
19.     while(1)
20.     {
21.         temps=reads;
22.         timeout.tv_sec=5;
23.         timeout.tv_usec=0;
24.
25.         result=select(1,&temps,0,0,&timeout);
26.         if(result==-1)
27.         {
28.             puts("select() error!");
29.             break;
30.         }
31.         else if(result==0)
32.         {
33.             puts("time out!");
34.         }
35.         else
36.         {
37.             if(FD_ISSET(0,&temps))
38.             {
39.                 str_len=read(0,buf,BUF_SIZE);
40.                 buf[str_len]=0;
41.                 printf("message from console:%s",buf);
42.             }
43.         }
44.     }
45.     return 0;
46. }
```

上述代码以 select()函数监听读事件集合为例,实现了读取输入内容并回显的功能。

我们将集合中的 0 位置设置为 1,说明想监听文件描述符为 0 的文件。在 Linux 操作系统中,文件描述符为 0 的文件指的是标准输入设备(键盘)。然后调用 select()函数,如果被监听的文件有读事件发生,即通过键盘输入内容,则 select()函数返回,从有事件发生的文件中读取内容,也就是键盘输入的内容。指定的超时时间为 5s,如果 5s 内键盘没有输入,select()函数就超时返回,程序输出"time out!"。

值得注意的是,代码中设置了一个临时变量 temps,在循环中用于替代设定好的 reads 读事件集合。这是因为 select()函数每次返回时都会更新集合,为了避免每次都重复设定 reads,使用 temps 在每个循环开始时复制 reads 的内容,这样在 select()函数调用过程中对 temps 的任何更改都不会影响 reads。

编译和执行代码可以获得如下结果。

```
~/select/build$ ./select
time out!
loongnix
message from server:loongnix
1234
message from server:1234
time out!
time out!
time out!
```

9.3 使用 select()函数实现服务器并发

使用之前的"回声"程序的代码作为基础代码,为了实现单进/线程的服务器并发,我们需要避免阻塞调用,即调用函数后不立即返回的情况。根据前面所学,accept()函数就是典型的阻塞调用函数,函数被调用后,需要等待客户端连接之后才会返回,后续代码才能够执行。在单进/线程的情况下,如果服务器代码阻塞了,多个客户端就无法"同时"得到服务,就不能实现服务器的并发。同样,对 read()函数来说,如果暂时没有数据可读,同样也会阻塞。因此,我们需要通过使用 select()函数来避免服务器出现阻塞的情况,从而实现服务器的并发。

9.3.1 使用 select()函数监听套接字

调用 accept()函数后,如果没有连接请求就会阻塞。如果已经知道有连接请求之后再调用 accept()函数,就可以避免出现阻塞的情况。我们可以利用 select()函数来知道是否有连接请求,方法是将监听客户端连接的套接字放到读事件集合中,调用 select()函数,如果监听客户端连接的套接字发生了读事件,就说明有客户端的连接请求。知道有连接请求之后再调用 accept()函数,就能够避免出现阻塞。

与展示 select()函数调用方法的示例代码类似,首先清空读事件集合,然后将套接字描述符对应的位置设置为 1。此外,根据 Linux 操作系统的文件描述符是顺序递增这一特点,设置 select()函数的监听范围为套接字描述符+1。

```
1. FD_ZERO(&reads);
2. FD_SET(sock_srv,&reads);
3. fd_max=sock_srv;
```

　　根据之前所学，循环调用 select()函数，在循环开始时复制读事件集合中的内容到临时变量，并设置好超时时间。执行 select()函数后，如果 select()函数返回，则判断是否是被监听的套接字有事件发生；如果是，则说明有连接请求，然后调用 accept()函数。在这种情况下调用 accept()函数不会出现阻塞，能够立即返回，示例如下。

```
 1. while(1)
 2. {
 3.         readtmp=reads;
 4.         timeout.tv_sec=8;
 5.         timeout.tv_usec=0;
 6.         result=select(fd_max+1,&readtmp,NULL,NULL,&timeout);
 7.         if(result==-1)
 8.         {
 9.                 err_exit("select() error!");
10.         }
11.         if(result==0)
12.         {
13.                 continue;
14.         }
15.         if(FD_ISSET(sock_srv,&readtmp))
16.         {
17.                 sock_cln=accept(sock_srv,NULL,NULL);
18.                 if(sock_cln==-1)
19.                 {
20.                         err_exit("accept() error!");
21.                 }
22.         }
23. }
```

9.3.2　使用 select()函数监听通信套接字

　　成功调用 accept()函数之后，服务器与客户端建立了连接，accept()函数返回了新的套接字描述符，可用来与客户端收、发消息。收、发消息时，调用 read()函数同样有可能发生阻塞，因此我们仍然需要利用 select()函数做类似上面对 accept()函数的处理。需要将 accept()函数返回的新的套接字描述符也加入读事件集合中，通过调用 select()函数确定是否有数据可读，在有数据可读的情况下再调用 read()函数接收数据，从而避免调用 read()函数时发生阻塞。

1. 监听通信套接字

　　在接收客户端连接请求之后，我们直接将新建立的通信套接字也放入读事件集合中进行监听。同时因为读事件集合中现在有多个套接字描述符，所以在加入新套接字描述符时需要判断是否会超过原先设定的监听范围，如果超过，就更新范围，示例如下。

```
 1. sock_cln=accept(sock_srv,NULL,NULL);
 2. if(sock_cln==-1)
 3. {
 4.     err_exit("accept() error!");
 5. }
 6. FD_SET(sock_cln,&reads);
 7. if(fd_max<sock_cln)
 8. {
 9.     fd_max=sock_cln;
10. }
```

2. 遍历 select()函数调用返回后的集合

　　由于加入新的通信套接字描述符到读事件集合中之后，select()函数返回时，情况比原来更复杂一些，有可能不止一个套接字有事件发生，发生事件的套接字可能是监听套接字，也可能是通信套接字。因此 select()函数调用返回后，要遍历读事件集合的每一个位置，检查是否有事件发生，并判断发生事件的套接字是监听套接字还是通信套接字。如果是监听套接字，就调用 accept()函数接收连接请求；如果是通信套接字，就调用 read()函数接收数据。首先，我们遍历读事件集合的所有位置，并检查是否有事件发生，示例如下。

```
1.  for(i=0;i<fd_max+1;i++)
2.  {
3.      if(FD_ISSET(i,&readtmp))
4.      {
5.          if(i==sock_srv)
6.          {
7.              sock_cln=accept(sock_srv,NULL,NULL);
8.              if(sock_cln==-1)
9.              {
10.                 err_exit("accept() error!");
11.             }
12.             FD_SET(sock_cln,&reads);
13.             if(fd_max<sock_cln)
14.             {
15.                 fd_max=sock_cln;
16.             }
17.         }
```

3. 接收数据并返回客户端代码

如果发生事件的套接字不是监听套接字，那就是通信套接字，就应该调用 read()函数接收数据，并实现回声逻辑，将数据返回客户端。其基本逻辑代码和"回声"程序的代码相同，唯一区别是发现有客户端断开连接时，我们需要将对应的通信套接字描述符移出读事件集合，并关闭对应套接字，示例如下。

```
1.  else//接上部分代码，是if(i==sock_srv)的else
2.  {
3.      read_len=read(i,buf,BUF_SIZE);
4.      if(read_len == -1)
5.      {
6.              err_exit("read() error!\n");
7.      }
8.      else if (read_len>0)
9.      {
10.             write(i,buf,read_len);
11.     }
12.     else if (read_len == 0)
13.     {
14.             FD_CLR(i,&reads);
15.             close(i);
16.     }
17. }
```

9.3.3   并发服务器代码执行情况

完成上述对服务器的代码改写之后就可以编译和执行代码。完整代码见本章代码示例。

客户端代码不需要改写，直接使用即可，运行结果如下。

```
服务器:
  $ ./server 9190
```

```
客户端 2:
  $ ./client 127.0.0.1 9190
  Input message(Q/q to quit):12
  Message from server:12
  Input message(Q/q to quit): 39
  Message from server: 39
```

```
客户端 1:
  $ ./client 127.0.0.1 9190
  Input message(Q/q to quit):12
  Message from server:12
  Input message(Q/q to quit):23
  Message from server:23
```

```
客户端 3:
  $ ./client 127.0.0.1 9190
  Input message(Q/q to quit):1
  Message from server:1
  Input message(Q/q to quit):721
  Message from server:721
```

9.4　epoll 基本使用方法

由于 select()函数是可移植操作系统接口（Portable Operating System Interface of UNIX，POSIX）标准定义的一部分，因此大多数操作系统都支持，基于 select()函数的应用程序的可移植性很好。但是，select()函数的性能（也就是同时能处理的并发数量）不够优秀，因此针对各个操作系统又独立开发了独有的 I/O 复用技术。本节将介绍 Linux 操作系统的 I/O 复用工具——epoll。

9.4.1　epoll 与 select()函数的差异

与适用于绝大多数操作系统、通用性更好的 select()函数相比，epoll 是针对 Linux 操作系统开发的、与自身特点更匹配的一种 I/O 复用工具，克服了 select()函数的一些缺点。这里首先比较一下 epoll 和 select()函数各自的优缺点。

select()函数是适用于绝大多数操作系统的函数，所以使用 select()函数完成复用的代码的通用性和可移植性比较好。但它有以下缺点。

① 被监听的集合通过 fd_set 数组来表示，但 fd_set 数组能够容纳的文件描述符数量是一定的，通过操作系统内核的 FD_SETSIZE 宏指定，大多数操作系统设定为 1024。也就是在不重新编译内核的情况下，select()函数只能同时监听 1024 个套接字，大大限制了 select()函数的并发处理能力。

② select()函数成功返回后，为了有效防止某些文件被遗漏，通过对监听集合中所有文件描述符进行遍历来查找是否有文件发生事件。当文件数较少且大多数文件活跃时，select()函数的遍历才比较有效率，否则可能产生效率浪费。

③ 每次 select()函数调用前，需要设定受监听的套接字集合，而套接字是由操作系统内核来管理的，因此每次 select()函数调用都要向操作系统传递数据来表明要监听哪些套接字。应用程序向操作系统内核传递数据的操作占用系统资源较多，会影响系统性能。

所以，epoll 为了克服上述缺点，需要做到不重复向操作系统传递监听对象，且监听的文件发生事件后，只向应用程序通知发生事件的文件。

① epoll 可监听的文件数是操作系统能打开的最大文件数，远大于 1024，使得 epoll 可以支持大规模并发。

② 每次调用监听功能时，epoll 不用都向操作系统传递受监听对象（比如套接字）的信息，减少了与操作系统内核通信的次数，提高了性能。

③ epoll 的监听功能返回时，只返回发生了事件的文件，不需要应用程序遍历所有文件描述

符来检查是否有事件发生。

因此，epoll 更加适用于并发连接量大的场景，而连接数少、对程序的兼容性要求更高的场景还是 select()函数更实用。

9.4.2 epoll 的基本操作函数

在学习 epoll 的具体操作函数之前，我们首先看一下整个 epoll 模型的全貌，如图 9-4 所示。

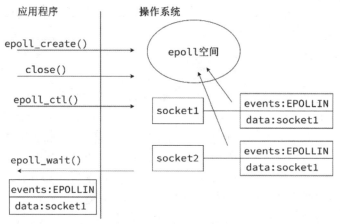

图 9-4 epoll 模型的全貌

可以看到，epoll 模型有 4 个核心操作：创建 epoll 空间（epoll_create()函数），操作 epoll 空间（epoll_ctl()函数），等待事件发生（epoll_wait()函数），关闭 epoll 空间（close()函数）。

1. 创建 epoll 空间

epoll_create()函数用于创建 epoll 空间。函数原型如下。

```
int epoll_create(int size);
```

函数参数 size（IN）表示需要创建的 epoll 空间大小（只能给出一个建议值，最终大小由操作系统控制）。

函数调用成功返回 epoll 空间的文件描述符，失败返回-1。

2. 操作 epoll 空间

epoll_ctl()函数用于添加、删除、修改 epoll 空间内需要监听的文件描述符。函数原型如下。

```
int epoll_ctl (int epfd, int op, int fd, struct epoll_event *event);
```

函数参数介绍如下。

- epfd（IN）：epoll 空间的文件描述符，由 epoll_create()函数返回。
- op（IN）：操作类型。添加为 EPOLL_CTL_ADD，删除为 EPOLL_CTL_DEL，修改为 EPOLL_CTL_MOD。
- fd（IN）：要监听的文件描述符。
- event（IN）：要监听的事件类型（读、写、异常等）。

函数调用成功则返回 0，失败则返回−1。

epoll_event 结构体原型如下。

```
struct epoll_event {
__uint32_t events;
epoll_data_t data;
};
```

events 为要监听的事件类型，具体可取值如表 9-1 所示。

表 9-1　events 的可取值

可取值	含义
EPOLLIN	有数据可读
EPOLLOUT	缓冲区空，可立即发送数据
EPOLLPRI	收到带外数据
EPOLLRDHUP	断开连接
EPOLLERR	发生错误
EPOLLET	以边缘触发方式得到事件
EPOLLONESHOT	发生一次事件后不再接收事件通知

data 用于设置与事件相关的数据。

```
typedef union epoll_data {
void *ptr;
int fd;
__uint32_t u32;
__uint64_t u64;
} epoll_data_t;
```

注意，上述代码是联合体，不是结构体。在一般情况下，使用 fd 并设置相关数据为被监听的套接字描述符，事件发生的时候，会返回这个数据结构的变量，可以通过其中的套接字描述符获知是哪个套接字发生了事件。

3. 等待事件发生

epoll_wait()函数用于等待 epoll 空间中发生事件，获得事件。函数原型如下。

```
int epoll_wait(int epfd, struct epoll_event *events, int maxevents, int timeout);
```

函数参数介绍如下。

- epfd（IN）：epoll 空间的文件描述符。
- events（IN/OUT）：事件缓冲区的起始地址，用于保存发生的事件集合。
- maxevents（IN）：参数 events 能保存事件的最大数目（以 epoll_event 结构体的大小为单位的缓冲区大小）。
- timeout（IN）：以毫秒为单位的等待时间，设置为-1 意味着无限等待。

函数调用成功则返回发生事件的数量；超时则返回 0；失败则返回-1。

4. 关闭 epoll 空间

epoll 空间仍然遵循 Linux 操作系统下一切皆文件的思想，epoll 空间也被看作文件来处理，因此 epoll_create()函数返回的是文件描述符，可以用 close()函数来关闭 epoll 空间。

9.5　使用 epoll 实现并发服务器

我们仍然以"回声"服务器为基础，编写使用 epoll 实现并发服务器的程序。

9.5.1　使用 epoll 处理监听套接字

首先需要建立 epoll 空间，把监听套接字放入其中，然后使用 epoll_wait()函数监听事件，示例如下。

```
1.  struct epoll_event ep_events[EPOLL_SIZE]={0};
2.  struct epoll_event event;
3.  int epfd,event_cnt;
4.  …
5.  epfd=epoll_create(EPOLL_SIZE);
6.  event.events=EPOLLIN;
7.  event.data.fd=sock_srv;
8.  epoll_ctl(epfd,EPOLL_CTL_ADD,sock_srv,&event);
9.  while(1)
10. {
11.       event_cnt=epoll_wait(epfd,ep_events,EPOLL_SIZE,-1);
12.       if(event_cnt==-1)
13.       {
14.               err_exit("epoll_wait() erorr!");
15.       }
16.       sock_cln=accept(sock_srv,NULL,NULL);
17.       if(sock_cln==-1)
18.       {
19.               err_exit("accept() error!");
20.       }
21. }
```

使用 epoll_create()函数建立 epoll 空间时，用宏 EPOLL_SIZE 来定义需要创建的空间大小，这个宏在程序中定义为 50。

将监听套接字放入 epoll 空间中时，定义事件类型为 EPOLLIN，表示要监听读事件，将事件的数据部分设定为相应的套接字描述符。

epoll_wait()函数的事件缓冲区也用宏 EPOLL_SIZE 来定义大小，超时时间设置为-1，表示无限等待。

目前，我们只监听一个事件，即监听套接字的读事件，如果 epoll_wait()函数返回，则表示有客户端连接请求到达。然后调用 accept()函数来接收客户端连接请求，这里的逻辑与 select()函数的逻辑类似，可以避免服务器阻塞。

9.5.2　使用 epoll 处理通信套接字

类似于 select()函数的处理方法，当 accept()函数接收连接请求后，将新建立的通信套接字加入 epoll 空间中，监听通信套接字的读事件，示例如下。

```
1.  event.events=EPOLLIN;
2.  event.data.fd=sock_cln;
3.  epoll_ctl(epfd,EPOLL_CTL_ADD,sock_cln,&event);
```

通信套接字被加入 epoll 空间中后，epoll 空间中的套接字类型就有两种了，即监听套接字和通信套接字。因此 epoll_wait()函数返回时，我们需要判断这两种套接字对应的情况，给出不同的处理。并且由于可能同时返回多个事件，我们需要通过循环逐个判断。注意，这里的循环有别于select()函数返回后的循环，这里的循环范围只是已发生的事件，而 select()函数返回后的循环范围是所有被监听的文件。

如果是监听套接字，则使用前面部分代码，接收连接请求，并将新的套接字加入 epoll 空间；如果是通信套接字，则补充好数据接收并回发的代码。

需要注意的是，在有客户端断开连接时，需要将套接字移出 epoll 空间，这可以使用 epoll_ctl()函数来完成，然后关闭套接字，示例如下。

```
1.  while(1)
2.  {
3.      event_cnt=epoll_wait(epfd,ep_events,EPOLL_SIZE,-1);
4.      if(event_cnt==-1)
5.      {
6.          err_exit("epoll_wait() erorr!");
7.      }
8.      for(int i=0;i<event_cnt;i++)
9.      {
10.         if(ep_events[i].data.fd==sock_srv)
11.         {
12.             sock_cln=accept(sock_srv,NULL,NULL);
13.             if(sock_cln==-1)
14.             {
15.                 err_exit("accept() error!");
16.             }
17.             event.events=EPOLLIN;
18.             event.data.fd=sock_cln;
19.             epoll_ctl(epfd,EPOLL_CTL_ADD,sock_cln,&event);
20.         }
21.         else
22.         {
23.             read_len=read(ep_events[i].data.fd,buf,BUF_SIZE);
24.             if(read_len==-1)
25.             {
26.                 err_exit("read() error!");
27.             }
28.             else if(read_len>0)
29.             {
30.                 write(ep_events[i].data.fd,buf,read_len);
31.             }
32.             else if(read_len==0)
33.             {
34.                 epoll_ctl(epfd,EPOLL_CTL_DEL,ep_events[i].data.fd,NULL);
35.                 close(ep_events[i].data.fd);
36.             }
37.         }
38.     }
39. }
```

完成这部分代码编写之后，就可以编译和运行服务器代码了，客户端使用"回声"客户端代码即可满足要求，代码运行结果如下。

```
服务器:
  $ ./server 9190
```

```
客户端 1:
  Input message(Q/q to quit):1
  Message from server:1
  Input message(Q/q to quit): 39
  Message from server: 39
```

```
客户端 2:
  Input message(Q/q to quit):7
  Message from server:7
  Input message(Q/q to quit): 12
  Message from server:12
客户端 3:
  Input message(Q/q to quit):7
  Message from server:7
  Input message(Q/q to quit): 21
  Message from server:21
```

9.6   epoll 的边缘触发与条件触发

epoll 提供了两种不同的事件触发方式——边缘触发和条件触发,这两种触发方式决定了 epoll 在监听事件时如何通知应用程序。我们首先介绍边缘触发与条件触发的概念,然后介绍在编程中应用这两种触发方式的方法。

9.6.1   边缘触发与条件触发的概念

边缘触发(Edge-Triggered,ET)类似于数字电路的边沿触发,是指当某状态改变时触发一次事件,而当状态保持不变时,不触发事件。以 EPOLLIN 事件为例,当有数据输入缓冲区时触发一次 EPOLLIN 事件,如果缓冲区数据没有被读取完,那么即使还有数据也不触发 EPOLLIN 事件。

条件触发(Level-Triggered,LT),顾名思义,是条件被满足时的触发,也就意味着只要条件被满足就一直会触发事件。还是以 EPOLLIN 事件为例,只要输入缓冲区内有数据就会一直触发 EPOLLIN 事件。

条件触发在满足条件时不停触发事件,上例中当缓冲区一直有数据时就会一直通知有数据可读,如果事件不停触发,累积过多事件,会消耗系统资源,而边缘触发只在有数据进入缓冲区时触发一次事件。需要注意以下两点。

① 要将套接字设置为以非阻塞方式进行 I/O,以阻塞方式进行 I/O 容易导致程序在 I/O 阻塞时有其他事件发生。由于边缘触发只触发一次,可能导致应用程序错过事件的处理。

② 需要在接到事件通知时,保证将缓冲区的数据全部读取完毕。

9.6.2   边缘触发下的数据读、写方法

将套接字设置为以非阻塞方式进行 I/O,通过 fcntl()函数来完成。

fcntl()函数的功能是操作文件属性。函数原型如下。

```
#include <fcntl.h>
int fcntl(int filedes, int cmd, ...);
```

函数参数介绍如下。

- filedes(IN):文件描述符。

- cmd(IN):对文件采取的操作类型。

● …（IN）：设定值。这里设定的是可变参数，说明可以送入多个参数变量。

如果函数调用成功，返回值根据 cmd 参数的不同确定不同含义，如果失败则返回-1。

设置套接字为以非阻塞方式进行 I/O 的示例代码如下。

```
1. void set_nonblock(int fd)
2. {
3.     int flag=fcntl(fd,F_GETFL,0);
4.     fcntl(fd,F_GETFL,flag | O_NONBLOCK);
5. }
```

要注意的是，在服务器设置套接字为以非阻塞方式进行 I/O 时，要将监听套接字和通信套接字同时设置为以非阻塞方式进行 I/O，使用 set_nonblock()函数即可实现。

边缘触发的监听事件的类型为 EPOLLIN，多个事件通过比特运算"或"连接。通信套接字部分代码如下。

```
1. set_nonblock(sock_cln);
2. event.events=EPOLLIN|EPOLLET;
3. event.data.fd=sock_cln;
4. epoll_ctl(epfd,EPOLL_CTL_ADD,sock_cln,&event);
```

如果套接字设置为以非阻塞方式进行 I/O，当缓冲区没有数据可读的时候，read()函数不会阻塞等待，而是立即返回，返回-1（错误），错误码 errno 是 EAGAIN。我们在前面学习管道相关知识时，实现过这个逻辑，当返回的错误码是我们想要跳过的错误码时，就可以直接使用 break 跳出错误继续执行，避免在等待下一次输入时 read()函数由于读不到数据直接返回-1，阻断程序运行，示例如下。

```
1. if(read_len==-1)
2. {
3.     if(errno==EAGAIN)
4.     {
5.         break;
6.     }
7.     err_exit("read() error!");
8. }
```

完成上述代码改写之后，编译和运行服务器程序，再多连接几个客户端，结果如下。

```
服务器:
  $ ./server 9190




客户端1:
  Input message(Q/q to quit):rs
  Message from server:rs
  Input message(Q/q to quit): jx
  Message from server: jx
```

```
客户端2:
  Input message(Q/q to quit): sk
  Message from server: sk
  Input message(Q/q to quit): zw
  Message from server:zw
客户端3:
  Input message(Q/q to quit): yc
  Message from server: yc
  Input message(Q/q to quit): nw
  Message from server: nw
```

实践中，当在边缘触发下发现有数据可读的时候，我们可以选择暂不读取，将数据保存在缓冲区，等到缓冲区里的数据更完整、更符合应用要求时再读取。这样能够满足一些特殊逻辑的需要，灵活性很强。

而在条件触发下，如果强行选择不读取数据，就会一直产生暂时不需要的事件，不断消耗系统资源，需要通过代码正确处理这些暂时不需要的事件响应，以防出现事件错误响应或者漏响应的失误，因此条件触发不适合这种逻辑。

9.6.3　3 种并发实现方法的简单比较

我们学习了 3 种并发实现方法，简单总结如下。

- 多进程：资源消耗最大，但优点是各进程之间不会相互影响（有进程崩溃、退出时，不影响其他进程）。

- 多线程：资源消耗较小，但某个线程出现问题，可能会导致整个进程崩溃、不可用。

- I/O 复用：资源消耗最小，能够支持最大的并发，但会导致程序逻辑复杂，不适合复杂的业务，也不适合耗时长的业务。

第 **10** 章

套接字编程补充

通过前面第 5～9 章的学习，我们已经知道了基本的套接字编程方法，并学习了 3 种编写并发服务器程序的方法。本章将补充介绍编写实用网络程序时经常会用到的一些知识点：域名与 IP 地址、其他 I/O 函数、多播与广播的实现等。

10.1 域名与 IP 地址

10.1.1 域名与 DNS

连接到互联网的计算机都可以通过一个公共 IP 地址被访问到。对于 IPv4 的地址来说，IP 地址由 32 位二进制数组成，通常写成 4 个范围在 0～255、由点分隔的十进制数，例如百度的 IPv4 地址为 202.108.22.5，可以通过该地址访问到百度网站。而对于 IPv6 来说，IP 地址由 128 位二进制数组成，通常写成 8 组由冒号分隔的 4 个十六进制数，例如 CDCD:910A:2222:5498:8475:1111:3900:2020。计算机可以很容易地处理这些 IP 地址，但是对人类来说 IP 地址难以记忆，而且可能某个特定服务器的 IP 地址会随着时间的推移发生改变。为了解决这些问题，我们使用方便记忆的地址——域名。

根据互联网名称与数字地址分配机构（Internet Corporation for Assigned Names and Numbers，ICANN）的定义，完整的域名至少由两个或两个以上的部分组成，各部分之间用点"."来分隔，最后一个"."的右边部分称为顶级域名，也称为一级域名；最后一个"."的左边部分称为二级域名；二级域名的左边部分称为三级域名，以此类推。每一级的域名控制它下一级域名的分配。

顶级域名常见的后缀有".com"".net"".org"".cn"等。各种域名后缀都有不同含义，例如".com"意为商业/公司，".net"意为网络。还有国别域名，例如".cn"就是中国的国别域名，可表示网站来自中国或注册在中国。

二级域名在国际顶级域名或国家顶级域名下的意义不同。国际顶级域名下的二级域名一般是指域名注册人选择使用的网上名称，如"baidu.com"。国家顶级域名下的二级域名一般是指类似于国际顶级域名的表示注册人类别和功能的标志，例如，在".edu.cn"域名结构中，".edu"是置于国家顶级域名".cn"下的二级域名，表示教育组织，以此类推。但这些规则是约定俗成的，并不具有强制性，也可能有"baidu.cn"这样的形式。

域名的每个部分都有其独特的含义和作用。正确的域名结构可以帮助人们记忆和使用域名。

同时，域名也是网站和网络资源易于被识别的标识符。

域名虽然更易被人类接受和使用，但计算机只能识别纯数字构成的 IP 地址，不能直接理解域名。因此需要将域名翻译成 IP 地址，而域名系统（Domain Name System，DNS）承担的就是这种翻译任务。将域名映射成 IP 地址称为正向解析，将 IP 地址映射成域名称为反向解析。

DNS 作为因特网上域名和 IP 地址互相映射的分布式数据库，能够使用户通过主机域名，得到主机对应的 IP 地址，这个过程叫作域名解析。DNS 分布式数据库是以域名为索引的，每个域名实际上就是一棵很大的"逆向树"中的路径，这棵逆向树称为域名空间。它类似于文件系统中的文件目录结构，通过分层的方式来组织和管理所有域名。域名空间的层次结构不仅方便域名的管理和维护，同时也使域名的使用变得更简单和直观。通过合理地划分域名空间，可以让用户更容易地找到所需要的资源，同时也可以为网络安全和管理提供一定的便利。

10.1.2　ICP 备案

根据《互联网信息服务管理办法》规定，我国互联网信息服务分为经营性和非经营性两大类。经营性互联网信息服务，是指通过互联网向上网用户有偿提供信息或者网页制作等服务活动，国家对经营性互联网信息服务实行许可制度。非经营性互联网信息服务，是指通过互联网向上网用户无偿提供具有公开性、共享性信息的服务活动，国家对非经营性互联网信息服务实行备案制度，也就是互联网内容提供者（Internet Content Provider，ICP）备案。

实行 ICP 备案制度的主要目的是监管互联网信息内容和保障网络安全，可以防止不良信息和违法内容的传播，同时还可以防止出现恶意攻击和黑客入侵等网络安全问题。

在进行 ICP 备案时，网站所有者或运营者需要向当地省级或市级通信管理部门提交备案申请，提交的材料包括企业营业执照或个人身份证等证明文件、网站域名证书、网站服务商的信息、网站管理者和负责人的身份证明文件等。提交材料后，相关部门会对申请进行审核，审核通过后进行备案登记，颁发备案编号。

在备案完成后，网站所有者或运营者需要将备案编号和备案信息在网站主页显著位置标明，以便相关部门进行监管。如果网站在备案后有信息（如网站域名、网站所有者或运营者等）发生变更，需要及时更新备案信息。

10.1.3　编程中域名与 IP 地址的转换

我们常用的网站访问方式就是通过域名访问，但是在计算机网络编程中需要通过 IP 地址才能与网站进行通信，所以编程时需要将域名转换为 IP 地址。

1. 通过域名获得 IP 地址

可以通过 gethostbyname() 函数来获得域名对应的 IP 地址，该函数的原型如下。

```
1. #include <netdb.h>
2. struct hostent *gethostbyname(const char *hostname);
```

hostname 为主机名，也就是域名。使用该函数时，传入域名字符串，执行成功后，返回域名对应的 IP 地址，返回的 IP 地址信息会被装入 hostent 结构体。该结构体的定义如下。

```
1. struct hostent {
2.     char *h_name;
```

```
3.        char **h_aliases;
4.        int h_addrtype;
5.        int h_length;
6.        char **h_addr_list;
7. }
```

hostent 结构体由 h_name、h_aliases、h_addrtype、h_length 和 h_addr_list 组成。h_name 表示主机的规范名，例如 www.google.com 的规范名其实是 www.l.google.com。h_aliases 表示主机的别名，www.google.com 就是 google 的别名。有的主机可能有好几个别名，这些其实都是为了方便用户记忆而取的名字。h_addrtype 表示主机 IP 地址的类型，取值 AF_INET 表示 IPv4 的 IP 地址，取值 AF_INET6 表示 IPv6 的 IP 地址。h_length 表示主机 IP 地址的长度。h_addr_list 表示 IP 地址表，对于用户较多的服务器，可能会分配多个 IP 地址给同一域名，利用多个服务器进行负载均衡。

下面演示 gethostbyname() 函数的使用，示例代码如下。

```
1. #include<stdio.h>
2. #include<netdb.h>
3. #include<string.h>
4. #include "error_handling.h"
5. int main(int argc, char *argv[])
6. {
7.     int i;
8.     struct hostent *host;
9.
10.    if(argc != 2)
11.    {
12.        printf("Usage: %s <name>.\n",argv[0]);
13.        exit(1);
14.    }
15.
16.    host = gethostbyname(argv[1]);
17.    if(!host)
18.    {
19.        error_handling("gethostbyname error");
20.    }
21.    printf("official name: %s \n",host->h_name);
22.
23.    for(i=0;host->h_aliases[i] != NULL; i++)
24.    {
25.        printf("aliases %d: %s \n",i,host->h_aliases[i]);
26.    }
27.
28.    printf("address type: %s \n",(host->h_addrtype == AF_INET ? "AF_INET" :
           "AF_INET6"));
29.
30.    for(i=0;host->h_addr_list[i] != NULL; i++)
31.    {
32.        printf("addr_list %d: %s \n",i,inet_ntoa(*(struct in_addr *)host->
           h_addr_list[i]));
33.    }
34.    return 0;
35. }
```

编译和运行代码，我们成功使用 gethostbyname() 函数查询到 www.bilibili.com 和 www.baidu.com 两个网站的 IP 地址信息。

演示如下。

```
$ ./build/gethostbyname www.bilibili. com
official name: a.w.bilicdn1.com
```

```
aliases 0: www.bilibili.com
address type: AF_INET
addr_list 0: 221.204.56.91
addr_list 1: 221.15.71.65
addr_list 2: 221.204.56.86.
addr_list 3: 221.15.71.64
addr_list 4: 221.15.71.67
addr_list 5: 123.234.3.167.
addr_list 6: 221.204.56.93
addr_list 7: 123.234.3.166.
addr_list 8: 221.15.71.66
addr_list 9: 123.234.3.168
addr_list 10: 221.204.56.95
addr_list 11: 221.204.56.92
$ ./build/gethostbyname www.baidu.com
official name: www.a.shifen.com
aliases 0: www. baidu. com
address type: AF. INET
addr_list 0: 110.242.68.4
addr_list 1: 110.242.68.3
```

2. 通过 IP 地址获得域名信息

可以通过 gethostbyaddr()函数来获得 IP 地址对应的域名信息，该函数的原型如下。

```
1. #include <netdb.h>
2. struct hostent *gethostbyaddr(const char *addr, socklen_t len, int type);
```

其中，addr 是网络字节序的 IP 地址，用户需要将查询到的 IP 地址填入该参数中，该参数可以是 IPv4 地址，也可以是 IPv6 地址。len 是 IP 地址的长度，如果是 IPv4 地址则传 4，如果是 IPv6 地址则传 16。type 是 IP 地址的类型，取值 AF_INET 表示 IPv4，取值 AF_INET6 表示 IPv6。返回的地址信息会被装入 hostent 结构体，如果运行失败则返回 NULL。

下面演示 gethostbyaddr()函数的使用，示例代码如下。

```
 1. #include<stdio.h>
 2. #include<netdb.h>
 3. #include<string.h>
 4. #include "error_handling.h"
 5. int main(int argc, char *argv[])
 6. {
 7.     int i;
 8.     struct hostent *host;
 9.     struct sockaddr_in saddr;
10.     if(argc != 2)
11.     {
12.         printf("Usage: %s <IP>.\n",argv[0]);
13.         exit(1);
14.     }
15.
16.     memset(&saddr,0,sizeof(saddr));
17.     saddr.sin_addr.s_addr=inet_addr(argv[1]);
18.     host = gethostbyaddr((char *)&saddr.sin_addr,4,AF_INET);
19.
20.     if (!host)
21.     {
22.         printf("gethostbyaddr error:%s\n", strerror(h_errno));
23.         return -1;
24.     }
25.
26.     printf("official name: %s \n",host->h_name);
```

```
27.
28.     for(i=0;host->h_aliases[i] != NULL; i++)
29.     {
30.         printf("aliases %d: %s \n",i,host->h_aliases[i]);
31.     }
32.
33.     printf("address type: %s \n",(host->h_addrtype == AF_INET ? "AF_INET" :
            "AF_INET6"));
34.
35.     for(i=0;host->h_addr_list[i] != NULL; i++)
36.     {
37.         printf("addr_list %d: %s \n",i,inet_ntoa(*(struct in_addr *)host->
                h_addr_list[i]));
38.     }
39.
40.     return 0;
41. }
```

编译和运行代码，可以看到我们将 www.baidu.com 的一个 IP 地址传入时，并没有得到域名信息，而是返回操作不被允许的错误。这是因为尽管 gethostbyaddr()函数查询方式可以通过 IP 地址获取主机名，但很多网站不支持这种查询方式。虽然 gethostbyaddr()函数查询方式仍然可以作为一种获取主机名的方法，但它在实际网络环境中的应用较为有限。

演示如下。

```
$ ./build/gethostbyaddr 110.242.68.4
gethostbyaddr error:Operation not permitted
```

10.2　其他 I/O 函数

在前面的学习中，我们主要使用 write()和 read()函数来发送和接收数据，也就是对套接字进行 I/O，本节将介绍其他 I/O 函数。

10.2.1　recv()与 send()函数

1. recv()函数

recv()函数的作用是从套接字接收数据，并将接收到的数据存放在指定的缓冲区中，函数原型如下。

```
1. #include <sys/socket.h>
2. ssize_t recv(int sockfd, void *buf, size_t len, int flags);
```

其中，sockfd 表示待接收数据的套接字描述符；buf 表示存放接收数据的缓冲区；len 表示缓冲区的长度，以字节为单位；flags 是一个标志位，表示接收数据的方式和处理方式，正常接收数据则设置为 0，在这种情况下，recv()函数与 read()函数的功能完全一致。

recv()函数的返回值为实际接收到的数据的大小（单位是字节）。如果返回值为 0，则表示超时或对方主动关闭；如果返回值为-1，则表示发生了错误。

除了正常接收数据外，recv()函数可以通过设置 flags 参数实现一些特殊的接收数据功能，这里介绍几个常用的标志位。

- MSG_PEEK：使用该标志位可以在不移除数据的情况下查看缓冲区中的数据。例如，可以使用该标志位来检查下一个数据包的类型而不真正读取它。

- MSG_WAITALL：使用该标志位可以保证函数一直等待直到接收到 len 个字节的数据。如果没有设置该标志位，则 recv()函数可能会在接收到任意数量的数据后就立即返回。

- MSG_OOB：使用该标志位可以接收带外数据，即紧急数据。该标志位只对 SOCK_STREAM 套接字有效，且必须在发送方和接收方都设置了该标志位时才能使用带外数据。

- MSG_DONTWAIT：使用该标志位可以使 recv()函数以非阻塞模式运行。如果没有设置该标志位，则 recv()函数在没有数据可读时会一直等待，直到有数据可读或发生错误。而如果设置了该标志位，则 recv()函数会立即返回，并且如果没有数据可读，则返回一个错误代码 EAGAIN 或 EWOULDBLOCK。

2. send()函数

send()函数是用于在套接字上发送数据的函数，其原型如下。

```
1.  #include <sys/socket.h>
2.  ssize_t send(int sockfd, const void *buf, size_t len, int flags);
```

send()函数中参数的含义与 recv()函数中参数的含义一致。send()函数的主要作用是将数据从缓冲区发送到已连接的套接字中。send()函数会一直等待，直到所有数据都已经被发送或者发生错误，然后返回已经发送的数据大小（单位是字节，符号 B），当 send()函数的返回值小于 len 时，通常表明由于网络问题或接收方缓冲区已满等原因，未能成功发送所有数据。因此，我们需要重新发送剩余的数据。

与 recv()函数类似，当 flags 参数设置为 0 时，send()函数的功能与 write()函数一样。可以通过设置特殊的 flags 参数值，实现一些特殊的发送数据功能，send()函数的常用标志位有以下几个。

- MSG_DONTWAIT：使用该标志位可以设置为非阻塞模式，即如果输出缓冲区已满，则立即返回而不是一直等待。

- MSG_DONTROUTE：使用该标志位可以告诉操作系统不执行消息的路由操作，程序员需要确保消息发送到正确的网络接口。

- MSG_MORE：使用该标志位可以告诉内核在发送数据时不要立即发送，而是先将数据放到缓冲区中，等待后续数据一起发送。该标志位只对 TCP 套接字有效，且需要在最后一个数据包发送前将该标志位清除。

- MSG_NOSIGNAL：使用该标志位可以避免在发送数据时产生 SIGPIPE 信号。SIGPIPE 信号会在套接字连接已经断开的情况下产生，如果应用程序没有对该信号进行处理，则可能导致程序异常终止。

需要注意的是，在使用 send()函数时需要确保待发送数据的大小不超过输出缓冲区的大小，否则可能会导致数据被截断或者发送失败的问题。同时，在发送数据时还需要考虑到数据的可靠性和顺序性。

最后，与使用 read()和 write()函数一样，在使用 recv()与 send()函数时需要考虑到协议的特点和数据的结构。例如，在使用 TCP 时需要考虑到粘包和拆包的问题，而在使用 UDP 时需要考虑到数据丢失和重复的问题。因此，需要根据具体的情况进行相应的数据处理和协议解析。

10.2.2　发送与接收带外数据

带外数据（out-of-band data）是网络数据流中的一种特殊数据，通常用于传递一些控制信息或者异常情况的处理。TCP 协议中，每个数据段都有一个紧急指针字段，用于指示数据流中紧急数据的位置。紧急数据就是一种带外数据，它指示接收方在读取数据流时要优先处理这些数据。

在 TCP 中，带外数据是通过 URG 标志位来实现的。当发送方需要发送带外数据时，需在 TCP 数据包中将 URG 标志位设置为 1，并在紧急指针字段中指示出带外数据的位置。接收方在接收到 TCP 数据包后，会首先处理紧急指针字段所指示的带外数据，然后按顺序处理后面的普通数据。

需要注意的是，带外数据是 TCP 协议的一种可选的实现，因此不是所有的 TCP 实现都支持带外数据的传输。同时，在使用带外数据时需要考虑一些安全性和兼容性问题。例如，如果网络中存在防火墙或者代理服务器等中间设备，可能会对带外数据进行过滤或者阻止，从而导致数据传输失败。

在网络编程中，如果需要使用带外数据，可以使用 MSG_OOB 标志位来发送和接收带外数据。对于发送方，可以使用 send() 函数，设置 MSG_OOB 标志位并传入带外数据进行发送；对于接收方，可以使用 recv() 函数，设置 MSG_OOB 标志位来接收带外数据。

使用 MSG_OOB 标志位来发送和接收数据的示例代码见本章示例代码 oob_send.c 及 oob_recv.c。

运行结果如下所示，可以看到，当我们通过 MSG_OOB 标志位接收数据时，只接收到了一个字节的数据，就是紧急指针字段指向的位置，其他数据通过正常接收函数接收。这说明 MSG_OOB 标志位接收的并非真正的"带外数据"，TCP 仍然按顺序通过一条链路发送数据。MSG_OOB 标志位触发 TCP 的紧急模式，本质上是发送方通过紧急标志，表示数据应该被优先处理，但并不能决定接收方一定优先处理。接收方可以通过紧急指针字段找到需要被优先处理的数据的位置。

发送方：

```
$ ./build/oob_send 127.0.0.1 9190
```

接收方：

```
$ ./build/oob_recv 9190
abc
Urgent message: d
efg
Urgent message: j
hi
```

在网络编程中，带外数据的使用也需要考虑一些其他的问题。

① 带外数据的安全性。由于带外数据可以传输一些控制信息，因此需要确保这些信息的安全性。例如，在传输带外数据时，可以使用加密或者认证等机制来保护数据的机密性和完整性。

② 带外数据的兼容性。不是所有的网络协议都支持带外数据的传输，因此在使用带外数据时需要考虑到协议的兼容性问题。例如，HTTP 就不支持带外数据的传输。

总之，带外数据是网络编程中的一个重要概念，它可以用于传输控制信息或者异常情况的处理。在使用带外数据时，需要考虑到安全性和兼容性等问题，并遵循相应的协议和规范。

10.2.3　writev()与 readv()函数

使用 read()函数将数据读取到不连续的缓冲区，使用 write()函数将不连续的缓冲区内容发送出去，需要多次调用 read()函数、write()函数。从文件（套接字）中读取一片连续的数据至进程的不同缓冲区，有两种方案：一是使用 read()函数一次将它们读取至一个较大的缓冲区中，然后将它们分成若干部分并复制到不同的缓冲区；二是调用 read()函数分若干次将它们分批读取至不同缓冲区。但是多次系统调用加复制会带来较大的系统开销，所以 UNIX/Linux 操作系统提供了另外两个函数，即 readv()函数和 writev()函数，它们只需一次系统调用就可以实现在文件和进程的多个缓冲区之间传送数据，免除了多次系统调用或复制数据的开销。readv()和 writev()函数用于在一次函数调用中读、写多个非连续缓冲区，有时也称这两个函数为分散读（scatter read）和聚集写（gather write）。

writev()函数用于将多个数据存储在一起，将驻留在两个或多个不连续缓冲区中的数据一次写出去，writev()函数原型如下。

```
1. #include <sys/uio.h>
2. ssize_t writev(int fd, const struct iovec *iov, int iovcnt);
```

其中，参数 fd 是文件描述符；iov 是一个 iovec 结构体数组，每个 iovec 结构体数组描述一个缓冲区，其包含两个成员变量 iov_base 和 iov_len，分别表示缓冲区的起始地址和长度；iovcnt 表示 iovec 结构体数组中缓冲区的个数。iovec 结构体如下。

```
1. struct iovec {
2.     void  *iov_base;   /* 缓冲区的起始地址 */
3.     size_t iov_len;     /*  缓冲区的和长度 */
4. };
```

writev()函数将 iovec 结构体数组中的缓冲区数据依次写入 fd 所指向的文件中。首先检查 iovcnt 参数的值，如果小于或等于 0，则直接返回 0；然后将 iovec 结构体数组中的缓冲区依次拼接成一个大缓冲区，即将各个缓冲区中的数据按照顺序依次复制到一个连续的内存空间中；再调用 write()函数将拼接后的大缓冲区中的数据一次性写入文件中，如果写入成功，则返回写入的字节数，如果写入失败，则返回-1。

writev()函数通过将多个缓冲区中的数据一次性写入文件，可以减少系统调用的次数，从而提高程序的性能。由于数据存储在不同的缓冲区中，使用普通的 write()函数需要将这些数据复制到内核缓冲区中，而 writev()函数可以直接将缓冲区中的数据写入文件中，从而避免内存复制操作，提高程序的效率。另外，如果 iovec 结构体数组中的所有缓冲区都是内存映射文件，则 writev()函数可以使用零复制技术，直接将数据从文件映射区复制到网络缓冲区中，避免数据复制的过程，从而提高程序的效率。

readv()函数用于将一个文件描述符所指向的文件中的数据一次性读取到多个散布的不同缓冲区中。与 read()函数只能读取一个缓冲区的数据不同，readv()函数可以同时读取多个缓冲区的数据，从而提高 I/O 操作的效率。readv()函数原型如下。

```
1. #include <sys/uio.h>
2. ssize_t readv(int fd, const struct iovec *iov, int iovcnt);
```

readv()函数的各个参数含义和 writev()函数的参数一样,不再重复介绍。readv()函数的工作原理是从套接字读取数据到多个缓冲区中,返回读取到的全部字节数。首先检查 iovcnt 参数的值,如果小于或等于 0,则直接返回 0;然后调用 read()函数从文件中读取数据,并将读取到的数据写入 iovec()结构体数组中每个缓冲区描述符指向的内存空间中;再将 iovec 结构体数组中的缓冲区数据依次拼接成一个大缓冲区,即将各个缓冲区中的数据按照顺序依次复制到一个连续的内存空间中;最后返回读取的字节数或者错误码。

10.3　多播与广播的实现

10.3.1　多播与广播的概念

多播又称组播,基于 UDP,允许一个发送者向多个接收者同时发送相同的数据,而不是像单播那样向每个接收者单独发送数据。多播可以节约带宽和网络资源,并提高网络效率。在多播中,数据被发送到特定的 IP 地址范围内,这个 IP 地址范围被称为多播组,多个接收者可以同时加入这个组并接收数据。多播主要用于流媒体、视频会议、在线游戏等需要在多个设备间实时传输大量数据的场景。多播需要网络路由器的支持,因为它需要在网络中选择最佳的路径将数据包发送到多个目的地址。多播协议有 IGMP、协议无关多播(Protocol Independent Multicast,PIM)等。多播可以减少网络负载,因为它只传输到特定的一组设备,而不是所有设备。此外,多播也更加安全,因为攻击者无法监听多播地址外的通信。但是多播需要网络支持,这意味着网络设备必须进行配置以支持多播地址。另外,因为需要配置和管理多播组,所以多播也比广播更复杂。

广播同样基于 UDP,是指在 IP 子网内广播数据包,所有子网内部的主机都将收到这些数据包,不论这些主机是否乐于接收这些数据包。所以广播的使用范围较小,只在本地子网内有效,通过路由器和交换机网络设备控制广播传输。广播可以理解为一个人通过广播喇叭对在场的全体说话,这样做的好处是通话效率高,信息一下子就可以传递到全体。

广播是一种非常简单的数据传输方式,因为它不需要任何特殊的配置或管理,数据包只需要在网络中广播即可到达所有设备。但是广播会造成网络负载很高,因为它会将数据包传输到所有设备,而不管这些设备是否需要这些数据包,容易导致网络拥塞和性能下降。此外,广播也不安全,因为攻击者可以轻易地监听网络上的广播通信。

总之,广播和多播都是计算机网络中常见的数据传输方式,它们各有优缺点和适用范围。广播适用于简单的网络管理和诊断,而多播适用于视频和音频流等特定的应用场景。需要注意的是,使用广播和多播都会对网络产生一定的影响,因此在使用时需要根据实际需求进行选择和配置。

10.3.2　多播数据发送与接收

在多播中,发送者发送数据包时需要将目的地址设定为多播组地址。接收者需要把套接字加入多播组中,以便接收到该组中的数据包。接收者可以通过向网络中发送加入多播组的请求来完成加入操作。一旦加入了多播组,接收者就可以接收到发送者发送到该组的所有数据包。在发送数据时,发送者将数据包发送到指定的多播组,所有加入该组的接收者都可以接收到该数据包。

在接收数据时，接收者只需等待来自多播组的数据包即可。

多播请求结构体如下，其包含两个成员变量 imr_multiaddr 和 imr_interface，分别表示多播组地址和加入多播组的主机地址。

```
1. struct ip_mreq
2. {
3.     struct in_addr imr_multiaddr;//多播组地址
4.     struct in_addr imr_interface;//加入多播组的主机地址
5. }
```

加入多播组的代码如下。

```
1. struct ip_mreq join_addr;
2.
3. join_addr.imr_multiaddr.s_addr = "多播组地址";
4. join_addr.imr_interface.s_addr = "加入多播组的主机地址";
5.
6. setsockopt(sock, IPPROTO_IP, IP_ADD_MEMBERSHIP, (void *)&join_addr, sizeof(join_addr));
```

在发送数据的时候，发送者必须设置 TTL（Time to Live，生存时间），以防止网络阻塞。TTL 决定了数据包的传输距离，每经过 1 个路由器 TTL 就减 1，当 TTL 为 0 的时候，数据包就会被销毁，不再被传输。TTL 设置过大会影响网络流量，设置过小则无法传输到目的地址。

需要注意的是，多播只能在支持多播的网络中使用，且不同的网络设备和协议可能会带来一些差异。在使用多播时，还需要考虑网络拥塞、数据丢失、数据包重复等问题，以确保多播的可靠性和稳定性。

多播的示例代码见本章示例代码：多播发送方和多播接收方代码。

代码的运行结果如下，多播的接收方的 IP 地址为 224.1.1.5，端口号为 9190。

```
发送方：
$ ./build/news_sender 224.1.1.5 9190

接收方：
$ ./build/news_receiver 224.1.1.5 9190
```

10.3.3 广播数据发送与接收

在广播中，发送者在发送数据时只需要将数据包发送到广播地址。广播地址有两种形式，即直接广播地址和本地广播地址。直接广播地址包含有效的网络号和全"1"的主机号。例如，对于网段 192.168.1.0/24，广播地址是 192.168.1.255，所有该网段内的设备都可以接收到相同数据包。本地广播地址的网络号和主机号全为"1"，也就是 255.255.255.255。使用这两种广播地址的结果都是向网段内所有主机发送数据。

在默认情况下，套接字是禁止发送广播数据的，如果需要使用广播通信，则需要在套接字上进行设置以启用广播功能。使用 setsockopt()函数来设置套接字选项，以允许广播。例如可以使用以下代码来使套接字允许广播。

```
1. int send_sock;
2. int so_brd = 1;
3.
4. setsockopt(send_sock, SOL_SOCKET, SO_BROADCAST, (void *)&so_brd, sizeof(so_brd));
```

广播的示例代码见本章示例代码：广播发送方和广播接收方。

代码运行结果如下，使用两种广播地址的形式广播都能够成功发送和接收数据。

```
发送方：
$ ./build/news_sender_brd 192.168.1.255 9190
$ ./build/news_sender_brd 255.255.255.255 9190

接收方：
$ ./build/news_receiver_brd 9190
```

第 11 章

原始套接字

通过第 6 章的学习，我们知道套接字分为 3 类，分别是流式套接字（SOCK_STREAM）、数据报套接字（SOCK_DGRAM）和原始套接字（SOCK_RAW），并深入学习了流式套接字和数据报套接字。流式套接字用于提供面向连接的、可靠的数据传输服务，主要针对 TCP 连接的服务应用。数据报套接字则用于提供无连接的服务，主要针对 UDP 连接的服务应用。在大多数情况下，这两类套接字涵盖几乎所有 TCP/IP 的应用，能够满足普通网络编程的大部分需求的实现，因此这两类套接字也被叫作标准套接字。但标准套接字只能接收和发送确定的传输层协议数据包，例如，流式套接字收、发 TCP 协议数据包，数据报套接字收、发 UDP 协议数据包。

原始套接字与标准套接字的区别在于，原始套接字可以直接读、写网络层以下的协议数据包，从而使用户可以编写基于底层传输协议的应用程序。所以原始套接字被广泛应用于高级网络编程，例如用于网络安全领域应用程序的编写，网络嗅探、防火墙、入侵检测等应用程序的编写都可以用原始套接字来实现。

本章将介绍如何使用原始套接字进行编程，主要包括原始套接字的基本概念、编程方法、分类，以及相关的底层协议的数据包结构等知识。除了将详细介绍如何使用原始套接字完成数据包的发送和接收外，本章还将介绍另一个常被用于底层协议编程的开发包——pcap，它的使用比原始套接字更方便，因此在业界被广泛使用。

11.1　原始套接字概述

原始套接字可以用于进行比较底层的协议操作，允许对内核没有处理过的 IP 数据包进行直接的读、写，可以接收本机网卡上的所有数据包，也可以自行组装数据包进行发送。

原始套接字允许开发者访问网络数据包的内部，例如目的 IP 地址、协议类型、标志位和负载数据等。这使得开发者可以更好地控制网络流量，实现更高级的网络编程功能，如网络扫描、深度数据包检测和自定义路由等。

然而，使用原始套接字也存在风险。如果应用程序没有正确处理接收到的数据包，可能会导致网络漏洞和安全问题。因此，使用原始套接字需要更高的权限，应用开发者应当谨慎使用，以确保不会危害到系统自身。

11.2　原始套接字编程简介

11.2.1　原始套接字创建

原始套接字在实现过程中可以分为链路层原始套接字和网络层原始套接字。链路层原始套接字可以用于接收和发送链路层的 MAC 数据包，在发送时需要自行构造和封装 MAC 头部，用于链路层各种协议的交互。相对地，网络层原始套接字可以用于接收和发送网络层的数据包，在发送时需要自行构建 IP 数据包，用于网络层各种协议的交互。需要注意的是，使用原始套接字需要具备管理员权限，否则会创建失败。

首先，创建原始套接字与创建标准套接字使用相同的接口，填入不同的参数就能创建出两类不同的原始套接字。

```
int socket (int domain, int type, int protocol);
```

函数参数介绍如下。

- domain：协议族，这里写为 PF_PACKET（在部分资料中会使用 AF_PACKET 等，这是因为 PF 指代协议簇，AF 指代地址簇，理论上讲一个协议簇可能对应多个地址簇，但是到目前为止它们都是一一对应关系。所以，实际实现中 AF 与 PF 都宏定义了完全相同的值）。

- type：套接字类型，这里为原始套接字，填写 SOCK_RAW。

- protocol：协议类别，用来指定接收的数据包类型。

1. 链路层原始套接字

链路层原始套接字相对而言更加强大，它可以用于监听网卡上的所有数据包。链路层原始套接字的创建方法如下。

```
int socket (PF_PACKET, SOCK_RAW, htons(protocol));
```

其中，htons()函数我们已经学习过，是用于将整型变量从主机字节序转变成网络字节序的函数，protocol 的部分取值如表 11-1 所示。

表 11-1　链路层原始套接字 protocol 的部分取值

protocol	值	作用
ETH_P_ALL	0x0003	报收本机收到所有二层数据包
ETH_P_IP	0x0800	报收本机收到所有 IP 数据包
ETH_P_ARP	0x0806	报收本机收到所有 ARP 数据包
ETH_P_RARP	0x8035	报收本机收到所有 RARP 数据包
不指定	0	只用于发送

2. 网络层原始套接字

网络层原始套接字则只能接收网络层特定协议的数据包。网络层原始套接字的创建方法如下。

```
int socket (AF_INET, SOCK_RAW, protocol);
```

其中，protocol 的部分取值如表 11-2 所示。

表 11-2　网络层原始套接字 protocol 的部分取值

protocol	值	作用
IPPROTO_TCP	0x00000110	报收 TCP 数据包
IPPROTO_UDP	0x00010001	报收 UDP 数据包
IPPROTO_ICMP	0x00000001	报收 ICMP 数据包
IPPROTO_RAW	0x11111111	只用于发送，且需要构造 IP 头部

11.2.2　原始套接字发送与接收数据包

链路层原始套接字和网络层原始套接字的发送和接收流程相似，下面将分别对原始套接字的发送和接收流程进行简单的梳理。后文会详细介绍如何使用这两类原始套接字进行数据包的组装与发送、接收与解析，读者可深入体会原始套接字的强大功能，以及其与标准套接字的不同之处。

1. 原始套接字的发送流程

原始套接字的发送流程如图 11-1 所示。

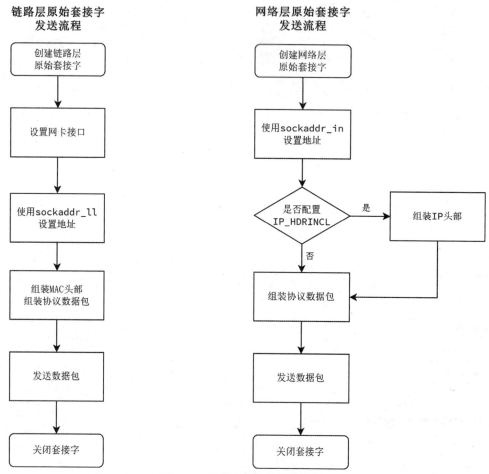

图 11-1　原始套接字的发送流程

对于链路层原始套接字来说，发送时需要知道用到的网卡信息，这是地址结构体 sockaddr_in 没有包含的部分，需要引入一个新的地址结构体 sockaddr_ll 来帮助存储相应的信息。

对于网络层原始套接字来说，发送时则无须设置网卡信息，使用地址结构体 sockaddr_in 就可以满足使用需求。在组装数据包时，根据需求可以选择是否配置 IP_HDRINCL 来决定是否组装 IP 头部。

我们可以看出，链路层原始套接字和网络层原始套接字的发送流程存在一些区别，但两者都对数据包有很高的自定义程度，这对于高级网络编程是非常重要的，也是我们实现某些特定网络功能的基础。

2. 原始套接字的接收流程

原始套接字的接收流程如图 11-2 所示。

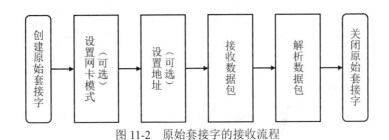

图 11-2　原始套接字的接收流程

链路层原始套接字和网络层原始套接字的接收流程一致。相比于标准套接字，原始套接字的功能更加强大。根据需求的不同，原始套接字在接收数据包的时候可以设置网卡模式，使用非混杂或混杂模式，来接收发给本机的数据包或者接收流经网卡的所有数据包。这一功能对于原始套接字实现抓包而言非常关键。在接收时，原始套接字也可以设置地址来过滤接收的数据包，不过我们使用原始套接字的时候大多希望能接收到更多的数据包，所以一般不用设置。

链路层原始套接字和网络层原始套接字虽然接收流程相同，但是接收的数据包是截然不同的。链路层原始套接字接收链路层的数据包，网络层原始套接字接收网络层的数据包，所以需要根据对应的协议来解析数据包才能获得正确的数据内容。

11.2.3　原始套接字涉及的数据包结构

在发送数据包之前，进行原始套接字编程时需要自行组装数据包。数据包是网络通信的基础，根据所使用的协议不同，数据包结构也不同。数据包必须符合协议相对应的结构，才能实现正常的网络通信。因此我们只有了解发送数据包的具体结构，才能组装出正确的数据包。下面对网络编程中几种常用协议的数据包结构进行简要的分析，以帮助我们在之后的学习中对组装和解析数据包有更好的理解。

1. 链路层

（1）MAC 数据包结构（如图 11-3 所示）

MAC 数据包结构的字段解读如下。

- 目的 MAC 地址：目的主机的 MAC 地址。

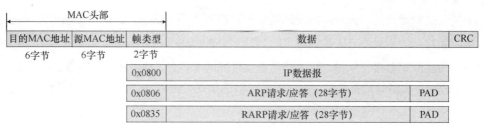

图 11-3　MAC 数据包结构

- 源 MAC 地址：源主机的 MAC 地址。

- 帧类型：数据包中的协议类型。

- PAD：填充字节。在 ARP 操作中，除去 MAC 头部之后，有效数据的长度为 28 字节，不满足以太网的最小长度为 46 字节的要求，因此需要填充字节，而填充字节的最小长度为 18 字节。

- CRC：循环冗余校验（Cyclic Redundancy Check）码，简称循环码，包含 4 字节，是一种常用的具有检错、纠错能力的校验码。为了简化程序，我们在后续组包时选择忽略该字段，这不影响本节示例中的 MAC 数据包的发送和接收。

（2）ARP 数据包结构（如图 11-4 所示）

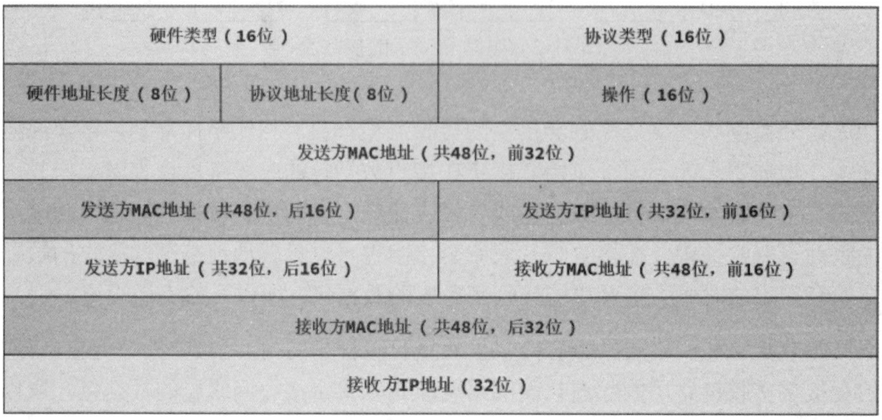

硬件类型（16位）		协议类型（16位）	
硬件地址长度（8位）	协议地址长度（8位）	操作（16位）	
发送方MAC地址（共48位，前32位）			
发送方MAC地址（共48位，后16位）		发送方IP地址（共32位，前16位）	
发送方IP地址（共32位，后16位）		接收方MAC地址（共48位，前16位）	
接收方MAC地址（共48位，后32位）			
接收方IP地址（32位）			

图 11-4　ARP 数据包结构

ARP 用于根据 IP 地址获取 MAC 地址。ARP 数据包结构的字段解读如下。

- 硬件类型：标识链路层协议。

- 协议类型：标识网络层协议。

- 硬件地址长度：标识 MAC 地址长度，即 6 字节（48 位）。

- 协议地址长度：标识 IP 地址长度，即 4 字节（32 位）。

- 操作：操作代码，1 表示 ARP 请求，2 表示 ARP 应答。

- 发送方 MAC 地址：源主机的 6 字节 MAC 地址。

- 发送方 IP 地址：源主机的 4 字节 IP 地址。

- 接收方 MAC 地址：接收方的 6 字节 MAC 地址，发送 ARP 请求时全置 0。

- 接收方 IP 地址：接收方的 4 字节 IP 地址。

（3）RARP 数据包

反向地址解析协议（Reverse Address Resolution Protocol，RARP），用于根据 MAC 地址获取 IP 地址。其数据包结构和 ARP 相同，但是在操作中所填写的操作代码不同。操作代码 3 表示 RARP 请求，操作代码 4 表示 RARP 应答。

2. 网络层

（1）IP 数据包结构（如图 11-5 所示）

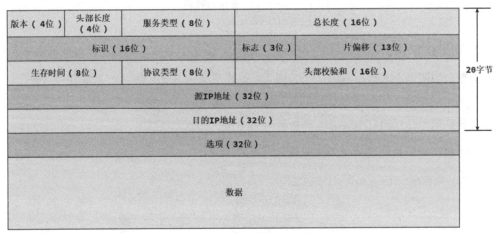

图 11-5　IP 数据包结构

IP 数据包在网络层原始套接字中根据配置的需要添加头部，IP 数据包结构的字段解读如下。

- 版本：IP 的版本。通信双方使用的 IP 版本必须一致。广泛使用的 IP 协议版本为第 4 版（即 IPv4）。

- 头部长度：可表示的最大十进制数是 15。这个字段的长度单位是每 4 字节，因此当此字段为 15 时，IP 头部长度为 60 字节。如果 IP 头部长度不是 4 字节的整数倍，需要利用最后的填充字段加以填充。因此数据部分永远以 4 字节的整数倍开始，这样在实现 IP 时较为方便。常用的头部长度是 20 字节，这时不使用任何选项。

- 服务类型：只有在区分服务的时候才起作用。

- 总长度：头部和数据之和的长度。

- 标识：使 IP 数据包分片后能够被组装。相同标识的数据包将被组装在一起。

- 标志：占 3 位，只有 2 位有意义。字段中最低位记为 MF（More Fragment），MF=1 表示后面还有分片数据包，MF=0 表示数据包为最后一个分片数据包。字段中间移位记为 DF（Don't Fragment，不能分片），必须在 DF=0 时才能分片数据包。

- 片偏移：较长的分组在分片后，某片在原分组中的相对位置。片偏移以每 8 字节为单位，除了最后一个分片，其余分片的长度一定为 8 字节的整倍数。

- 生存时间：表示数据包在网络中的寿命。

- 协议类型：表示上层协议的类型，例如 TCP 或者 UDP。

- 头部校验和：检验 IP 头部的完整性。

（2）ICMP 数据包结构（如图 11-6 所示）

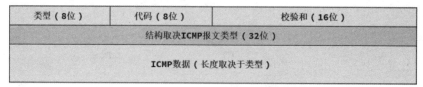

图 11-6　ICMP 数据包结构

ICMP 用于在 IP 主机、路由器之间传递控制消息。ICMP 数据包结构的字段解读如下。

- 类型：说明 ICMP 数据包的作用和格式。已经定义的 ICMP 数据包类型有十几种，总体分为差错数据包、控制数据包和查询数据包。

- 代码：用于详细说明 ICMP 某种数据包的类型。

- 校验和：用于检验数据包的完整性。

（3）TCP 数据包结构（如图 11-7 所示）

源端口（16位）									目的端口（16位）
序列号（32位）									
确认号（32位）									
数据偏移（4位）	保留（6位）	U R G	A C K	P S H	R S T	S Y N	F I N		窗口（16位）
校验和（16位）									紧急指针（16位）
选项和填充项（可变）									

图 11-7　TCP 数据包结构

TCP 数据包结构我们已经有所了解，其字段解读如下。

- 源端口：源端口号。

- 目的端口：目的端口号。

- 序列号：seq，指的是本报文段所发送数据的第一个字节的序号。

- 确认号：ack，一般是上一个接收数据包中的序列号加 1。

- 数据偏移：也叫作头部长度，占 4 位，它指的是 TCP 报文段的数据起始处距离 TCP 报文段的起始处有多远。

- 保留：占 6 位，保留为今后使用，但目前应置为 0。

- 标识：6 种标识符，其中 ACK、RST、SYN、FIN 是常用的。

- 窗口：发送本报文段一方的接收窗口（而不是自己的发送窗口），是给对方用的。窗口值告诉对方，从本报文段头部中的确认号算起，接收方目前允许对方一次发送的数据量（以字节为单位）。
- 校验和：检验数据包中头部和数据两部分的完整性。
- 紧急指针：仅在 URG=1 时才有意义。

（4）UDP 数据包结构（如图 11-8 所示）

图 11-8　UDP 数据包结构

UDP 数据包结构相对 TCP 数据包结构要简单一些，其字段解读如下。

- 源端口：源端口号。
- 目的端口：目的端口号。
- 长度：UDP 数据包头部和数据一共有多长。
- 校验和：检验数据包中头部和数据两部分的完整性。

11.3 链路层原始套接字

11.3.1 链路层原始套接字的发送流程

链路层原始套接字的发送流程要比网络层原始套接字的发送流程稍微复杂一些，如图 11-9 所示。

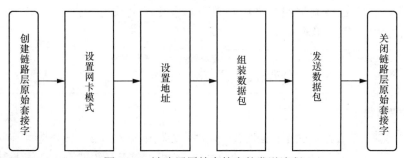

图 11-9　链路层原始套接字的发送流程

1. 创建链路层原始套接字

创建链路层原始套接字时所使用的接口我们在前面已经简单介绍过，主要关注接口中的第一个和第三个参数的填入，第一个参数填入 PF_PACKET，第三个参数填入 htons(protocol)，代码如下。

```
int socket (PF_PACKET, SOCK_RAW, htons(protocol));
```

其中，htons()是将整型变量从主机字节序转变成网络字节序的函数，protocol 的部分取值参见表 11-1。

具体实现的代码如下。

```
sock_fd = socket(PF_PACKET, SOCK_RAW, htons(ETH_P_ALL));
```

2. 设置网卡模式

链路层原始套接字在发送时需要指明使用某一网卡来处理发送的数据包。首先我们可以在 Linux 操作系统上使用"ifconfig"命令来查看网卡名称。然后可以通过如下代码来获取指定某一名称的网卡的信息。

```
1. struct ifreq ethreq;                      //网络接口地址
2. strcpy(ethreq.ifr_name, "ens33");         //指定网卡名称
3. // 获取网卡接口索引
4. ioctl(sock_fd, SIOCGIFINDEX, &ethreq);
```

3. 设置地址

使用套接字编程时会使用一些地址结构体来描述地址信息。我们已经简单认识了 sockaddr 和 sockaddr_in 这两个地址结构体。但在使用链路层原始套接字的时候，需要知道链路层的一些相关信息，这两个地址结构体已经无法满足要求，所以这里会引入一个新的地址结构体 sockaddr_ll 来保存相关的地址信息。

sockaddr_ll 结构体的具体内容如下。

```
1. struct sockaddr_ll {
2.     unsigned short sll_family;     // 一般为 AF_PACKET
3.     unsigned short sll_protocol;   // 物理层的协议
4.     int sll_ifindex;               // 网卡接口号
5.     unsigned short sll_hatype;     // 报头类型
6.     unsigned char sll_pkttype;     // 分组类型
7.     unsigned char sll_halen;       // 地址长度
8.     unsigned char sll_addr[8];     // 物理层地址
9. };
```

其中需要获取的主要信息就是 sll_ifindex 网卡接口号。通过设定该项的值，我们可以指定使用某一张网卡。之前已经根据网卡名称获取了网卡相关的信息，接下来只需将该值赋值到 sockaddr_ll 结构体中即可，代码如下。

```
1. struct sockaddr_ll addr_ssl;              //原始套接字地址结构
2. addr_ssl.sll_family = AF_PACKET;
3. addr_ssl.sll_ifindex = ethreq.ifr_ifindex;
```

4. 组装数据包

链路层原始套接字在组装数据包的时候，需要组装两个部分：第一部分是固定的 MAC 头部，第二部分是根据指定协议组装的协议相关的数据包。这里以前面介绍过的 ARP 数据包为例，MAC 数据包如图 11-10 所示。

该数据包看似复杂，但我们为了简化程序，忽略 CRC 部分，所以实际上我们要组装的部分只包括 14 字节的 MAC 头部、28 字节的 ARP 数据包和 18 字节的 PAD，一共只有 60 字节，其中 PAD 部分可以全部置为 0。将这 60 字节数据构成一个字节数组，如图 11-11 所示，它就是我们需要组装的数据包主要内容。

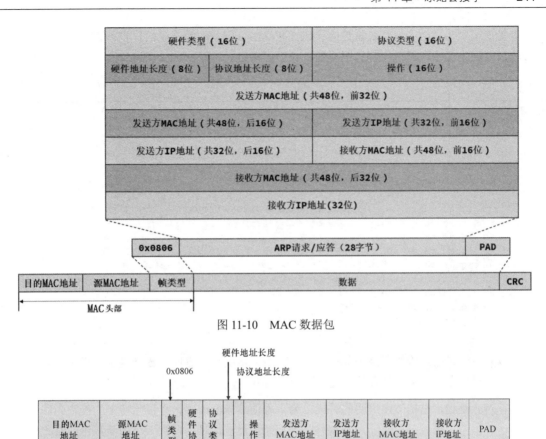

图 11-10 MAC 数据包

图 11-11 ARP 数据包字节数组

在实现时可以选择使用字节数组和使用结构体两种方式。

（1）使用字节数组

```
1.      //根据各种协议头部格式构造发送数据包，这里为 ARP 数据包
2.      unsigned char send_msg[61] = {
3.        /****** 构成 MAC 头部 14 字节 *********/
4.        0xff, 0xff, 0xff, 0xff, 0xff, 0xff, // dst_mac:广播地址
5.        0x00, 0x0c, 0x29, 0x15, 0xdd, 0x20, // src_mac:00:0c:29:15:dd:20
6.        0x08, 0x06,                         // 类型: 0x0806 ARP
7.        /******* 构成 ARP 请求 28 字节 *******/
8.        0x00, 0x01,  // 硬件类型 1（以太网地址）
9.        0x08, 0x00,  // 协议类型 0x0800（IP 地址）
10.       0x06,   // MAC 地址长度
11.       0x04,   // IP 地址长度
12.       0x00, 0x01,           // 操作代码 1 表示 ARP 请求，2 表示 ARP 应答
13.       0x00, 0x0c, 0x29, 0x15, 0xdd, 0x20, // 发送方 MAC 地址
14.       192, 168, 234, 139,                 // 发送方 IP 地址
15.       0x00, 0x00, 0x00, 0x00, 0x00, 0x00, // 接收方 MAC 地址（获取对方 MAC 地址，置 0）
16.       192, 168, 234, 129                  // 接收方 IP 地址
17.     };
18.     memset(send_msg+42, 0, 18);   // 补充 PAD
```

　　直接使用字节数组来组装数据包的代码比较简洁，但是非常不灵活，也不直观，一旦数据包内容较多就很难保证数据包内容的正确性，也很难检错。

　　（2）使用结构体

```
1.  struct mac_arp_packet {
2.      // MAC 头部
3.      unsigned char mac_dmac[HLEN]; // 目的 MAC 地址
4.      unsigned char mac_smac[HLEN]; // 源 MAC 地址
5.      unsigned short mac_proto_type;
6.      // ARP 数据包
7.      unsigned short hw_type;       // 硬件类型 1（以太网地址）
8.      unsigned short proto_type;    // 协议类型 0x0800（IP 地址）
9.      unsigned char hlen;           // MAC 地址长度 6
10.     unsigned char plen;           // IP 地址长度 4
11.     unsigned short op;            // 操作代码 1 表示 ARP 请求，2 表示 ARP 应答
12.     unsigned char smac[HLEN];     // 源 MAC 地址
13.     unsigned char sip[PLEN];      // 源 IP 地址
14.     unsigned char dmac[HLEN];     // 目的 MAC 地址
15.     unsigned char dip[PLEN];      // 目的 IP 地址
16.     unsigned char PAD[PAD_LEN];   // 填充字节
17. };
```

　　可以看出，使用结构体后整个数据包格式变得非常明晰，方便对数据包进行组装。但是使用结构体会出现一个很容易被忽视的问题——内存对齐。

　　内存对齐是指，结构体在声明的时候，为了方便编译器读取，会按照特定的规则为结构体开辟内存——以第一个成员首地址为 0 偏移量；每个成员首地址为自身大小的整数倍；结构体总大小为成员中最大类型的整数倍。这样造成的结果就是，如果结构体内部成员的内存不能做到自然对齐，那么为了实现结构体内存对齐，结构体中就会出现多余的保留内存空间。

　　而在结构体被发送和接收的两个过程中，会经过序列化和反序列化的过程。简单来讲就是将结构体的内容按照地址顺序，转换为字节数组，然后对字节数组进行传输，传输到接收方后再将字节数组还原为完整的结构体。内存对齐带来的多余内存会使序列化的数据包不能按照对应协议的数据输出和读取，在发送、传输和接收中将无法被正确地处理，造成发送失败、读取失败等错误。所以我们在使用结构体的时候，需要结构体成员都紧密对齐，也就是按 1 字节对齐，使得结构体内部空间没有冗余部分。

　　为了实现这一需求，这里介绍使用#pragma pack(n)自定义内存对齐的方法。

　　#pragma pack(n)是编译器提供的预处理指令，可以用于自定义内存对齐。其中 n 是可以自定义的值，设置后结构体会按照 n 字节对齐。设置为#pragma pack(1)就可以使结构体紧密对齐，用法如下。

```
1. #pragma pack(1) // 紧密对齐
2. struct mac_arp_packet {
3.     …
4. };
5. #pragma pack() // 恢复默认对齐
```

5. 发送数据包

　　发送数据包可以使用 sendto()函数实现。我们在第 6 章中已经介绍了 sendto()函数，按照接口填入参数就可以完成数据包发送，该函数原型如下。

第 11 章 原始套接字 ・243・

```
ssize_t sendto(int sockfd, void *buf, size_t len, int flags, struct sockaddr *dest_addr,
socklen_t addrlen);
```

在设置地址信息时，使用的是 sockaddr_ll 结构体。在使用 sendto()函数时，需要进行强制类型转换。

6. 关闭链路层原始套接字

使用 close()函数可将链路层原始套接字关闭。

11.3.2 ARP 数据包发送样例

上面已经详细讲解了整个链路层原始套接字发送的具体流程，这里我们给出一个 ARP 数据包发送的完整样例，以供读者加强理解和学习。

ARP 是根据 IP 地址来获得 MAC 地址的一个 TCP/IP 协议。其工作原理是，主机在局域网上广播一个包含目的 IP 地址的 ARP 请求，并等待接收返回消息；目的主机收到广播的数据包后，返回一个含有目的 MAC 地址 ARP 响应，以此来确定目的 MAC 地址。本样例程序模拟 ARP 广播 ARP 请求的过程，完整代码如下。

```
1.  #include <stdio.h>
2.  #include <stdlib.h>
3.  #include <string.h>
4.  #include <sys/socket.h>
5.  #include <netinet/ether.h> // ETH_P_ALL
6.  #include <sys/ioctl.h>  // ioctl、SIOCGIFADDR
7.  #include <net/if.h>       // struct ifreq
8.  #include <netinet/in.h>
9.  #include <arpa/inet.h>
10. #include <unistd.h>
11. #include <netpacket/packet.h> // struct sockaddr_ll
12.
13. #define HW_TYPE 1
14. #define HLEN 6 // MAC 地址长度
15. #define PLEN 4 // IP 地址长度
16. #define PAD_LEN 18
17.
18. // 根据各种协议头部格式构造发送数据报
19. #pragma pack(1) // 确保结构体成员紧密对齐，避免内存对齐导致的填充字节
20. struct mac_arp_packet {
21.     // MAC 头部
22.     unsigned char mac_dmac[HLEN]; // 目的 MAC 地址
23.     unsigned char mac_smac[HLEN]; // 源 MAC 地址
24.     unsigned short mac_proto_type;
25.     // ARP 数据包
26.     unsigned short hw_type;     // 硬件类型 1（以太网地址）
27.     unsigned short proto_type; // 协议类型 0x0800（IP 地址）
28.     unsigned char hlen;         // MAC 地址长度 6
29.     unsigned char plen;         // IP 地址长度 4
30.     unsigned short op;          // 操作代码 1 表示 ARP 请求，2 表示 ARP 应答
31.     unsigned char smac[HLEN];   // 源 MAC 地址
32.     unsigned char sip[PLEN];    // 源 IP 地址
33.     unsigned char dmac[HLEN];   // 目的 MAC 地址
34.     unsigned char dip[PLEN];    // 目的 IP 地址
35.     unsigned char PAD[PAD_LEN];// 填充字节
36. };
```

```
37.  #pragma pack() //恢复默认对齐
38.
39.  int main() {
40.      int sock_fd;
41.      struct mac_arp_packet arp;
42.      struct sockaddr_ll sa_ll;
43.      struct ifreq ifr;
44.      char iface[] = "ens33"; // 网卡名称
45.
46.      // 创建原始套接字
47.      sock_fd = socket(AF_PACKET, SOCK_RAW, htons(ETH_P_ARP));
48.      if (sock_fd == -1) {
49.          perror("socket");
50.          exit(1);
51.      }
52.
53.      // 获取网卡接口索引
54.      memset(&ifr, 0, sizeof(ifr));
55.      strncpy(ifr.ifr_name, iface, IFNAMSIZ);
56.      if (ioctl(sock_fd, SIOCGIFINDEX, &ifr) == -1) {
57.          perror("ioctl");
58.          exit(1);
59.      }
60.
61.      // 设置目的地址
62.      memset(&sa_ll, 0, sizeof(sa_ll));
63.      sa_ll.sll_family = AF_PACKET;
64.      sa_ll.sll_ifindex = ifr.ifr_ifindex;
65.
66.      // 设置 MAC 头部内容
67.      unsigned char src_mac[HLEN] = {0x00, 0x0c, 0x29, 0x15, 0xdd, 0x20};
68.      unsigned char src_ip[PLEN] = {192, 168, 234, 139};
69.      unsigned char dst_ip[PLEN] = {192, 168, 234, 129};
70.
71.      memset(&arp, 0, sizeof(arp)); // 初始化数据包
72.      memset(&arp.mac_dmac, 0xff, HLEN);      // 全部为 1 则为广播地址
73.      memcpy(&arp.mac_smac, src_mac, HLEN); // 源 MAC 地址
74.      arp.mac_proto_type = htons(ETH_P_ARP);
75.      // 设置 ARP 数据包内容
76.      arp.hw_type = htons(HW_TYPE);      // 硬件类型 1（以太网地址）
77.      arp.proto_type = htons(ETH_P_IP); // 协议类型 0x0800（IP 地址）
78.      arp.hlen = HLEN;
79.      arp.plen = PLEN;
80.      arp.op = htons(1); // ARP 请求
81.      memcpy(&arp.smac, src_mac, HLEN); // 源 MAC 地址
82.      memcpy(&arp.sip, src_ip, PLEN); // 源 IP 地址
83.      memset(&arp.dmac, 0x00, HLEN);   //目的 MAC 地址（获取对方 MAC 地址，置 0）
84.      memcpy(&arp.dip, dst_ip, PLEN); // 目的 IP 地址
85.
86.      // 发送 ARP 请求数据包
87.      if (sendto(sock_fd, &arp, sizeof(arp), 0, (struct sockaddr *)&sa_ll,
             sizeof(sa_ll)) == -1) {
88.          perror("sendto");
89.          exit(1);
90.      }
91.
92.      close(sock_fd);
93.      return 0;
94.  }
```

11.3.3　链路层原始套接字的接收流程

链路层原始套接字的接收流程如图 11-12 所示。相较于网络层原始套接字，链路层原始套接字在接收时需要关注是否更改网卡模式的设置。

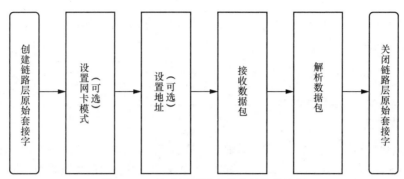

图 11-12　链路层原始套接字的接收流程

1. 创建链路层原始套接字

创建链路层原始套接字的方法同链路层原始套接字发送流程中的相同。

2. 设置网卡模式（可选）

一般情况下，网卡的接收模式都会被设置为非混杂模式。在该模式下网卡的驱动程序会检查数据包的前 6 字节，也就是目的 MAC 地址，如果该地址为本机的地址，网卡才会接收数据包，否则就会丢弃。

相对地，网卡的接收模式也可以被设置为混杂模式。在混杂模式下，网卡将不会进行数据包头部的检查，而是直接接收所有流经的数据包。在使用链路层原始套接字做一些数据包抓取和分析的应用时，往往需要将网卡的接收模式设置为混杂模式，设置方法如下。

```
1.  int set_promisc(int sock_raw_fd)
2.  {
3.      struct ifreq ethreq;
4.      strncpy(ethreq.ifr_name, "ens33", IFNAMSIZ);
5.
6.      //获取 ens33 网络接口标志
7.      if(ioctl(sock_raw_fd, SIOCGIFFLAGS, &ethreq) != 0)
8.      {
9.          perror("ioctl");
10.         return 1;
11.     }
12.
13.     ethreq.ifr_flags |= IFF_PROMISC; // 设置混杂模式
14.     // ethreq.ifr_flags &= ~IFF_PROMISC;  // 取消混杂模式
15.     //设置 ens33 网络接口标志
16.     if(ioctl(sock_raw_fd, SIOCSIFFLAGS, &ethreq) != 0)
17.     {
18.         perror("ioctl");
19.         return 1;
20.     }
21.     return 0;
22. }
```

3. 设置地址（可选）

一般来说，使用链路层原始套接字接收数据包是为了收取更多的数据包，因此不用设置地址。链路层原始套接字设置地址使用的依然是 sockaddr_ll 结构体。

4. 接收数据包

在接收数据包时，可以使用 recv() 或 recvfrom() 函数。前文已经介绍过这两个函数，这里不赘述。这两个函数的原型分别如下。

```
1. recv (int __fd, void *_buf, size_t __n, int __flags);
2. recvfrom (int fd, void buf, size_t n, int flags,  struct sockaddr * addr,
           socklen_t addr_len);
```

5. 解析数据包

MAC 数据包的结构在前文已经详细讲解过。被捕获的 MAC 数据包前 6 字节为目的 MAC 地址，接下来的 6 字节为源 MAC 地址，再接下来的 2 字节为数据包的协议类型。根据所对应的协议类型，对数据包进行相应的解析，即可获取数据包中的内容。

6. 关闭链路层原始套接字

使用 close() 函数将链路层原始套接字关闭。

11.3.4　链路层原始套接字抓包程序样例

这里给出一个链路层原始套接字抓包程序样例。该程序样例将网卡的接收模式设置为混杂模式，对流经网卡的所有 MAC 数据包进行抓取，读者可以尝试使用本样例对前面的 ARP 数据发送样例中发送的数据包进行抓取。

不过该样例只对 MAC 数据包做了简要的分析，以供参考，读者若有兴趣可以对抓取的数据包进行进一步的分析。

```
1. #include <stdlib.h>
2. #include <string.h>
3. #include <net/if.h>// struct ifreq
4. #include <sys/ioctl.h> // ioctl、SIOCGIFADDR
5. #include <sys/socket.h> // socket
6. #include <netinet/ether.h> // ETH_P_ALL
7. #include <netinet/in.h> // IPPROTO_TCP
8. #include <netpacket/packet.h> // struct sockaddr_ll
9. #include <unistd.h> // close
10.
11. int set_promisc(int sock_raw_fd); // 设置混杂模式
12. int receive_mac_socket(int sock_raw_fd); // 接收并分析数据包
13. int main()
14. {
15.     unsigned int ret = 0;
16.
17.     // 创建链路层原始套接字
18.     int sock_raw_fd = socket(PF_PACKET, SOCK_RAW, htons(ETH_P_ALL) );
19.     if(sock_raw_fd < 0)
20.     {
21.         printf("build socket_raw error!\n");
22.         return 1;
23.     }
24.     else
25.     {
```

```
26.            printf("success!\n");
27.        }
28.        ret = set_promisc(sock_raw_fd);
29.        if(ret) goto end;
30.        ret = receive_mac_socket(sock_raw_fd);
31.        if(ret) goto end;
32. end:
33.        close(sock_raw_fd);
34.        return 0;
35. }
36.
37. int set_promisc(int sock_raw_fd)
38. {
39.        struct ifreq ethreq;
40.        strncpy(ethreq.ifr_name, "ens33", IFNAMSIZ);
41.
42.        //获取 ens33 网络接口标志
43.        if(ioctl(sock_raw_fd, SIOCGIFFLAGS, &ethreq) != 0)
44.        {
45.            perror("ioctl");
46.            return 1;
47.        }
48.
49.        ethreq.ifr_flags |= IFF_PROMISC; // 设置混杂模式
50.        // ethreq.ifr_flags &= ~IFF_PROMISC;  // 取消混杂模式
51.        //设置 ens33 网络接口标志
52.       if(ioctl(sock_raw_fd, SIOCSIFFLAGS, &ethreq) != 0)
53.        {
54.            perror("ioctl");
55.            return 1;
56.        }
57.        return 0;
58. }
59.
60. int receive_mac_socket(int sock_raw_fd)
61. {
62.        while(1)
63.        {
64.            unsigned char buf[1024] = "";    // 接收数据
65.            unsigned char dst_mac[18] = ""; // 目的 MAC 地址
66.            unsigned char src_mac[18] = ""; // 源 MAC 地址
67.            //获取链路层的数据帧
68.            recvfrom(sock_raw_fd, buf, sizeof(buf), 0, NULL, NULL);
69.            //根据格式解析数据
70.            //从缓冲区里提取目的 MAC 地址、源 MAC 地址
71.            sprintf(dst_mac, "%02x:%02x:%02x:%02x:%02x:%02x",
72.                        buf[0], buf[1], buf[2], buf[3], buf[4], buf[5]);
73.            sprintf(src_mac, "%02x:%02x:%02x:%02x:%02x:%02x",
74.                        buf[6], buf[7], buf[8], buf[9], buf[10], buf[11]);
75.            //判断协议类型，输出源 MAC 地址、目的 MAC 地址
76.            uint16_t proto = (buf[12]<<8) | buf[13];
77.            unsigned char *proto_name;
78.            switch (proto)
79.            {
80.                case ETH_P_IP:   proto_name = "IP  数据报";break;
81.                case ETH_P_ARP:  proto_name = "ARP 数据报";break;
82.                case ETH_P_RARP: proto_name = "RARP 数据报";break;
83.                default:
84.                    proto_name = "other 数据报";
85.                    break;
86.            }
87.            printf("_____%s_____\n", proto_name);
```

```
88.            printf("MAC:%s >> %s\n", src_mac, dst_mac);
89.        }
90.    return 0;
91. }
```

11.4　网络层原始套接字

11.4.1　网络层原始套接字的发送流程

网络层原始套接字的发送流程如图 11-13 所示。

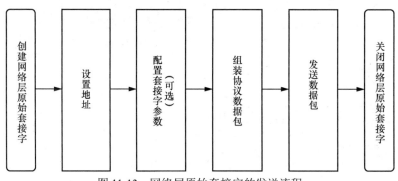

图 11-13　网络层原始套接字的发送流程

1. 创建网络层原始套接字

网络层原始套接字的创建代码如下。第一个参数填入 AF_INET，第三个参数填入 protocol。

```
int socket (AF_INET, SOCK_RAW, protocol);
```

其中，protocol 的部分取值参见表 11-2。

2. 设置地址

网络层原始套接字使用 sockaddr_in 地址结构体，该结构体在第 6 章中已经有所涉及。在网络层原始套接字发送流程中，sin_family 只能为 AF_INET，sin_port 可以为任意不与系统冲突的值，而 sin_addr 为目的 IP 地址。代码如下。

```
1. struct sockaddr_in sa_in;
2. sa_in.sin_family = AF_INET;
3. sa_in.sin_port = htons(1234);
4. sa_in.sin_addr = inet_addr("8.8.8.8");
```

3. 配置套接字参数（可选）

一般在组装网络层数据包的时候，只需要根据创建网络层原始套接字时所填写的协议参数来构建对应协议数据包的内容，而不必从 IP 头部开始构建。不过我们也可以选择使用 setsockopt() 函数配置 IP_HDRINCL 选项，这样就可以从 IP 头部开始构建数据包，该函数也在前面章节介绍过，其原型如下。

```
int setsockopt (int fd, int level, int optname, const void *__optval,
socklen_t*optlen) __THROW;
```

该选项配置如下。

```
1.  const int on =1;
2.  if (setsockopt (sockfd, IPPROTO_IP, IP_HDRINCL, &on, sizeof(on)) < 0) {
3.      printf("setsockopt error!\n");
4.  }
```

配置该选项后，我们组装 IP 数据包时，必须从 IP 头部开始。IP 头部的格式在前面已经有详细讲解，这里不再赘述。一般而言，IP 头部是较为复杂的，仅在有特殊需求的时候会配置该选项。

4. 组装协议数据包

TCP 数据包和 UDP 数据包使用标准套接字也能进行发送，但在使用标准套接字时，只用填写 TCP 和 UDP 要发送的数据，不用管 TCP 头部和 UDP 头部。原始套接字与其的区别就在于需要自己组建 TCP 头部和 UDP 头部。

而且原始套接字不局限于 TCP 和 UDP 协议，还可以发送其他网络层协议的数据包或者自定义协议的数据包。这里我们以发送 ICMP 回送请求数据包为例来介绍如何组装 IP 数据包。

ICMP 数据包回送请求其实就是我们平时使用 ping 工具的具体实现方式，当对目的 IP 地址发送一个 ICMP 回送请求数据包后，如果得到回应则 ping 通，如果回应超时或无法抵达则没有 ping 通。在前面的数据包结构中，我们介绍了 ICMP 数据包根据不同类型具有不同的数据包结构，ICMP 回送请求和回送应答数据包结构如图 11-14 所示。

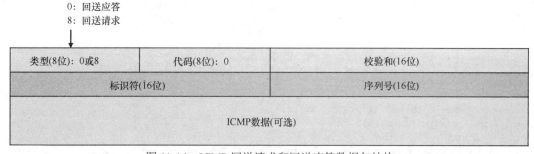

图 11-14　ICMP 回送请求和回送应答数据包结构

与原生的 ICMP 数据包结构相比，ICMP 回送请求和回送应答数据包多了标识符和序列号两项。

- 类型：为 0 或 8，0 表示回送应答，8 表示回送请求。

- 代码：为 0。

- 校验和：用于检验数据包的完整性。

- 标识符：用于区分是哪个应用程序发送的 ICMP 数据包，一般会用程序的进程 ID 作为标识符。

- 序列号：从 0 开始，每次发送一个新的回送请求就会加 1，用来确认数据包是否有丢失。

ICMP 的结构体在 Linux 操作系统的 netinet/ip_icmp.h 文件中已经有过定义，打包 ICMP 数据包的代码如下。

```
1. void icmp_pack(struct icmp* icmp_req, int seq)
2. {
3.
4.     int pid = getpid(); // 获取当前进程 ID
5.     icmp_req->icmp_type = ICMP_ECHO;
```

```
6.        icmp_req ->icmp_code = 0;
7.        icmp_req ->icmp_cksum = 0;
8.        icmp_req ->icmp_id = pid & 0xffff; // 取后 2 个字节
9.        icmp_req ->icmp_seq = seq;
10.       // 计算校验和
11.       icmp_req->icmp_cksum = cal_checksum((unsigned short*)icmp_req, sizeof(icmp_req));
12. }
```

需要注意的是，校验和必须先赋值为 0，然后计算才能得到正确结果。

校验和计算方法对 IP、UDP、TCP、ICMP、IGMP 等协议都是相同的。简单来讲就是，首先将校验和置 0，然后每 2 字节相加（二进制求和）得到一个结果，如果最后还剩 1 字节则继续加上前面的和，再将高 16 位和低 16 位相加，直到高 16 位全为 0，最后将结果取反，代码如下。

```
1. unsigned short cal_checksum(unsigned short *data, int len)
2. {
3.        int sum = 0;
4.        unsigned short *w = data;
5.        unsigned short answer = 0;
6.        int nleft = len;
7.        /*把 ICMP 头部的二进制数以 2 字节为单位累加起来*/
8.        while(nleft > 1)
9.        {
10.              sum += *w++;
11.              nleft -= 2;
12.       }
13.
14.       if(nleft == 1)
15.       {
16.              *(unsigned char *)(&answer) = *(unsigned char *)w;
17.              sum += answer;
18.       }
19.       sum = (sum>>16) + (sum&0xffff);
20.       sum += (sum>>16);
21.       answer = ~sum;
22.       return answer;
23. }
```

5. 发送数据包

同样使用 sendto()函数发送数据包即可。

6. 关闭网络层原始套接字

使用 close()函数可将网络层原始套接字关闭。

11.4.2　使用 ping 工具发送 ICMP 数据包样例

ping 工具的原理是利用 ICMP 协议发送回送请求（echo request），对目的 IP 地址进行探测，并等待接收回送应答（echo reply），从而判断网络连接情况。如果成功收到回送应答，则说明目的主机的网络可达；如果回送应答没有到达，则说明目的主机网络不可达。碍于篇幅原因，这里和后面的接收部分都只给出部分重要的核心代码。

```
1. #define PACKET_SEND_MAX 64
2.
3. typedef struct Ping_Packet_t
4. {
5.     struct timeval begin_time;
```

```
6.      struct timeval end_time;
7.      int flag;    // 发送标志, 1 表示已发送
8.      int seq;      // 序列号
9. }Ping_Packet;
10.
11. Ping_Packet   ping_packet[PACKET_SEND_MAX];
12.
13. int alive;
14. int raw_sock;
15. int send_cnt;
16. int recv_cnt;
17. pid_t pid;
18. struct sockaddr_in sa_in;
19. struct timeval start_time;
20. struct timeval end_time;
21. struct timeval time_interval;
22.
23. unsigned short cal_checksum(unsigned short *addr, int len) // 计算校验和
24. {
25.      int nleft = len;
26.      int sum = 0;
27.      unsigned short *w = addr;
28.      unsigned short ans = 0;
29.
30.      /*把 ICMP 报头二进制数据以 2 字节为单位累加起来*/
31.      while(nleft > 1)
32.      {
33.          sum += *w++;
34.          nleft -= 2;
35.      }
36.
37.      if(nleft == 1)
38.      {
39.          *(unsigned char *)(&ans) = *(unsigned char *)w;
40.          sum += ans;
41.      }
42.      sum = (sum>>16) + (sum&0xffff);
43.
44.      sum += (sum>>16);
45.      ans = ~sum;
46.      return ans;
47. }
48.
49. void icmp_pack(struct icmp* icmp_req, int seq)   // 封装 ICMP 数据包
50. {
51.      icmp_req->icmp_type = ICMP_ECHO;
52.      icmp_req->icmp_code = 0;
53.      icmp_req->icmp_cksum = 0;
54.      icmp_req->icmp_id    = pid & 0xffff; // 只取后 4 位
55.      icmp_req->icmp_seq   = seq;
56.
57.      icmp_req->icmp_cksum = cal_checksum((unsigned short*)icmp_req, sizeof(icmp_req));
58.
59. }
60.
61. void ping_send() // 发送 ping 数据包
62. {
63.      struct icmp send_pak;
64.      memset(send_pak, 0, sizeof(send_pak));
65.      gettimeofday(&start_time, NULL); //记录第一个 ping 数据包发送的时间
66.      while(alive)
67.      {
68.          int size = 0;
```

```
69.            gettimeofday(&(ping_packet[send_cnt].begin_time), NULL);
70.            ping packet[send_cnt].flag = 1; //将该标志设置为该包已发送
71.
72.            icmp_pack(&send_pak, send_cnt); // 封装 ICMP 数据包
73.            size = sendto(raw_sock, (char *)&send_pak, sizeof(send_pak), 0,
                            (struct sockaddr*)&sa_in, sizeof(sa_in));
74.            send_cnt++; // 记录发送 ping 数据包的数量
75.            if(size < 0)
76.            {
77.                fprintf(stderr, "send icmp packet fail!\n");
78.                continue;
79.            }
80.
81.            sleep(10);
82.        }
83. }
```

11.4.3　网络层原始套接字的接收流程

网络层原始套接字的接收流程和链路层原始套接字的接收流程大致相同，如图 11-15 所示。

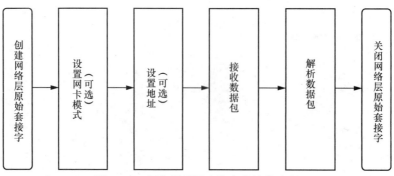

图 11-15　网络层原始套接字的接收流程

1.　创建网络层原始套接字

创建网络层原始套接字的方法与网络层原始套接字发送流程中的相同。

2.　设置网卡模式（可选）

设置方法与链路层原始套接字的发送流程中的相同。当网卡的接收模式被设置为混杂模式时，网络层原始套接字能够捕获所有流经该网卡的网络数据包。

3.　设置地址（可选）

设置地址同样使用 sockaddr_in 结构体，可以使用 bind()、connect()等函数来绑定地址信息，以过滤掉不需要的数据包，但它们都不常用。一般来说，在使用原始套接字做接收的时候都不用设置地址。

4.　接收数据包

与链路层原始套接字相同，网络层原始套接字接收数据包也使用 recv()或 recvfrom()函数。

5.　解析数据包

按照对应的协议进行相应的解析，与前文 ICMP 回送请求数据包相对应，这里以 ICMP 回送应答数据包为例。ICMP 回送应答数据包结构与 ICMP 回送请求是相同的。收到的数据包为一

个完整的 IP 数据包，包含 IP 头部和 ICMP 回送应答数据包。我们首先要判断该 ICMP 数据包是否合法，ICMP 数据包的大小至少有 8 字节。同时要判断该数据包是不是与我们发送的 ICMP 回送请求数据包相对应的回送应答数据包，进程 ID 可以用来判断该回送应答数据包的合法性。

代码如下。

```
1.  int icmp_unpack(char* buf, int len)
2.  {
3.      int iphdr_len;
4.      int pid = getpid();  // 与发送在同一个进程中才能判断正确
5.      struct ip* ip_hdr = (struct ip *)buf;
6.      iphdr_len = ip_hdr->ip_hl * 4; // IP 头部长度以每 4 字节为单位
7.
8.      struct icmp* icmp = (struct icmp*)(buf+iphdr_len); // 跳过 IP 头部
9.      len -= iphdr_len;   //ICMP 数据包长度
10.     if(len < 8)     //判断长度是否为 ICMP 数据包长度
11.     {
12.         fprintf(stderr, "Invalid icmp packet.Its length is less than 8\n");
13.         return -1;
14.     }
15.
16.     //判断该数据包是 ICMP 回送应答数据包且是我们发出去的
17.     if((icmp->icmp_type == ICMP_ECHOREPLY) && (icmp->icmp_id == (pid & 0xffff)))
18.     {
19.         if((icmp->icmp_seq < 0) || (icmp->icmp_seq > PACKET_SEND_MAX_NUM))
20.         {
21.             fprintf(stderr, "icmp packet seq is out of range!\n");
22.             return -1;
23.         }
24.
25.         printf("ping ok! \n");
26.     }
27.     else
28.     {
29.         fprintf(stderr, "Invalid ICMP packet! Its id is not matched!\n");
30.         return -1;
31.     }
32.     return 0;
33. }
```

6. 关闭网络层原始套接字

使用 close()函数可将网络层原始套接字关闭。

11.4.4　使用 ping 工具接收 ICMP 数据包样例

与 11.4.2 节的样例一致，这里也只给出关键代码，其中部分变量同 11.4.2 节的样例。读者可以尝试将这两个样例同多线程的知识相结合，给出一个完整的 ping 工具程序。

```
1.  int icmp_unpack(char *buf, int len)
2.  {
3.      int iphdr_len;
4.      struct timeval begin_time, recv_time, offset_time;
5.      int rtt;  //往返路程时间
6.
7.      struct ip* ip_hdr = (struct ip *)buf;
8.      iphdr_len = ip_hdr->ip_hl*4;
9.      //printf("ip_hdr->ip_hl: %d\n",ip_hdr->ip_hl);
10.     struct icmp* icmp = (struct icmp*)(buf+iphdr_len);
11.     len -= iphdr_len;   //ICMP 数据包长度
```

```
12.      if(len < 8)    //判断长度是否为 ICMP 数据包长度
13.      {
14.          fprintf(stderr, "Invalid icmp packet.Its length is less than 8\n");
15.          return -1;
16.      }
17.
18.      //判断该数据包是 ICMP 回送应答数据包，并且是由我们发出去的
19.      if((icmp->icmp_type == ICMP_ECHOREPLY) && (icmp->icmp_id == (pid & 0xffff)))
20.      {
21.          if((icmp->icmp_seq < 0) || (icmp->icmp_seq > PACKET_SEND_MAX_NUM))
22.          {
23.              fprintf(stderr, "icmp packet seq is out of range!\n");
24.              return -1;
25.          }
26.
27.          ping_packet[icmp->icmp_seq].flag = 0;
28.          begin_time = ping_packet[icmp->icmp_seq].begin_time;
29.          gettimeofday(&recv_time, NULL);
30.
31.          offset_time = cal_time_offset(begin_time, recv_time);//计算时间,该函数需要自行编写
32.          rtt = offset_time.tv_sec*1000 + offset_time.tv_usec/1000; //单位为毫秒（ms）
33.
34.          printf("%d byte from %s: icmp_seq=%u ttl=%d rtt=%d ms\n",
35.              len, inet_ntoa(ip_hdr->ip_src), icmp->icmp_seq, ip_hdr->ip_ttl, rtt);
36.
37.      }
38.      else
39.      {
40.          fprintf(stderr, "Invalid ICMP packet! Its id is not matched!\n");
41.          return -1;
42.      }
43.      return 0;
44. }
45.
46. void ping_recv()
47. {
48.      struct timeval tv;
49.      tv.tv_usec = 300;   //设置 select()函数的超时时间为 300μs
50.      tv.tv_sec = 0;
51.      fd_set read_fd;
52.      char recv_buf[512];
53.      memset(recv_buf, 0 ,sizeof(recv_buf));
54.      while(alive)
55.      {
56.          int ret = 0;
57.          FD_ZERO(&read_fd);
58.          FD_SET(raw_sock, &read_fd);
59.          ret = select(raw_sock+1, &read_fd, NULL, NULL, &tv);//等待并监视可读数据
60.          switch(ret)
61.          {
62.              case -1:
63.                  fprintf(stderr,"fail to select!\n");
64.                  break;
65.              case 0:
66.                  break;
67.              default:
68.                  {
69.                      int size = recv(raw_sock, recv_buf, sizeof(recv_buf), 0);
70.                      if(size < 0)
71.                      {
```

```
72.                          fprintf(stderr,"recv data fail!\n");
73.                          continue;
74.                      }
75.
76.                      ret = icmp_unpack(recv_buf, size); //对接收的数据包进行解封
77.                      if(ret == -1)   //不是属于自己的 ICMP 数据包，丢弃不处理
78.                      {
79.                          continue;
80.                      }
81.                      recv_cnt++; //接收数据包计数
82.                  }
83.              break;
84.          }
85.      }
86. }
```

11.5　pcap 简介

11.5.1　pcap 概述

pcap 是一个用 C 语言编写的用于网络数据包捕获和分析的库。pcap 提供了一种简单、快速、灵活的方式来捕获网络数据包，允许用户对捕获的数据包进行处理和分析。用户可以使用 pcap 的函数来创建捕获会话、设置过滤规则、捕获数据包、分析数据包等。

pcap 最初是为 UNIX 系统开发的，但现在已经被移植到了其他平台，如 Windows 和 macOS 等，其在 Windows 系统中的名称为 Winpcap。而且 pcap 是开源的，可以与其他网络工具和框架（如 Wireshark、tcpdump、Nmap 等）集成使用。它也可以用于开发自定义的网络应用程序，例如网络流量分析工具、入侵检测/防御系统（Intrusion Detection System/Intrusion Prevention System，IDS/IPS）、网络协议分析器等。现在 pcap 已经被广泛用于网络安全、网络分析、网络监控和诊断等领域。

11.5.2　pcap 抓包流程

在大多数的 Linux 系统中，pcap 已经预先被安装，可以直接使用。如果系统没有安装或想使用一些更高级的功能，那么可以使用“apt-get”命令安装最新的 libpcap-dev 包。需要指出的是，原始的 pcap 并不提供数据包的发送功能，但 Winpcap 通过扩展库具备该功能。

在使用 pcap 编程时，必须连接其静态链接库或者动态链接库，而且需要以管理员权限来执行生成的应用。以下是一些常见的 Linux 系统中 pcap 文件的位置。

- Debian/Ubuntu：/usr/lib/x86_64-linux-gnu/libpcap.so。

- CentOS/RHEL：/usr/lib64/libpcap.so。

- Fedora：/usr/lib64/libpcap.so。

- Arch Linux：/usr/lib/libpcap.so。

- openSUSE：/usr/lib64/libpcap.so。

- 龙芯：/usr/lib/loongarch64-linux-gnu/libpcap.so.0.8。

使用 pcap 抓包的流程如图 11-16 所示。

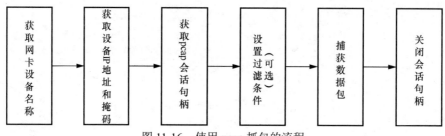

图 11-16　使用 pcap 抓包的流程

1. 获取网卡设备名称

pcap 为我们提供了一个查询网卡设备的函数 pcap_lookupdev()，使用此函数会返回默认网卡设备的名称，该函数的原型如下。

```
char    *pcap_lookupdev(char *errbuf) // 传入一个字符串首地址来保存错误信息
```

如果存在多个网卡设备，pcap 也提供了 pcap_findalldevs()函数，可以用来查询所有的网卡设备，该函数的原型如下。

```
1. //第一个参数为设备列表，第二个为错误信息
2. int    pcap_findalldevs(pcap_if_t **alldevsp, char *errbuf);
```

2. 获取设备 IP 地址和掩码

我们可以通过网卡设备的名称来获取默认接口的 IP 地址和掩码，方便之后设置抓包的过滤规则。使用的函数为 pcap_lookupnet()，其原型如下。

```
int    pcap_lookupnet(const char *device, bpf_u_int32 *netp, bpf_u_int32 *maskp,
char *errbuf)
```

函数参数介绍如下。

- device：网卡设备名称。

- netp：网络地址。

- maskp：掩码。

- errbuf：错误信息。

3. 获取 pcap 会话句柄

使用 pcap_open_live()函数会返回一个 pcap 会话句柄，通过该句柄可以完成设置过滤条件和抓包操作，其原型如下。

```
pcap_t *pcap_open_live(char *device, int snaplen, int promisc, int to_ms,
char *ebuf)
```

函数参数介绍如下。

- device：网卡设备名称。

- snaplen：pcap 捕获的最大字节数。

- promisc：设置网卡模式，1 为混杂模式，0 为非混杂模式。

- to_ms：以毫秒（ms）为单位的读取超时时间。
- ebuf：错误信息。

4. 设置过滤条件（可选）

多数情况下，为了方便分析数据，需要获取特定的数据包信息，pcap 提供了方法来设置过滤条件。具体的设置方法和过滤语法在后文有详细说明。

5. 捕获数据包

pcap 给出了许多捕获数据包的方法。这里简单介绍两种抓包思路。

（1）使用循环和 pcap_next()函数抓取数据包

pcap_next()是 pcap 中用于捕获数据包的函数之一，功能是从捕获的数据包中返回下一个数据包，并将其存储在用户提供的缓冲区中，其原型如下。

```
const u_char *pcap_next(pcap_t *p, struct pcap_pkthdr *h);
```

函数参数介绍如下。

- p：pcap 会话句柄。
- h：结构体指针，该结构体指针包含有关数据包的一般信息。

返回值为数据包的内容。

pcap_pkthdr 结构体包含有关数据包的一般信息，其结构如下。

```
1. struct pcap_pkthdr {
2.        struct timeval ts;  /* 时间戳 */
3.        bpf_u_int32 caplen; /* 抓取的数据包长度*/
4.        bpf_u_int32 len;    /* 数据包的实际长度  */
5. };
```

pcap_next()函数一次只能捕获一个数据包，我们可以把它和循环结合来达到连续捕获数据包的效果。该函数同时返回数据包内容的指针，这方便我们对数据包进行分析，示例代码如下。

```
 1.      struct pcap_pkthdr header;
 2.      const u_char *packet;
 3.      while (1) {
 4.          packet = pcap_next(handle, &header); // 每次循环捕获一个数据包
 5.          if (packet == NULL) {
 6.              continue;
 7.          }
 8.          analyze_packet(NULL, &header, packet); // 自定义的数据包处理函数
 9.      }
10. // 自定义的数据包处理函数
11. void analyze_packet(u_char *args, const struct pcap_pkthdr *header,
                        const u_char *packet) {
12.      …
13. }
```

（2）使用 pcap_loop()函数和回调函数抓取数据包

pcap_loop()函数内部会循环等待并捕获数据包，捕获到数据包后会调用用户定义的回调函数对数据包进行处理。函数原型如下。

```
int pcap_loop(pcap_t *p, int cnt, pcap_handler callback, u_char *user)
```

函数参数介绍如下。

- p：pcap 会话句柄。

- cnt：指定捕获数据包的数量（为负值意味着嗅探到发生错误）。

- callback：回调函数的名称。

- user：用户自定义数据的指针，可以在回调函数中使用，一般为 NULL。

回调函数需要自己编写，可以自定义捕获数据包的处理方式，其原型如下。

```
typedef void (*pcap_handler)(u_char *user, const struct pcap_pkthdr *h,
const u_char *bytes);
```

函数参数介绍如下。

- user：与 pcap_loop()函数中对应的用户自定义数据的指针。

- h：结构体指针。

- bytes：数据包内容。

使用 pcap_loop()函数的写法可以参考 pcap 抓包样例。

6. 关闭会话句柄

使用 pcap_close()函数可关闭会话句柄。

11.5.3　设置过滤条件

为了方便分析数据，我们一般会在获取数据包前添加一些过滤条件来筛选出有用的数据包。设置的方法一共分为两步，第一步是将过滤条件设置编译到 pcap 过滤器中，第二步是将 pcap 过滤器设置到 pcap 会话句柄中。在 pcap 中需要先编译过滤条件语句，因为过滤条件语句需要先被解析并编译成可执行的指令，以便在捕获数据包时进行匹配和过滤操作。由于数据包的数量通常非常多，速率通常非常高，因此过滤操作需要尽可能高效地执行，这就需要先对过滤条件语句进行编译，以便在捕获数据包时能够快速地匹配和过滤出符合条件的数据包，提高效率和准确性。因此，编译过滤条件语句是设置过滤条件的必要步骤。

1. 设置过滤条件流程

具体到程序中时，首先使用 pcap_compile()函数对过滤条件语句进行编译，然后使用 pcap_setfilter()函数完成过滤条件设置。

pcap_compile()函数主要用于编译过滤条件语句中的字符串，生成可执行的 BPF（Berkeley Packet Filter）程序，以便在捕获数据包时快速匹配和过滤出符合条件的数据包，函数原型如下。

```
int pcap_compile(pcap_t *p, struct bpf_program *fp, char *str, int optimize,
bpf_u_int32 netmask)
```

函数参数介绍如下。

- p：pcap 会话句柄。

- fp：存储过滤器（BPF 程序）的位置引用。

- str：过滤条件的字符串。

- optimize：是否优化过滤表达式。

- netmask：指定过滤器应用到网络的网络掩码中。

pcap_setfilter()函数用来设置过滤条件，函数原型如下。

```
int pcap_setfilter(pcap_t *p, struct bpf_program *fp)
```

函数参数介绍如下。

- p：pcap 会话句柄。

- fp：过滤器的位置引用。

2. pcap 过滤器的语法规则

在设置 pcap 过滤器的时候，我们通常会传入一个包含一定规则的字符串表达式作为过滤条件。pcap 过滤器的语法规则基于 BPF 语法规则，一句表达式可以由一个或多个原语组成，一个原语包含一个 ID、一个或多个修饰词，多个原语之间可以使用逻辑操作符连接，如图 11-17 所示。

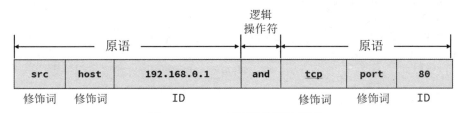

图 11-17　pcap 过滤器的语法规则

通常修饰词可以分为 3 类，即协议修饰词、方向修饰词和类型修饰词。逻辑操作符用于连接多个原语，表达多个表达式之间的关系，其可能的取值包括 not、and 和 or。表达式的组织方式如图 11-18 所示。

图 11-18　表达式的组织方式

3 类修饰词可以分别用来描述 ID 的特征。

（1）协议修饰词

协议修饰词限制了数据包所匹配的协议。可能的取值：ether，以太网协议；fddi，令牌环网协议；tr，以太网协议；ip，IPv4 协议；ip6，IPv6 协议；arp，地址解析协议；rarp，逆地址解析协议；decnet，DEC 网络协议；tcp 和 udp，TCP 和 UDP 协议。

（2）方向修饰词

方向修饰词指明了一个特定的传输方向。可能的方向有 src、dst、src 或 dst。例如：src port 8080，表示源端口为 8080 的数据包；dst host 192.168.0.1，表示目的地址为 192.168.0.1 的数据包。

（3）类型修饰词

类型修饰词一般用于描述 ID 值的类型。可能的类型：host，主机地址；net，网段；port，端口。

3. 常见场景所使用的过滤语句举例

```
host 192.168.1.1  //抓取某个 IP 地址的数据包
host www.baidu.com  //抓取特定源或目的主机名称的数据包
net 192.168.1.0/24  //抓取某特定网段称的数据包
tcp or udp  //抓取特定协议（如 TCP 或 UDP）的数据包
tcp src host 192.168.0.1 and tcp dst host 192.168.0  //抓取 TCP 协议中指定源 IP 地址和目的 IP
                                                       地址的数据包
```

11.5.4 pcap 抓包样例

下面介绍一个简单的 pcap 抓包样例，其功能是过滤、抓取 TCP 数据包并输出数据包实际长度。读者可以尝试修改该样例程序来抓包，并分析前文使用原始套接字发送的 ARP 数据包和 ICMP 数据包。

```
1.  #include <stdio.h>
2.  #include <pcap/pcap.h>
3.  #include <stdlib.h>
4.  #include <netinet/in.h>
5.  #include <netinet/if_ether.h>
6.
7.  void packet_handler(u_char *param, const struct pcap_pkthdr *header,
                        const u_char *pkt_data) // 回调函数
8.  {
9.      printf("Packet length: %d\n", header->len);
10. }
11.
12. int main(int argc, char **argv)
13. {
14.     char *dev;  // 网卡设备名称
15.     char errbuf[PCAP_ERRBUF_SIZE];  // 记录错误信息的字符串
16.     pcap_t *handle;  // 会话句柄
17.     struct bpf_program fp;
18.     bpf_u_int32 net, mask; // 嗅探设备的 IP 地址和掩码
19.
20.     /* 获取默认网络接口 */
21.     dev = pcap_lookupdev(errbuf);
22.     if (dev == NULL) {
23.         fprintf(stderr, "Couldn't find default device: %s\n", errbuf);
24.         return -1;
25.     }
26.     printf("Device: %s\n", dev);
27.
28.     /* 获取默认接口的网络地址和掩码 */
29.     if (pcap_lookupnet(dev, &net, &mask, errbuf) == -1) {
30.         fprintf(stderr, "Couldn't get netmask for device %s: %s\n", dev, errbuf);
31.         net = 0;
32.         mask = 0;
33.     }
34.
35.     /* 打开网络接口 */
36.     handle = pcap_open_live(dev, BUFSIZ, 1, 1000, errbuf);
37.     if (handle == NULL) {
38.         fprintf(stderr, "Couldn't open device %s: %s\n", dev, errbuf);
39.         return -1;
40.     }
41.
42.     /* 编译过滤器 */
43.     if (pcap_compile(handle, &fp, "tcp", 0, mask) == -1) {
44.         fprintf(stderr, "Couldn't parse filter %s: %s\n", "tcp", pcap_geterr(handle));
```

```
45.           return -1;
46.       }
47.       if (pcap_setfilter(handle, &fp) == -1) {
48.           fprintf(stderr, "Couldn't install filter %s: %s\n", "tcp",
                       pcap_geterr(handle));
49.           return -1;
50.       }
51.
52.       /* 循环获取数据包 */
53.       if (pcap_loop(handle, -1, packet_handler, NULL) == -1) {
54.           fprintf(stderr, "Couldn't start packet capture: %s\n", pcap_geterr(handle));
55.           return -1;
56.       }
57.
58.       /* 关闭会话句柄 */
59.       pcap_close(handle);
60.       return 0;
61.  }
```

第 12 章

综合运用案例

在本章中，我们将综合运用前面几章的知识来实现几个简单案例，帮助读者巩固学习过的知识，更好地理解网络编程和网络传输协议的原理及应用。

12.1　实现简单的 Web 服务器

12.1.1　多线程 Web 服务器实现

前文介绍了套接字和多线程相关的知识，这里将使用相关的知识来完成一个超简易的多线程 Web 服务器，如图 12-1 所示。该 Web 服务器只维护一个特别简单的网页，每当一个客户端访问该服务器时，就开启一个单独的线程与其进行交互，实现服务器的多线程处理。

图 12-1　多线程 Web 服务器

每个客户端与服务器交互时，都遵循一套相同的流程。首先客户端会同服务器建立 TCP 连接，然后客户端发送 HTTP 请求，向服务器请求网页的数据。服务器接收到 HTTP 请求后判断请求的状态并返回 HTTP 响应（网页的相关数据），之后释放 TCP 连接，最后客户端显示网页，交互流程如图 12-2 所示。

图 12-2　客户端与服务器的交互流程

　　实现代码主要使用流式套接字，在使用 bind()函数绑定服务器的地址信息后，使用循环和 accept()函数来获取客户端套接字以完成 TCP 连接的建立，然后使用 pthread_create()函数为其单开一个线程来接收并处理 HTTP 请求，代码如下。HTTP 请求和响应报文结构将在 12.1.3 小节中详细介绍。

```
 1. #include <stdio.h>
 2. #include <stdlib.h>
 3. #include <sys/types.h>
 4. #include <sys/socket.h>
 5. #include <arpa/inet.h>
 6. #include <unistd.h>
 7. #include <pthread.h>
 8. #include "cln_thread.h"
 9.
10. int main(int argc, char *argv[])
11. {
12.     int sock_srv = 0; // 服务器套接字
13.     int sock_cln = 0; // 客户端套接字
14.     struct sockaddr_in serv_addr = {0}; // 服务器地址信息
15.     struct sockaddr_in clnt_addr = {0}; // 客户端地址信息
16.     socklen_t clnt_addr_len = 0;
17.     pthread_t thread_id; // 线程 ID
18.     int rv = 0;
19.
20.     if(argc != 2) // 判断是否输入端口号，否则设置默认端口号 9191
21.     {
22.         printf("Usage: %s <port>\n", argv[0]);
23.         printf("use port <9191> as default!\n");
24.         argv[1] = "9191";
25.     }
26.
27.     // 使用流式套接字
28.     sock_srv = socket(PF_INET, SOCK_STREAM, 0);
29.     if(sock_srv == -1)
30.     {
31.         printf("socket() ERROR!\n");
32.         return -1;
33.     }
34.     serv_addr.sin_family = AF_INET;
35.     serv_addr.sin_port = htons(atoi(argv[1]));
36.     serv_addr.sin_addr.s_addr = htonl(INADDR_ANY);
37.
38.     rv = bind(sock_srv, (struct sockaddr *)&serv_addr, sizeof(serv_addr));
39.     if(rv != 0)
40.     {
41.         printf("bind() ERROR\n");
42.         return -1;
43.     }
44.
45.     rv = listen(sock_srv, 5);
46.     if(rv != 0)
47.     {
48.         printf("listen() ERROR\n");
49.         return -1;
50.     }
51.
52.     while(1)
53.     {
54.         clnt_addr_len = sizeof(clnt_addr);
55.         sock_cln = accept(sock_srv, (struct sockaddr *)&clnt_addr, &clnt_addr_len);
56.         if(sock_cln == -1)
```

```
57.          {
58.              printf("accept() ERROR\n");
59.              return -1;
60.          }
61.          printf("Connection Request: %s:%d\n",
62.              inet_ntoa(clnt_addr.sin_addr), ntohs(clnt_addr.sin_port));
63.
64.          // 开启新的线程来处理客户端的 HTTP 请求
65.          pthread_create(&thread_id, NULL, request_handler, (void *)&sock_cln);
66.          pthread_detach(thread_id);
67.      }
68.
69.      close(sock_srv);
70.      return 0;
71. }
```

12.1.2　HTTP 简介

HTTP 是一种用于在 Web 服务器上传输数据的协议，它是一种客户端-服务器协议，其中客户端发起 HTTP 请求，服务器响应该请求并返回 HTTP 响应。HTTP 常用于从 Web 服务器中获取 HTML 页面、图像、音频、视频等多媒体内容，以及将表单数据提交到 Web 服务器等。HTTP 是 Web 技术中最重要的协议之一，它不仅为 Web 应用程序提供了可靠的数据传输服务，还为用户提供了丰富的互动体验。了解 HTTP 的原理和使用方法，对于开发 Web 应用程序和学习网络安全防护都是非常重要的。

12.1.3　HTTP 请求和响应报文结构

HTTP 基于请求-响应模式，永远都是客户端主动发起请求，服务器响应。同时 HTTP 是无状态协议，每一次请求与上一次没有关系，无法通过协议本身维系状态（比如登录状态）。

客户端与服务器建立了 TCP 连接之后，客户端就会向服务器发送 HTTP 请求，希望能获得网页的资源。为了处理该 HTTP 请求并正确返回网页信息，我们首先需要简单了解 HTTP 请求和响应报文结构。

1．HTTP 请求报文结构

HTTP 请求报文可以看作由请求行、请求头部、空行和请求数据 4 个部分组成，其结构如图 12-3 所示。空行一般由回车符加换行符（"\r\n"）组成。

图 12-3　HTTP 请求报文结构

（1）请求行

请求行一般包含 3 个重要的字段，分别是请求方法、URL 和协议版本。3 个字段使用空格分隔，请求行最后使用回车符加换行符（"\r\n"）作为结尾。

- 请求方法：客户端在向服务器发送请求时必须指明请求方法。在 HTTP 标准中，HTTP 请求可以使用多种请求方法。HTTP/1.0 定义了 3 种，而 HTTP/1.1 中新增了 5 种。其中较为常用的是 GET 和 POST 方法，两者主要的区别在于，GET 方法会把参数接在请求行中的 URL 之后，而 POST 方法会把数据放在报文结构的请求数据中。客户端请求页面信息时，常使用 GET 方法，向服务器提交数据时常用 POST 方法。

- URL：互联网上标识资源位置的一种地址格式。通常，URL 由协议（protocol）、主机名（host）、端口号（port）、路径（path）和查询参数（query）组成，格式为"protocol://host:port/path?query"。我们平时使用的网址（例如 http://www.baidu.com）就是一种 URL。

- 协议版本：协议版本的格式为"HTTP/主版本号.次版本号"。常用的有 HTTP/1.0、HTTP/1.1、HTTP/2.0、HTTP/3.0 等，我们的简单案例使用 HTTP/1.0。

（2）请求头部

请求头部用于定义请求的属性和行为、定义客户端环境信息和认证安全等方面。请求头部可以存在多条字段，多条字段都使用相同的格式，即"头部字段：值\r\n"。常用的 HTTP 请求报文头部字段如表 12-1 所示。

表 12-1　常用的 HTTP 请求报文头部字段

头部字段	说明
Host	指定服务器的主机名和端口号
User-Agent	浏览器或客户端的标识信息
Accept	指定客户端可以接收的多用途互联网邮件扩展（Multipurpose Internet Mail Extensions，MIME）类型
Accept-Language	指定客户端的语言偏好
Accept-Encoding	指定客户端支持的压缩算法
Connection	指定连接类型，可以是 Keep-Alive 或 Close
Referer	指定请求的来源 URL
Content-Type	指定请求体的 MIME 类型
Content-Length	指定请求体的长度
Authorization	指定客户端的认证信息
Cache-Control	指定缓存的行为，可以是 no-cache、max-age 等
……	……

（3）请求数据

若请求方法为 GET，则该项为空；若请求方法为 POST，则通常用来放置提交的数据。

2. HTTP 响应报文结构

HTTP 响应报文结构类似于 HTTP 请求报文结构，HTTP 响应报文由状态行、响应头部、空行和响应正文 4 个部分组成，如图 12-4 所示。

（1）状态行

状态行一般也包含 3 个字段，分别是协议版本、状态码和状态描述。3 个字段使用空格分隔，状态行最后使用回车符加换行符（"\r\n"）作为结尾。

图 12-4　HTTP 响应报文结构

- 协议版本：与 HTTP 请求报文中的协议版本相同。回复响应时可以选择与 HTTP 请求报文中不同的协议版本。
- 状态码：状态码用于表示服务器对客户端请求的处理结果，如表 12-2 所示。状态码为一个 3 位数字，不同的开头具有不同的含义。

表 12-2　状态码

状态码	说明
1xx	信息状态码，表示服务器已收到请求，需要进一步操作
2xx	成功状态码，表示服务器成功接收请求并完成处理
3xx	重定向状态码，表示需要客户端执行进一步操作才能完成请求，例如跳转等
4xx	客户端错误状态码，表示客户端发送的请求有错误，服务器无法处理请求
5xx	服务器错误状态码，表示服务器在处理请求时发生错误，无法完成请求

- 状态描述：状态行中的文字描述，通常是状态码后面的文本。它的作用是向客户端提供更详细的信息，以便客户端更好地理解服务器对请求的处理结果。常见状态码如表 12-3 所示。

表 12-3　常见状态码

状态码	状态描述	说明
200	OK	请求成功
302	Found	所请求的资源已经暂时移动到了新的 URL
400	Bad Request	客户端发送的请求有语法错误或者请求参数不合法
404	Not Found	服务器无法找到所请求的资源
500	Internal Server Error	服务器在处理请求时发生未知错误，无法完成请求
……	……	……

（2）响应头部

响应头部用于描述服务器的基本信息，其结构和请求头部的结构相同。表 12-4 列举了一些常用的 HTTP 响应报文头部字段。

表 12-4　常用的 HTTP 响应报文头部字段

头部字段	说明
Allow	服务器支持的请求方法
Server	服务器的名称和版本
Content-Type	响应正文的数据类型
Content-Length	响应正文的长度

续表

头部字段	说明
Content-Charset	响应正文的编码
Content-Encoding	响应正文的数据压缩格式
Content-Language	响应正文使用的语言类型
……	……

（3）响应正文

根据响应头部中对应的数据类型填充数据。在本案例中需要返回的是 HTML 网页类型，因此需要填充的是整个网页的内容。

12.1.4　HTTP 请求处理和返回 HTTP 响应

本案例实现的是一个简单的多线程 Web 服务器。服务器在收到 HTTP 请求后，根据请求的方法及内容返回合适的 HTTP 响应。以下给出 HTTP 请求处理和返回 HTTP 响应的对应代码。

```
1. // 发送错误信息
2. void send_error(int sock)
3. {
4.     char err_msg[] = "HTTP/1.0 400 Bad Request\r\n"
5.     "Server:simple web server\r\n"
6.     "Content-Length:12\r\n"
7.     "Content-Type:text/plain\r\n\r\n"
8.     "Bad Request";
9.     send(sock, err_msg, strlen(err_msg), 0);
10.
11. }
12.
13. // 发送 HTTP 响应
14. void send_data(int sock, char *file_name)
15. {
16.     char protcol[] = "HTTP/1.0 200 OK\r\n";
17.     char serv_name[] = "Server:simple web server\r\n";
18.     char content_len[128];
19.     char content_type[] = "Content-Type:text/html\r\n\r\n";
20.     char buf[BUFSIZ];
21.
22.     FILE *send_file = NULL;
23.     if((send_file = fopen(file_name, "r")) == NULL)
24.     {
25.         perror(file_name);
26.         send_error(sock);
27.         close(sock);
28.         return ;
29.     }
30.
31.     char *buf_read = buf;
32.     while(fgets(buf_read, BUFSIZ, send_file) != NULL)
33.     {
34.         buf_read += strlen(buf_read);
35.     }
36.
37.     size_t buf_size = strlen(buf); // 计算响应正文的总长度
38.
39.     sprintf(content_len, "Content-Length:%ld\r\n", buf_size);
40.
```

```
41.        send(sock, protcol, strlen(protcol), 0);
42.        send(sock, serv_name, strlen(serv_name), 0);
43.        send(sock, content_len, strlen(content_len), 0);
44.        send(sock, content_type, strlen(content_type), 0);
45.
46.        send(sock, buf, buf_size, 0);
47.        fclose(send_file);
48.        close(sock);
49. }
50.
51. // 对每个客户端都单开一个线程来处理 HTTP 请求
52. void *request_handler(void *arg)
53. {
54.        int sock_cln = *((int *)arg);
55.        int recv_len = 0;
56.        char buf[BUFSIZ] = {0};
57.        char method[SMALL_BUF_SIZE];
58.        char URL[SMALL_BUF_SIZE];
59.        char version[SMALL_BUF_SIZE];
60.        char file_name[SMALL_BUF_SIZE];
61.
62.        recv_len = recv(sock_cln, buf, BUFSIZ, 0);
63.        if(recv_len == -1)
64.        {
65.            printf("recv() ERROR\n");
66.            return NULL;
67.        }
68.        // 判断请求方法
69.        sscanf(buf, "%s %s %s", method, URL, version);
70.        if(!strcmp(method, "GET"))
71.        {
72.            if(!strcmp(URL, "/")) // 判断 GET 请求的链接
73.            {
74.                strcpy(file_name, "index.html");
75.                send_data(sock_cln, file_name);
76.            }
77.
78.        } else if(!strcmp(method, "POST")) {
79.
80.            //获取客户端 POST 请求方法的值
81.            char* post_data;
82.            if ((post_data = strrchr(buf, '\n')) != NULL)
83.                        post_data = post_data + 1;
84.            printf("Post URL: %s\n", URL);
85.            printf("Post Value: %s\n", post_data);
86.
87.            if(!strcmp(URL, "/success.html"))
88.            {
89.                strcpy(file_name, "success.html"); // 发送 POST 请求的网页
90.                send_data(sock_cln, file_name);
91.            }
92.        } else {
93.            send_error(sock_cln);
94.            close(sock_cln);
95.        }
96.
97.        return NULL;
98. }
```

本案例只实现一个极简的网页以供测试。在浏览器中输入网址，连接后使用 GET 方法向服务器请求网页资源。网页具备一个可以与服务器进行交互的表单，在表单的输入框内输入任意数据，然后单击"发送"，表单使用 POST 方法向服务器发送在网页中输入的数据，同时向服务器请求发

送成功后的页面信息。网页如图 12-5 所示。

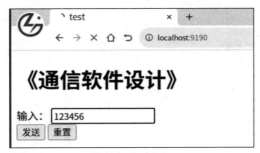

图 12-5　网页

代码实现如下。

```
1.  <!DOCTYPE html>
2.  <html lang="en">
3.  <head>
4.      <meta charset="UTF-8">
5.      <meta http-equiv="X-UA-Compatible" content="IE=edge">
6.      <meta name="viewport" content="width=device-width, initial-scale=1.0">
7.      <title>test</title>
8.  </head>
9.  <body>
10.     <h1>《通信软件设计》</h1>
11.     <form action="success.html" method="post">
12.         输入：<input type="text" name="input_data"/><br>
13.         <button type="submit">发送</button>
14.         <button type="reset">重置</button>
15.     </form>
16. </body>
17. </html>
```

当发送 POST 请求成功时，服务器返回 POST 请求发送成功页面，如图 12-6 所示。

图 12-6　POST 请求发送成功页面

代码如下。

```
1.  <!DOCTYPE html>
2.  <html lang="en">
3.  <head>
4.      <meta charset="UTF-8">
5.      <meta http-equiv="X-UA-Compatible" content="IE=edge">
6.      <meta name="viewport" content="width=device-width, initial-scale=1.0">
7.      <title>Success</title>
8.  </head>
9.  <body>
10.     <h1>POST 请求发送成功! </h1>
11. </body>
12. </html>
```

服务器最终运行结果如下。每次浏览器请求后会多发送一个浏览器图标的请求，所以看到的请求数量会比预计的多，中间能看到浏览器通过 POST 请求发送来的数据。

```
$ ./test 9190
Connection Request: 127.0.0.1:45748
Connection Request: 127.0.0.1:45752
Connection Request: 127.0.0.1:45780
Connection Request: 127.0.0.1:45816
Post URL: /success. html
Post Value: input_data=123456
Connection Request: 127.0.0.1:45820
```

12.2 实现远程过程调用

12.2.1 远程过程调用简介

远程过程调用（Remote Procedure Call，RPC）是一种计算机通信协议，它允许一个程序调用另一个程序所提供的服务，而调用过程不需要了解底层的网络细节。它类似于本地过程调用（Local Procedure Call，LPC），只是它的调用对象不在本地，而在远程计算机上。

在 RPC 中，客户端调用远程服务，其实是在本地虚拟服务对象，通过该对象来访问远程服务。客户端在调用时只需要传递参数，而不需要关心网络传输的细节，远程服务会接收到请求，执行相应的操作，然后将结果返回给客户端。客户端收到结果后就可以像调用本地服务一样使用结果，这样就实现了远程调用的透明性，RPC 流程如图 12-7 所示。

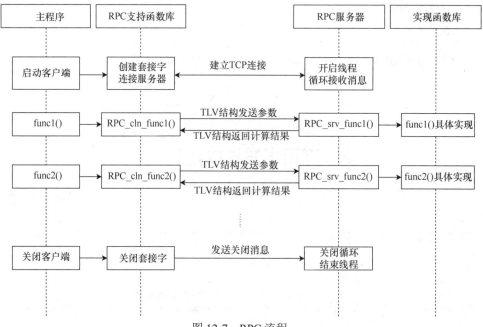

图 12-7 RPC 流程

在本案例中，我们将以 RPC 的方式，完成对 SM3 函数的调用。SM3 算法是由我国著名的密码学家王小云和国内其他专家共同设计的哈希算法，它只能用于计算哈希值，是一种简单的单向算法。由程序调用 SM3 函数，通过远程壳函数库调用发送明文参数，并从 RPC 服务器中获取计算结果反馈给程序。

12.2.2 远程接口调用协议设计

RPC 需要在 RPC 客户端建立与 RPC 服务器的连接并发送参数给 RPC 服务器。为了防止粘包问题出现，在发送参数时，需要专门设计发送的协议。这里采用前文介绍过的 TLV 结构来实现。

为了使设计的协议更具有通用性，我们设计使用两层 TLV 结构来实现数据传输。对于外层 TLV 结构，使用 TYPE 来确定传输的函数类型，在 VALUE 中使用第二层 TLV 结构来保存函数需要传输的多个参数，如图 12-8 所示。

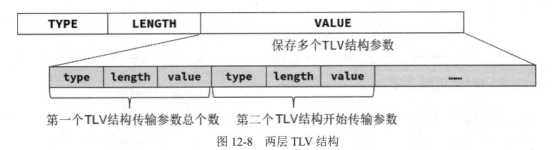

图 12-8 两层 TLV 结构

将多个参数均使用 TLV 结构保存，然后一起赋值给一个字节数组（作为外层 TLV 结构的 VALUE 值），最后传输时只需要传输一个 TLV 数据包即可。

TLV 结构设计代码如下，TYPE 和 LENGTH 都是 4 字节的 int 类型数据，VALUE 为 1 字节的数组，并提供两个函数分别用来打包 TLV 数据和将 TLV 结构的参数打包到 VALUE 字节数组中。

```
1.  #include <stdio.h>
2.  #include <string.h>
3.
4.  /* TLV 结构的设置，用于 RPC */
5.  #define MAX_BUFFER_SIZE 2048
6.  #define TLV_HEAD_SIZE 8
7.
8.  /* 定义类型编码 */
9.  #define METHOD_SM3 0x00000001
10. /*
11.     0xa0000000 表示发送的参数个数
12.     0xa0000000 + n 表示发送的第几个参数
13.     使用如下 TLV 结构
14.     |0xa0000000 length value|0xa0000001 length value|...|
15.     将参数数据一起打包到发送的 TLV 数据包的 value 中
16.     实现两层 TLV 结构封装
17. */
18. #define METHOD_ARG 0xa0000000
19. #define CONNECT_CLOSE 0xffffffff
20.
21. // TLV 结构体定义
22. typedef struct TLV_t {
23.     unsigned int type; // 类型
24.     unsigned int length; // 长度
25.     char value[MAX_BUFFER_SIZE]; // 值
26. }TLV;
27.
28. /* 打包 TLV 数据 */
```

```
29. TLV TLV_packet(int type ,int length, char *value)
30. {
31.     TLV tlv_data;
32.     tlv_data.type = type;
33.     tlv_data.length = length;
34.     memcpy(tlv_data.value, value, length);
35.     return tlv_data;
36. }
37.
38. /* 打包参数到字节数组中 */
39. int TLV_packet_arg(int type ,int length, char *value,
40.     char *buf)
41. {
42.     TLV tlv_data;
43.     int tlv_len = TLV_HEAD_SIZE + length;
44.     tlv_data = TLV_packet(type, length, value);
45.     memcpy(buf, &tlv_data, tlv_len);
46.     return tlv_len;
47. }
```

12.2.3　远程调用服务实现

远程调用服务实现需要在 RPC 服务器接收由 RPC 客户端发送来的参数，然后调用具体实现的函数得到结构并返回给客户端完成远程接口调用。所以远程调用服务实现的关键就在于对 RPC 服务器的实现。

上一个案例已经实现了一个简易的多线程服务器。根据模块化的思路，我们将服务器部分和数据处理部分分别作为两个模块来使用。因此在本案例中，对于多线程服务器部分我们不做修改，直接使用已经实现了的服务器部分，然后修改数据处理部分来实现 RPC 服务器。

在本案例中，我们以 SM3 函数的远程调用作为测试。依照先前设计的 TLV 结构，我们先接收 TLV 数据包的头部 TYPE 和 LENGTH，固定为 8 字节，再根据 LENGTH 获取包含全部参数的 VALUE。判断 TYPE 的类型，选择不同的函数进行下一步对 VALUE 中参数的处理。为了保证连接持续有效，程序会不停循环等待并读入由同一 RPC 客户端发来的 TLV 数据包，直到发生错误或者终止循环，代码如下。

```
1. // 对每个客户端都单开一个线程来处理请求
2. void *request_handler(void *arg)
3. {
4.     int sock_cln = *((int *)arg);
5.     int recv_len = 0;
6.     unsigned int tlv_type = 0;
7.     unsigned int tlv_length = 0;
8.     char buf[BUFSIZ] = {0};
9.     int alive = 1;
10.     // 循环读取 TLV 数据包头部
11.     while (alive)
12.     {
13.         recv_len = recv(sock_cln, buf, TLV_HEAD_SIZE, 0);
14.         if(recv_len == -1)
15.         {
16.             printf("recv() ERROR\n");
17.             return NULL;
18.         }
19.         memcpy(&tlv_type, buf, 4);
20.         memcpy(&tlv_length, buf+4, 4);
21.         recv_len = recv(sock_cln, buf, tlv_length, 0);
```

```
22.          if(recv_len == -1)
23.          {
24.              printf("recv() ERROR\n");
25.              return NULL;
26.          }
27.          // 根据接收的 TYPE 选择对应的接口函数
28.
29.          switch (tlv_type)
30.          {
31.              case METHOD_SM3:
32.                  RPC_srv_sm3(sock_cln, buf, tlv_length);
33.                  break;
34.              case CONNECT_CLOSE:
35.                  alive = 0; // 终止循环
36.                  break;
37.              default:
38.                  printf("METHOD_TYPE ERROR!");
39.                  alive = 0; // 终止循环
40.                  break;
41.          }
42.      }
43.      return NULL;
44. }
```

参数使用 TLV 结构以字节数组形式保存在 VALUE 中。VALUE 中第一个 TLV 结构保存参数的总个数，之后紧随着每个参数的 TLV 结构。获取所有参数后，调用 SM3 函数计算出摘要结果，然后以同样的形式打包两层 TLV 结构发送给 RPC 客户端，代码如下。

```
1. int RPC_srv_sm3(int sock, char *buf, int length)
2. {
3.      char digest[EVP_MAX_MD_SIZE];
4.      size_t digest_len = 0;
5.      int ret = 0;
6.
7.      char *value = buf;
8.      int value_len = 0;
9.      int arg_num = 0;
10.     unsigned int tlv_arg_type = 0;
11.     unsigned int tlv_arg_length = 0;
12.
13.     // 判断接收到的参数个数
14.     memcpy(&tlv_arg_type, value, 4);
15.     if(tlv_arg_type != METHOD_ARG)
16.     {
17.         printf("receive TLV argv ERROR!\n");
18.         return -1;
19.     }
20.     memcpy(&tlv_arg_length, value+4, 4);
21.     value += TLV_HEAD_SIZE;
22.     memcpy(&arg_num, value, tlv_arg_length);
23.     value += tlv_arg_length;
24.     // 获取每个参数并处理
25.     for(int i=1; i<=arg_num; i++)
26.     {
27.         memcpy(&tlv_arg_type, value, 4);
28.         memcpy(&tlv_arg_length, value+4, 4);
29.         value += TLV_HEAD_SIZE;
30.         switch (tlv_arg_type)
31.         {
32.             case METHOD_ARG + 1:
33.                 ret = sm3(value, (size_t)tlv_arg_length,
34.                     digest, &digest_len);
```

```
35.                if(ret) return ret;
36.              break;
37.          default:
38.
39.              break;
40.        }
41.       value += tlv_arg_length;
42.    }
43.
44.    TLV tlv_data = {0};
45.    size_t tlv_data_len = 0;
46.    char buf_arg[MAX_BUFFER_SIZE] = {0}; //存放参数
47.    int arg_len = 0; // 参数总长度
48.    int arg_cnt = 1; // 打包第 n 个参数
49.    arg_num = 1;
50.    // 打包一个 TLV 数据包告知一共有 n 个参数
51.    arg_len += TLV_packet_arg(METHOD_ARG, sizeof(int), &arg_num,
52.        buf_arg);
53.    // 打包第一个参数
54.    arg_len += TLV_packet_arg(METHOD_ARG + arg_cnt, digest_len, digest,
55.        buf_arg+arg_len);
56.
57.    tlv_data = TLV_packet(METHOD_SM3, arg_len, buf_arg);
58.    tlv_data_len = arg_len + TLV_HEAD_SIZE;
59.    printf("sned TLV packet len: %ld\n", tlv_data_len);
60.    send(sock, (const void *)&tlv_data, tlv_data_len, 0);
61.
62.    return ret;
63. }
```

其中，SM3 函数使用 OpenSSL 提供的 EVP 系列函数来实现。OpenSSL 是一个开源的软件库，主要包含 3 个部分：SSL 协议库、应用程序和密码算法库。本案例中，使用 OpenSSL 密码算法库来提供 SM3 算法的软算法实现，安装的 OpenSSL 版本为 1.1.1d，代码如下。

```
1. #include <stdio.h>
2. #include <stdlib.h>
3. #include <openssl/evp.h>
4.
5. int sm3(char *plaintext, size_t plaintext_len,
6.    char *digest, size_t *digest_len)
7. {
8.     int ret = 0;
9.
10.     EVP_MD *sm3 = EVP_sm3(); // EVP 消息结构体
11.     ret = EVP_Digest(plaintext, plaintext_len,
12.      digest, digest_len, sm3, NULL);
13.     if(!ret)
14.     {
15.             printf("EVP_Digest() failed! \n");
16.             return 1;
17.     }
18.
19.     return 0;
20. }
```

12.2.4 远程壳函数库的实现

远程壳函数库是一种软件库，它提供了在网络中执行 RPC 的能力。通过使用远程壳函数库，程序可以在本地调用远程计算机上的函数。远程壳函数库通常使用客户端/服务器模型实现 RPC。

　　这里远程壳函数库表示程序调用的 RPC 客户端和 RPC 客户端中提供的可供远程调用的函数库。程序在使用 RPC 客户端调用时分为 3 步进行：首先开启 RPC 客户端，然后调用需要的函数，最后关闭客户端。程序如下，选择调用的测试函数为 SM3。

```
1.  #include <stdio.h>
2.  #include <stdlib.h>
3.  #include "RPC_cln_meths.h"
4.
5.  int printf_hex(unsigned char *buff, int length)
6.  {
7.      unsigned char *string_tmp = buff;
8.      int i;
9.      int count = 0;
10.     for(i = 0; i< length; i++, count++)
11.     {
12.         if(count < 16)
13.             printf("0x%02x ", string_tmp[i]);
14.         else
15.         {
16.             count = 0;
17.             printf("\n0x%02x ", string_tmp[i]);
18.             continue;
19.         }
20.     }
21.     printf("\nlength: %d\n", length);
22.     return 0;
23. }
24.
25. int main(int argc, char *argv[])
26. {
27.     char plaintext[] = {0}; // 初始化字符串
28.     size_t plaintext_len = 0;
29.     char digest[SM3_DIGEST_LEN];
30.     size_t digetst_len = 0;
31.
32.     if(argc != 3) // 判断是否输入服务器地址和端口号
33.     {
34.         printf("Usage: <addr> <port>\n");
35.         return -1;
36.     }
37.
38.     printf("输入 SM3 明文值: \n");
39.     gets(plaintext);
40.     plaintext_len = strlen(plaintext);
41.
42.     RPC_cln_start(argv[1], atoi(argv[2])); // 启动远程调用客户端，传入服务器端口号
43.     // 远程调用 SM3 接口，该接口 RPC 服务器使用 OpenSSL 提供的 SM3 算法实现
44.     sm3(plaintext, plaintext_len, digest, &digetst_len);
45.     printf("输出 SM3 摘要值: \n");
46.     printf_hex(digest, digetst_len); // 输出 SM3 摘要的结果
47.     RPC_cln_close(); // 关闭远程调用客户端
48.
49.     return 0;
50. }
```

　　在 RPC 客户端的实现中，开启 RPC 客户端会创建套接字，建立与 RPC 服务器的 TCP 连接，方便之后调用函数时收发 TLV 数据包；关闭 RPC 客户端的主要功能是发送终止连接的信息，同时将套接字关闭，结束与 RPC 服务器的连接，具体实现如下。

```
1. int sock_cln;
2.
3. // 创建套接字并连接服务器
4. int RPC_cln_start(char *ip_addr ,int port)
5. {
```

```
6.        int ret = 0;
7.        struct sockaddr_in serv_addr = {0}; // 服务器地址信息
8.        sock_cln = socket(PF_INET, SOCK_STREAM, 0);
9.        if(sock_cln == -1)
10.       {
11.           printf("socket() ERROR!\n");
12.           return -1;
13.       }
14.
15.       serv_addr.sin_family = AF_INET;
16.       serv_addr.sin_port = htons(port);
17.       serv_addr.sin_addr.s_addr = inet_addr(ip_addr);
18.
19.       ret = connect(sock_cln, (struct sockaddr *)&serv_addr, sizeof(serv_addr));
20.       if(ret == -1)
21.       {
22.           printf("connect() ERROR!");
23.           return -1;
24.       }
25.
26.       return ret;
27. }
28.
29. // 发送终止连接信息并关闭 RPC 客户端
30. int RPC_cln_close()
31. {
32.       TLV tlv_data = {0};
33.       size_t tlv_data_len = 0;
34.       // 打包 TLV 数据并发送明文
35.       tlv_data = TLV_packet(CONNECT_CLOSE, 0, NULL);
36.       tlv_data_len = TLV_HEAD_SIZE;
37.       send(sock_cln, (const void *)&tlv_data, tlv_data_len, 0);
38.       close(sock_cln);
39. }
```

客户端的 SM3 函数在实现时主要将 SM3 所需的参数打包为 TLV 数据包，发送给 RPC 服务器，然后等待接收 RPC 服务器返回的计算结果。打包和解析 TLV 数据包的方式与 RPC 服务器中的方式相同，代码如下。

```
1. // 接收结果，并返回接收数据的长度，出错则返回-1
2. int RPC_cln_recv(int type ,char *buf)
3. {
4.        int recv_len = 0;
5.        unsigned int tlv_type = 0;
6.        unsigned int tlv_length = 0;
7.        recv_len = recv(sock_cln, buf, TLV_HEAD_SIZE, 0);
8.        if(recv == -1)
9.        {
10.           printf("recv() ERROR!");
11.           return -1;
12.       }
13.       memcpy(&tlv_type, buf, 4);
14.       memcpy(&tlv_length, buf+4, 4);
15.       recv_len = recv(sock_cln, buf, tlv_length, 0);
16.       if(recv_len == -1)
17.       {
18.           printf("recv() ERROR\n");
19.           return -1;
20.       }
21.       if(type != tlv_type)
22.       {
23.           printf("recv tpye ERROR\n");
```

```
24.            return -1;
25.        }
26.
27.        return recv_len;
28. }
29.
30. int RPC_cln_sm3(char *plaintext, size_t plaintext_len,
31.         char *digest, size_t *digest_len)
32. {
33.        char buf[BUFSIZ] = {0};
34.        char buf_arg[MAX_BUFFER_SIZE] = {0}; //存放参数
35.        int arg_len = 0; // 参数总长度
36.        int arg_num = 1; // 参数总个数
37.        int arg_cnt = 1; // 打包第 n 个参数
38.        TLV tlv_data = {0};
39.        size_t tlv_data_len = 0;
40.        // 打包得到一个 TLV 数据包告知一共有 n 个参数
41.        arg_len += TLV_packet_arg(METHOD_ARG, sizeof(int), &arg_num,
42.            buf_arg);
43.        // 打包第 cnt 个参数
44.        arg_len += TLV_packet_arg(METHOD_ARG + arg_cnt, plaintext_len, plaintext,
45.            buf_arg+arg_len);
46.        // 打包 TLV 数据
47.        tlv_data = TLV_packet(METHOD_SM3, arg_len, buf_arg);
48.        tlv_data_len = arg_len + TLV_HEAD_SIZE;
49.        // 发送 TLV 数据包
50.        printf("send TLV packet len: %d\n", tlv_data_len);
51.        send(sock_cln, (const void *)&tlv_data, tlv_data_len, 0);
52.
53.        // 接收结果
54.        int recv_len = 0;
55.        unsigned int tlv_arg_type = 0;
56.        unsigned int tlv_arg_length = 0;
57.        char *value;
58.        recv_len = RPC_cln_recv(METHOD_SM3, buf);
59.        value = buf;
60.        // 判断接收的参数个数
61.        memcpy(&tlv_arg_type, value, 4);
62.        if(tlv_arg_type != METHOD_ARG)
63.        {
64.            printf("receive TLV argv ERROR!\n");
65.            return -1;
66.        }
67.        memcpy(&tlv_arg_length, value+4, 4);
68.        value += TLV_HEAD_SIZE;
69.        memcpy(&arg_num, value, tlv_arg_length);
70.        value += tlv_arg_length;
71.        // 获取每个参数并处理
72.        for(int i=1; i<=arg_num; i++)
73.        {
74.            memcpy(&tlv_arg_type, value, 4);
75.            memcpy(&tlv_arg_length, value+4, 4);
76.            value += TLV_HEAD_SIZE;
77.            switch (tlv_arg_type)
78.            {
79.                case METHOD_ARG + 1:
80.                    memcpy(digest, value, tlv_arg_length);
81.                    *digest_len = tlv_arg_length;
82.                    break;
83.                default:
84.                    break;
85.            }
86.            value += tlv_arg_length;
```

```
 87.      }
 88.
 89.      return 0;
 90. }
 91.
 92. int sm3(char *plaintext, size_t plaintext_len,
 93.      char *digest, size_t *digest_len)
 94. {
 95.      int ret = 0;
 96.      ret = RPC_cln_sm3(plaintext, plaintext_len,
 97.          digest, digest_len);
 98.      return ret;
 99. }
100.
```

将整个 RPC 客户端打包成动态链接库，也就是远程壳函数库。

在龙芯设备上完成整个 RPC 流程的结果如下，程序调用 RPC 客户端提供的 SM3 函数后，正确输出"this is just a test!"的 SM3 摘要值。

演示如下。

```
$ ./out/bin/test 127.0.0.1 9190
输入 SM3 明文值:
this is just a test!
send TLV packet len: 48
输出 SM3 摘要值:
0x79 0x1a 0x90 0xc6 0x25 0x49 0x12 0x24 0xf9 0x06 0x51 0x06 0x65 0xe9 0x3b 0x1b
0x3f 0x56 0xa1 0x65 0x28 0x18 0xe2 0xcb 0x6d 0x6d 0xdb 0xdb 0x7f 0x6e 0x05 0x0b
length: 32
```

在 RPC 服务器上可以看到 RPC 客户端连接的 IP 地址和服务器发送的数据包大小。

演示如下。

```
$ ./out/bin/test 9190
server is running:9190!
Connection: 127.0.0.1:35856
send TLV packet len: 60
```

12.3 使用 Qt 实现网络程序

12.3.1 Qt 编程环境的安装及设置

本案例中我们使用 Qt 开发一个简单的聊天室软件，使用龙芯设备作为开发环境，操作系统为 Loongnix。Qt 的安装在 Linux 和 Windows 操作系统上有一些区别。

1. 下载与安装

首先单击左下角的系统按钮，在应用中找到"应用合作社"。双击打开后，我们可以看到"龙芯应用合作社"界面，在搜索栏中输入"Qt Creator"进行搜索，就可以找到 Qt 在 Loongnix 操作系统下的适配软件，如图 12-9 所示。

单击"Qt Creator 集成开发环境(3A5000)版"，进入软件详情界面，如图 12-10 所示，再单击"立即下载"按钮。

然后选择下载路径，如图 12-11 所示，单击"保存"按钮，开始下载 Qt 软件。

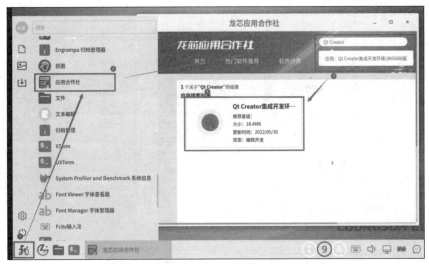

图 12-9 搜索 Qt 在 Loongnix 操作系统下的适配软件

图 12-10 软件详情界面

图 12-11 选择下载路径

下载完成后，在软件详情界面的下方，有官方介绍的软件安装步骤，如图 12-12 所示。

单击"安装步骤"按钮，可以查看详细的软件安装步骤，如图 12-13 所示。

根据"龙芯应用合作社"提供的安装步骤，我们对 Qt 进行安装。首先在设置的下载路径中找到"Qt Creator"的 deb 安装包。然后单击左下角的系统图标打开菜单，在全部应用中找到"软件包安装器"并打开。最后将 Qt 的 deb 安装包拖曳至"龙芯软件包安装器"中，如图 12-14 所示；输入用户密码进行安装。安装可能需要一段时间，耐心等待即可。

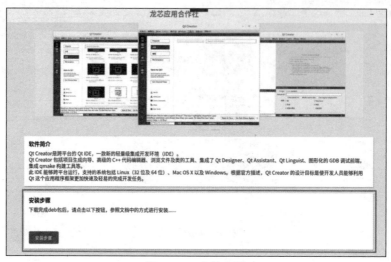

图 12-12　安装步骤

图 12-13　详细的安装步骤

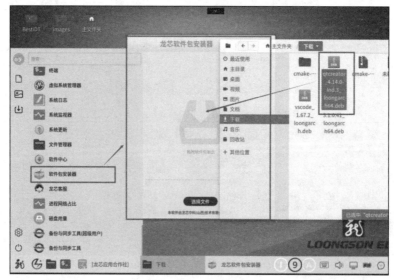

图 12-14　安装 Qt

安装完成后，单击左下角系统菜单，可以在应用中找到刚刚安装成功的一系列 Qt 软件，如图 12-15 所示。用鼠标右键单击应用可以创建应用的快捷方式。

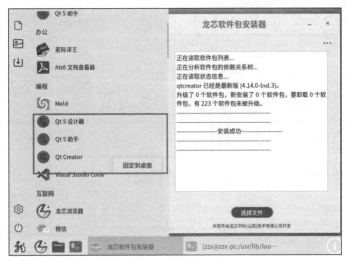

图 12-15　Qt 安装完成

Qt 官方的安装包总是假定 C++编译器、调试器、生成器和其他开发工具由操作系统自己提供。另外构建 Qt 图形界面程序还需要使用 OpenGL 库文件（扩展名为 a 和 so）和头文件（扩展名为 h），OpenGL 开发库也需要操作系统自己提供。所以必须单独安装好系统软件源里面的 GNU 开发工具集和 OpenGL 开发库。需要安装 "build-essential" 和 "libgl1-mesa-dev"，安装命令如下，如果 "build-essential" 已安装，则只安装 "libgl1-mesa-dev" 即可。

```
$ sudo apt install build-essential
$ sudo apt install libgl1-mesa-dev
```

2. 设置

（1）修改编译目录

在默认情况下，Qt 会把编译好的目标文件都放在与工程目录同级的目录中。但工程多了之后，这样会造成文件混乱、管理困难，而且不利于确认某个工程编译好的目标文件的存放位置。虽然根据个人习惯也可以不做修改，但是为了方便管理和开发，建议修改默认的编译目录。

在 Qt 菜单中选择"工具"→"选项"，在弹出的对话框左侧的菜单中选择"构建和运行"，然后在右侧的选项卡 "Default Build Properties" 中找到 "Default build directory"，该值为编译目录的默认位置。修改其默认位置，可以把最前面的两个点 "../" 删除掉一个，剩下 "./"，也就表示构建到当前工程目录下，而不是工程的上级目录；或者直接修改成 "./%{BuildConfig:Name}"，如图 12-16 所示。

（2）修改字体大小

在 Qt 菜单中选择"工具"→"选项"，在弹出的对话框左侧的菜单中选择"文本编辑器"，在右侧的选项卡中选择 "Font&Colors"，然后选择字号即可改变编辑器中源代码的字体大小，如图 12-17 所示。

图 12-16　修改编译目录

图 12-17　修改字体大小

12.3.2　面向对象编程与 Qt 中的信号与槽机制

本书之前的样例都是使用 C 语言来编写实现的，但是 Qt 需要使用 C++来编写。在开始实现样例之前，为了让读者能更好地理解本样例，这里先对其中涉及的面向对象编程、Qt 的特色机制（信号与槽机制）做一个简单的介绍。

1.　面向对象编程

C 语言是一门纯面向过程编程的语言。面向过程简单来说就是注重对解决问题流程的设计实现，在面对问题时，按照步骤依次进行实现。这种思维方式我们多用在对算法和解题的实现上。

和 C 语言相比，C++最大的不同就是在 C 语言的基础上增加了对面向对象编程的支持。面向对象是一种抽象编程思维方式。在实现工程时，往往并非以线性的逻辑运行，我们很难完全理清其全部的运作流程，而且针对工程未来的管理、维护和扩展也需要考虑。在这种情况下，为了尽可能让编程的逻辑贴近我们生活中的思考方法，我们将概念抽象化，将具备相同特点的一些结构整合起来形成一个概念——类，类这一概念的实例化就称为对象。这种说法可能较难理解，举个例子，"动物类"是一个概念，这是由我们自己定义的一个抽象概念。"动物类"包含静态的属性，如"高度""体重""性别""名称"等，同时也包含动态的方法，如"移动""进食"等。

类与对象的关系是一种抽象和具体的关系。类是抽象的概念，而对象则是对应类这一个概念的具体呈现。仍以"动物类"举例，假设有一只具体的猫，那么猫就是"动物类"的一个具体对象。"动物类"中包含的各种属性，猫都有具体对应的数据，"动物类"中包含的动态方法，猫都有具体的实现，如图 12-18 所示。

面向对象编程还有 3 个重要的特点：封装、继承和多态。

（1）封装

图 12-18　类与对象

封装是实现面向对象编程的第一步，封装就是把数据、函数等成员整合在一个类中，被封装的对象通常被称为抽象数据，而被封装的数据被称为类的属性，被封装的函数被称为类的方法。封装可以防止数据被无意中破坏，同时隐藏方法实现的细节，方法内部的修改不影响外部的调用者。通常，类中的属性和方法都由一个访问级别来实现对类中成员的访问控制。

- 公有（public）成员：允许类之外的其他函数直接访问。

- 私有（private）成员：类之外的其他函数无法直接访问。

- 保护（protected）成员：在继承中使用。

这里给出一个定义类的例子，定义一个"动物类"，将"高度"与"体重"作为私有成员封装，将"移动"作为公有成员封装。

```
 1. class Animal
 2. {
 3.     private:
 4.         int height;
 5.         int weight;
 6.
 7.     public:
 8.         Animal();  //构造函数，创建对象时调用
 9.         ~Animal(); //析构函数，销毁对象时调用
10.
11.         void move(); //公有成员，类的对象可在外部调用
12. };
13. /* 对类成员的函数具体的实现
14.    "::"在 C++中表示作用域和所属关系，这里表示类的成员
15. */
16. Animal::Animal(){}
17. Animal::~Animal(){}
18. void Animal::move()
19. {
20.     printf("我能移动\n");
21. }
22.
```

通过类，我们可以声明对象，声明对象的方法一般有 3 种：隐式构造、显示构造和使用 new 关键字。这里分别使用这 3 种方法创建一只鸟、一只狗和一条鱼作为"动物类"的对象。

```
 1.     // 方法 1：隐式构造，在栈中分配内存
 2.     Animal a_bird;
 3.     a_bird.move();// 调用对象中的公有方法
 4.
 5.     // 方法 2：显示构造，在栈内存中分配空间
 6.     Animal a_dog = Animal();
 7.     a_dog.move();
 8.
 9.     // 方法 3：使用 new 关键字，在堆内存中分配内存
10.     Animal *a_fish= new Animal();
11.     a_fish->move();
12.     delete a_fish; // 使用 new 关键字创建的对象需要使用 delete 关键字来销毁
```

（2）继承

继承是指一个类可以通过继承的方式增加派生的子类，子类会继承父类所有的成员，同时也能添加新的属性和重写父类的方法。在上述例子中，我们虽然通过"动物类"创建了 3 个不同类型的"动物类"对象，但从现实的逻辑来看，这 3 个对象依旧存在巨大的差别，只用"动物类"来描述对象就稍显不足。因此可以根据"动物类"派生出"鸟类""犬类""鱼类"等来更加具体地描述对象的特点，同时保证这些类的共同点，如图 12-19 所示。

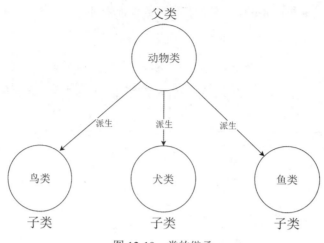

图 12-19　类的继承

　　继承的写法很简单，在定义子类时，在子类名字后面通过 ":" 来追加权限的关键词和父类的名字。示例如下，我们通过公有继承的方式，派生出一个 "鸟类"，新的 "鸟类" 中将直接具有父类 "动物类" 的所有成员变量。

```
1. class Bird:public Animal
2. {
3.     public:
4.         Bird(){}
5.         ~Bird(){}
6.         void move();
7. };
8.
9. void Bird::move()
10. {
11.     printf("我能飞\n");
12. }
```

　　（3）多态

　　类的多态也是面向对象编程的重要特征之一。多态就是指在做同样的事情时，不同的对象可以有不同的实现方式。在面向对象编程中，同名函数的不同实现可以依靠 3 种方式来达成。

　　其一，函数重载。函数重载是指在同一作用域中，可以声明函数名相同而参数或返回值不同的函数。在对同名函数进行调用时，以参数和返回值的不同确定具体调用的函数，一个函数重载的简单例子如下。

```
1. void test(){cout<<"fun1"<<endl;}
2. void test(int a){cout<<"fun2"<<endl;}
```

　　其二，函数重定义（函数隐藏）。在子类继承父类后，在子类中声明和父类同名的函数时，在不构成函数重写的情况下，子类中继承父类的函数会被隐藏。在这一情况下，子类与父类中的同名函数都会被声明，上述例子中的 "鸟类" 和其父类 "动物类" 中的 move() 函数就是此类关系。

　　其三，函数重写（函数覆盖）。函数重写即在子类中重新实现父类中的虚函数。所谓虚函数，简单来讲就是使用 "virtual" 关键字修饰的成员函数。虚函数可以是普通的函数，也可以是只有声明而没有具体实现的函数。当虚函数只有声明而没有函数体时，被称为纯虚函数，一般在声明时使用 "=0" 作为 C++ 中纯虚函数的标志。代码如下。

```
1. class  A
2. {
3. public:
4.     A(){};
5.     ~A(){};
6.     virtual fun()=0; //纯虚函数
7. };
```

如果类中存在纯虚函数，则该类被称为抽象类。抽象类不能用于声明对象，如果希望抽象类的子类能用于声明对象，则需要将父类中所有的纯虚函数都利用函数重写实现，使得子类中没有纯虚函数。

在函数重写时，要保证函数名、参数、返回值都完全相同。当父类中成员函数添加了"virtual"关键字后，子函数在函数重写时不论是否添加关键字都会被默认为虚函数。

以上 3 种方式中，函数重载属于静态绑定（早绑定），是在程序编译期间就确定程序的行为，也叫作静态多态；函数重写则属于动态绑定（晚绑定），指的是在程序运行阶段，根据具体的数据类型调用相应的函数，也叫作动态多态。

这里以一个简单的例子说明一下动态多态的特点。我们对前面定义的"动物类"和"鸟类"都不做修改，使用函数重定义的方式完成继承，并执行以下代码。

```
1. void test(Animal *animal)
2. {
3.     animal->move();
4. }
5. int main()
6. {
7.     Animal animal;
8.     Bird bird;
9.
10.    test(&animal);
11.    test(&bird);
12.    return 0;
13. }
```

根据前文中的定义可以得知，animal 对象中的 move()方法会输出"我能移动"的字符串，而 bird 对象的 move()方法则会输出"我能飞"的字符串，但实际执行时，结果却如图 12-20 所示。

当我们为父类"动物类"中的 move()方法添加"virtual"关键字，使其变为一个虚函数后，再次执行上述的代码，结果如图 12-21 所示。

我能移动　　　　　　　　　　　　　　我能移动
我能移动　　　　　　　　　　　　　　我能飞

　　图 12-20　函数重定义的执行结果　　　　　　图 12-21　函数重写后的执行结果

造成上述两种不同结果的原因在于，当程序运行到 test()函数时，才会去寻找函数中"动物类"对象的 move()方法。使用函数重定义时，子类中继承的类的同名函数被隐藏，但通过指针仍然能够访问到父类的函数；而在函数重写后，在调用对象中的方法时，会始终指向子类中重写的方法，体现了"一个接口，多种方法实现"的思想。因此，一般我们都认为动态绑定才是面向对象编程真正的多态性体现。

2. 信号与槽机制

Qt 中存在一个特色机制，即信号与槽机制，用于对象之间的通信。这并非 C++标准定义的机制，是 Qt 特有的。

（1）信号与槽的定义

信号是指对象在特定条件下发出的通知，它表现为一种函数的样式，只有函数的声明，没有函数的实现。当满足某种条件时，信号被发射出去，接收者可以连接该信号并执行相应的操作。槽则是接收信号的具体成员函数，它可以被连接到一个或多个信号上，当信号被触发时，与之连接的槽函数将被自动调用。

（2）信号与槽的声明和连接

信号和槽都是在类中声明的函数，它们都需要使用 Qt 的宏来声明，以便 Qt 可以在编译期间对其进行处理，示例如下。

```
1. signals: // 声明信号
2.     void mySignal();
3. public slots: // 声明槽函数
4.     void mySlot();
```

Qt 中已经存在很多被提前声明好的信号函数，在之后的编程中会被多次使用。如同之前所提到的，当信号被激发的时候，我们需要程序能够自动调用槽函数，所以必须在信号和槽函数之间建立连接。用来建立这种连接的函数就是 connect()函数，示例如下。

```
connect(sender, SIGNAL(signal), receiver, SLOT(slot));
```

sender 是发出信号的对象，receiver 则是响应信号并调用槽函数的对象。同一个对象的信号可以连接多个不同对象的槽函数，同一个槽函数也可以连接不同对象的信号。

（3）信号与槽的执行

当发射信号时，所有与之连接的槽函数都会被自动执行。如果一个信号连接了多个槽函数，那么它们的执行顺序是不确定的。同时 Qt 的信号与槽机制是线程安全的，即使在不同的线程中，也可以使用 connect()函数将信号连接到槽，并在不同的线程中执行。但需要注意的是，在多线程环境中使用信号与槽时，应保证对象的生命周期，否则可能会出现未定义的错误。

12.3.3 基于对话框的 Qt 图形界面实现

为了方便程序的开发，Qt 配置了可以直接设计窗口的 GUI，并提供了一套对应的库。Qt 的窗口一般分为以下 3 种基类。

① QMainWindow：主窗口类，主窗口具有菜单栏、工具栏和状态栏，类似一般的应用程序的主窗口，如图 12-22 所示。

② QWidget：所有具有可视界面类的基类，用 QWidget 创建的界面对各种界面组件都可以提供支持，如图 12-23 所示。

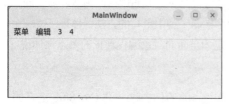

图 12-22　QMainWindow

图 12-23　QWidget

③ QDialog：对话框类，可用于建立基于对话框的界面，如图 12-24 所示。

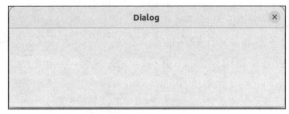

图 12-24　QDialog

本案例中，我们采用 QDialog 来设计聊天界面。首先我们需要创建工程，在 Qt 的开始界面中，选择"创建项目"，然后选择"Qt Widgets Application"，如图 12-25 所示。

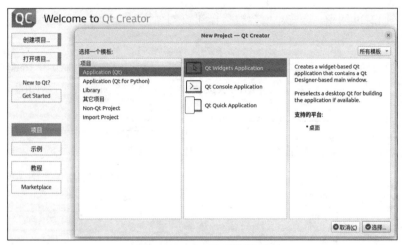

图 12-25　Qt 的开始界面

再修改项目名称并选择项目的路径，接着单击"下一步"。注意在选择基类（Base class）时，选择对话框类（QDialog）作为基类，如图 12-26 所示。

项目创建完成，可以在旁边看到目录结构，如图 12-27 所示。扩展名为 ui 的文件就是可以使用 GUI 编辑的窗口文件。

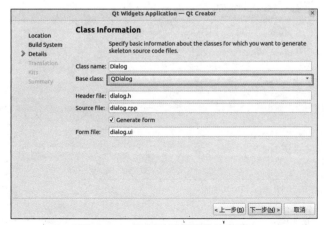

图 12-26　选择对话框类作为基类

图 12-27　Qt 项目的目录结构

聊天室软件一共需要两个界面，即一个登录界面和一个聊天界面。首先设计登录界面，双击.ui
文件即可进入图形界面来编辑登录界面。使用 Label 控件来设置提示的文字。使用 Line Edit 控件作为
输入框，提前输入的值会被当作默认值，这里
需要设置服务器地址、服务器端口和用户名的
提示文字和输入框。最后需要使用一个 Push
Button 控件来作为连接的按钮。设计的操作非
常简单，直接从左侧控件栏中把对应控件拖曳
到界面中即可，双击控件就能修改控件的参
数，设计的登录界面如图 12-28 所示。

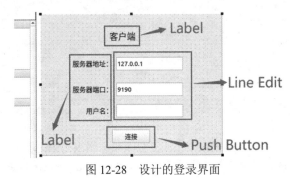

图 12-28　设计的登录界面

设计好后，为了方便之后调用，在右侧的
状态栏中，为对应控件的对象重新设置容易辨
识的名称，如图 12-29 所示。这些对象会被整合到 ui 对象中，编程时可以直接通过 ui 对象来操作
所有的控件对象。

接着设计聊天界面，登录成功后自动跳转到聊天界面。首先在左侧栏中单击编辑回到项目目
录，然后用鼠标右击项目的目录，从弹出的快捷菜单中选择"添加新文件"，如图 12-30 所示。

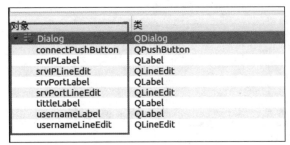

图 12-29　重新设置控件对象名称

图 12-30　添加新文件

在弹出的对话框中，选择 Qt 类中的"Qt 设计器界面类"，如图 12-31 所示。

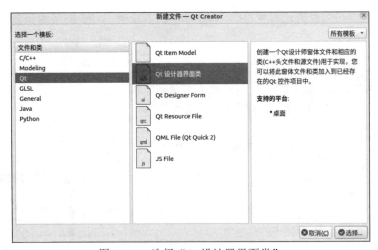

图 12-31　选择"Qt 设计器界面类"

同样地，选择 QDialog 作为模板，如图 12-32 所示。

图 12-32   选择 QDialog 作为模版

然后修改类名，注意不要和之前界面的类名重复，如图 12-33 所示。

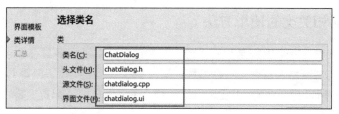

图 12-33   修改新界面的类名

使用 qmake 编译器时，3 个新界面的文件会直接被添加到项目目录中，同时也会在 ".pro" 文件中自动添加新的文件，如图 12-34 所示。

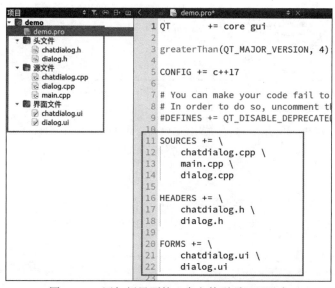

图 12-34   添加新界面的 3 个文件到项目目录中

然后双击新的.ui 文件，进入 GUI 来设计聊天界面。设计方法和之前类似，这里选择 QListWidget 控件作为用户列表和聊天内容展示的容器，如图 12-35 所示。

同样不要忘记修改对象名称，以方便之后的使用，如图 12-36 所示。

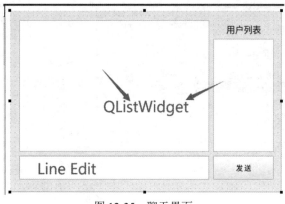

图 12-35　聊天界面

图 12-36　修改对象名称

12.3.4　QSocket 相关类的使用方法

要实现聊天室软件，网络编程是少不了的。前文已经介绍了很多与套接字相关的知识。在 Qt 中为了更加方便地实现网络编程，将网络编程框架封装在一系列类中。但是 Qt 应用程序默认没有添加 QtNetwork 库，所以想要在 Qt 中实现网络编程，还需要在编译配置文件中添加一部分内容才能让程序正常运行。使用 qmake 编译器时，需要在.pro 文件中添加一行代码"QT += network"，如图 12-37 所示。

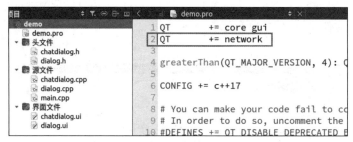

图 12-37　在.pro 文件中添加代码

关于网络编程，这里主要介绍 3 个常用的 QSocket 相关的类：QTcpSocket、QTcpServer 和 QUdpSocket。

1．QTcpSocket

QTcpSocket 是 Qt 将流式套接字及其相关函数封装得到的用于 TCP 通信的类。这里介绍几个主要的封装函数，其同前面学习的套接字函数非常类似。要使用 QTcpSocket 必须引入 QTcpSocket 库。

（1）连接服务器

```
void connectToHost(const QString &hostName, quint16 port, QIODevice::OpenMode openMode =
 QIODevice::ReadWrite)
```

使用指定的主机名称和端口号连接服务器。OpenMode 参数是可选的，用于指定打开套接字的模式，一般不用填。连接过程是异步的，连接成功后会发出 connected 信号，连接失败则会发出 error 信号。

（2）发送数据

```
1. qint64 write(const char *data, qint64 size)
2. qint64 write(const QByteArray &byteArray)
```

向套接字写入数据，size 参数表示数据的大小，单位是字节（B）。返回值是实际写入的字节数。

（3）接收数据

```
qint64 read(char *data, qint64 maxSize)
```

从套接字中读取数据，最多读取 maxSize 个字节的数据，并将其存储在 data 缓冲区中。返回值是实际读取的字节数。

```
QByteArray read(qint64 maxSize)
```

从套接字中读取一个字节数组，最多读取 maxSize 字节的数据。返回值是实际读取的字节数组。

（4）断开连接

```
void disconnectFromHost()
```

断开与服务器的连接，断开连接后会发出 disconnected 信号。

（5）信号

上述函数会产生下列 4 个已经被定义好的常用信号。在多数情况下，套接字都需要配合信号与槽函数来完成对数据的处理。

```
1. void connected() // 成功连接服务器信号
2. void disconnected() // 与服务器断开连接信号
3. void readyRead() // 准备接收数据信号
4. void error() // 错误信号
```

2. QTcpServer

QTcpServer 类是 Qt 专门封装的 TCP 服务器的类，在使用时需要引入如下 3 个头文件。

```
1. #include <QTcpServer>
2. #include <QTcpSocket>
3. #include <QHostAddress>
```

这里只介绍几个重要的成员函数。

（1）listen()

```
bool listen(const QHostAddress &address = QHostAddress::Any, quint16 port = 0)
```

开始监听指定地址和端口号的连接请求，成功返回 true，否则返回 false。当有新的 TCP 连接时，就会触发 newConnection 信号。

（2）nextPendingConnection()

```
QTcpSocket *nextPendingConnection()
```

返回下一个待处理的连接，如果没有连接，则返回 nullptr。在触发 newConnection 信号时，可以调用 nextPendingConnection()函数将挂起的连接接收为 QTcpSocket 对象，建立起与客户端的通信连接。

（3）incomingConnection()

```
virtual void incomingConnection(qintptr socketDescriptor)
```

incomingConnection()函数会在每次有新的客户端连接到服务器时被调用。incomingConnection()函数的默认实现会创建一个 QTcpSocket 对象，并将其连接到新的客户端。但该函数是虚函数，我们可以通过继承的方式在 QTcpSocket 的子类中，自定义创建 QTcpSocket 对象的行为。

（4）close()

close()函数用于关闭服务器。

QTcpServer 与流式套接字相比减少了使用 bind()函数的过程，它与 QTcpSocket 的通信流程大致如图 12-38 所示。

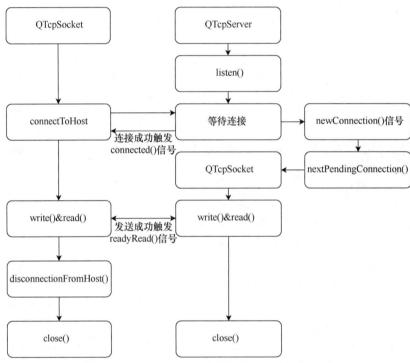

图 12-38　QTcpSocket 和 QTcpServer 的通信流程

3. QUdpSocket

QUdpSocket 是 Qt 将数据报套接字及其相关函数封装得到的用于 UDP 通信的类，既可以被 UDP 客户端使用，也可以被服务器使用。使用 QUdpSocket 类需要引入的头文件如下。

```
1.  #include <QUdpSocket>
2.  #include <QHostAddress>
3.  #include <QNetworkDatagram>
```

这里也只介绍 QUdpSocket 类中的几个常用成员函数。

（1）bind()

```
void bind(const QHostAddress &address, quint16 port = 0)
```

bing()函数用于绑定指定的 IP 地址和端口号，如果不打算接收数据报可以选择不调用。

（2）writeDatagram()

```
qint64 writeDatagram(const QByteArray &datagram, const QHostAddress &host, quint16 port)
```

writeDatagram()函数用于向指定的主机和端口号中发送 UDP 数据报文。

（3）readDatagram()

```
qint64 readDatagram(char *data, qint64 maxSize, QHostAddress *address = nullptr, quint16
*port = nullptr)
```

readDatagram()函数用于读取 UDP 数据报文。

（4）hasPendingDatagrams()

```
bool hasPendingDatagrams() const
```

hasPendingDatagrams()函数用于判断是否有未处理的数据报文。

QUdpSocket 的通信流程如图 12-39 所示。

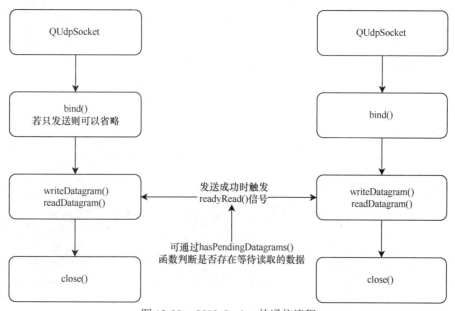

图 12-39　QUdpSocket 的通信流程

12.3.5　用 Qt 实现简单聊天室客户端

前面已经实现了登录界面和聊天界面的设计，同时介绍了在 Qt 中如何使用 QSocket 相关的类来实现网络编程，以及 Qt 中的信号与槽机制。本节将结合上述知识，实现聊天室客户端的具体功能。

1．登录界面

首先，客户端与服务器之间选择 TCP 进行通信，所以使用 QTcpSocket 类。同时为了防止粘包问题出现，采用 TLV 结构设计通信的协议。和 RPC 中的设计相似，TYPE 和 LENGTH 都是 4 个字节 int 类型的数据，value 为 1 字节的数组。TYPE 类型包含以下几类：

```
 1. /* 客户端请求 */
 2. #define LOGIN_REQ        0x00000011  // 登录请求
 3. #define MSG_TO_ALL_REQ   0x00000012  // 发送给所有人
 4. #define LOGOUT_REQ       0x00000015  // 退出登录
 5.
 6. /* 服务器响应 */
 7. #define LOGIN_OK_RESP    0x00000020  // 服务器返回所有用户列表
 8. #define LOGIN_ERR_RESP   0x00000021  // 用户名重复
 9. #define NEW_USER_RESP    0x00000022  // 新用户发送给其他所有人
10. #define MSG_RESP         0x00000023  // 发送消息
11. #define DEL_USER_RESP    0x00000025  // 删除用户
```

分析登录界面所需的功能：当单击"连接"按钮时，能向服务器发送连接请求和登录请求，如果收到登录成功的回应则跳转到聊天界面，否则不进行跳转。当服务器连接断开时，会从聊天界面退回到登录界面。

根据分析，在登录界面的 Dialog 类中，至少需要 3 个槽函数，分别用于处理单击事件、服务器连接断开事件和接收服务器数据事件。同时，还需要两个成员变量标识连接状态和登录状态，以及一个套接字的成员变量和一个聊天界面，最后得到的代码如下。

```
 1. class Dialog : public QDialog
 2. {
 3.     Q_OBJECT
 4.
 5. public:
 6.     Dialog(QWidget *parent = nullptr);
 7.     ~Dialog();
 8.
 9. private slots:
10.     void on_connectPushButton_clicked(); // 连接服务器并发送登录请求
11.     void dealDisConnected(); // 处理服务器连接断开
12.     void dealRecvData(); // 处理接收服务器数据
13.
14. private:
15.     Ui::Dialog *ui;
16.     bool isConnected;    // 判断服务器是否已经连接
17.     bool isLogin;        // 判断是否登录成功
18.     QTcpSocket *socket;  // 流式套接字
19.     ChatDialog *chatDialog; // 聊天界面
20.     // 打包 TLV 结构数据
21.     QByteArray formatMsg(int nMsgType, int nMsgLen, const QString &strMsgContent);
22. };
```

接下来分别将这些函数一一实现。

（1）构造函数

构造函数是对象创建时首先调用的函数。在构造函数中，我们将成员变量初始化，同时把事件同槽函数相连接，代码如下。

```
 1. Dialog::Dialog(QWidget *parent)
 2.     : QDialog(parent)
 3.     , ui(new Ui::Dialog)
 4. {
 5.     ui->setupUi(this);
 6.     isConnected = false;
 7.     isLogin = false;
 8.     socket = new QTcpSocket; // 创建流式套接字
 9.     connect(socket, SIGNAL(readyRead()), this, SLOT(dealRecvData()));
10.     connect(socket, SIGNAL(disconnected()), this, SLOT(dealDisConnected()));
11. }
```

除了直接使用 connect()函数完成信号与槽的连接，Qt 也提供了直接从 GUI 转到槽的功能。进入 GUI，用鼠标右击"连接"按钮，从弹出的快捷菜单中选择"转到槽"，然后 Qt 会根据我们之前设置的"连接"按钮的对象名称，自动帮我们定义"on_connectPushButton_clicked()"槽函数并和单击事件的信号进行连接，如图 12-40 所示。

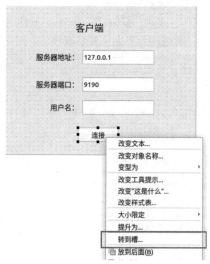

图 12-40　在 GUI 设置槽函数

（2）处理单击事件

单击"连接"按钮后，获取服务器的 IP 地址、端口号和客户端的用户名，然后连接服务器并发送登录请求，代码如下。

```
1.  void Dialog::on_connectPushButton_clicked()
2.  {
3.      // 获取服务器 IP 地址、端口号和用户名
4.      QString srvIP = ui->srvIPLineEdit->text();
5.      QString srvPort = ui->srvPortLineEdit->text();
6.      QString username = ui->usernameLineEdit->text();
7.      if(username == "")  // 用户名不为空
8.      {
9.          QMessageBox::information(this, "错误", "用户名不应该为空!");
10.         return;
11.     }
12.
13.     if(!isConnected)
14.     {
15.        // 连接服务器
16.        socket->connectToHost(QHostAddress(srvIP), srvPort.toShort());
17.        if (!socket->waitForConnected(20000))
18.        {
19.            QMessageBox::warning(this, "连接提示", "连接服务器超时!");
20.            return;
21.        }
22.        isConnected = true;
23.     }
24.
25.     QByteArray buf;
26.     int nMsgLen = username.toUtf8().length();
27.     buf = formatMsg(LOGIN_REQ, nMsgLen, username);
```

```
28.        qDebug()<<"send:"<<buf;
29.        socket->write(buf, TLV_HEAD_SIZE+nMsgLen); //发送用户名
30. }
```

（3）处理服务器数据接收事件

这里主要处理服务器返回的两个类型的回应：登录成功或登录失败。如果登录失败就不做处理，登录成功则隐藏登录界面，打开聊天界面，同时取消套接字同登录界面中数据处理的连接，让之后同服务器通信的数据只由聊天界面来处理。所以聊天界面需要获取登录界面中的套接字和用户名，代码如下。

```
 1. void Dialog::dealRecvData()
 2. {
 3.        QString username = ui->usernameLineEdit->text();
 4.        /* 先读 8 字节数据，得到后续消息长度，再读出后续消息体 */
 5.        QByteArray baMsgHead;
 6.        char cMsgHead[TLV_HEAD_SIZE+10];
 7.        int nMsgType;
 8.        int nMsgLength;
 9.        baMsgHead = socket->read(TLV_HEAD_SIZE);
10.        memcpy(cMsgHead, baMsgHead.data(), TLV_HEAD_SIZE);
11.        qDebug()<<"recv:"<<cMsgHead;
12.        memcpy(&nMsgType, cMsgHead, 4);    // 获取 type 类型
13.        memcpy(&nMsgLength, cMsgHead+4, 4); // 获取 value 长度
14.
15.        /* 读出后续消息体 */
16.        QString strMsgData;
17.        if (nMsgLength > 0)
18.        {
19.            QByteArray baMsgData = socket->read(nMsgLength);
20.            strMsgData = QString::fromUtf8(baMsgData);
21.        }
22.        qDebug() << "type:" << Qt::hex << nMsgType << "length:" << nMsgLength << "msg:"
<< strMsgData;
23.
24.        switch (nMsgType) {
25.        case LOGIN_ERR_RESP:
26.            QMessageBox::warning(this, "连接提示", "用户名重复！");
27.            break;
28.
29.        case LOGIN_OK_RESP:
30.            QMessageBox::information(this, "连接提示", "连接服务器成功！");
31.            isLogin = true;
32.            this->hide();
33.            disconnect(socket, SIGNAL(readyRead()), this, SLOT(dealRecvData()));
34.            chatDialog = new ChatDialog(socket, username);
35.            chatDialog->show();
36.            chatDialog->addUserList(strMsgData.split(":"));
37.            break;
38.        default:
39.            break;
40.        }
41. }
```

（4）处理服务器连接断开事件

当服务器的连接断开时，会直接触发 QTcpSocket 的 disConnected 信号。这时候如果我们在聊天界面就关闭聊天界面，重新打开登录界面，并重新将套接字与登录界面中处理服务器数据接收

的槽函数进行连接，代码如下。

```
 1. void Dialog::dealDisConnected()
 2. {
 3.     isConnected = false;
 4.     if(isLogin)
 5.     {
 6.         isLogin = false;
 7.         chatDialog->close();
 8.         delete chatDialog;
 9.     }
10.     connect(socket, SIGNAL(readyRead()), this, SLOT(dealRecvData()));
11.     this->show();
12.     QMessageBox::warning(this, "连接提示", "连接断开！");
13. }
```

（5）打包 TLV 结构数据。发送数据时需要将数据调整为 TLV 结构，实现该功能的函数为类中的普通成员函数，代码如下。

```
1. QByteArray Dialog::formatMsg(int nMsgType, int nMsgLen, const QString &strMsgContent)
2. {
3.     char msg[1024] = {0};
4.     memcpy(msg, &nMsgType, 4);
5.     memcpy(msg+4, &nMsgLen, 4);
6.     memcpy(msg+8, strMsgContent.toUtf8().data(), nMsgLen);
7.     return QByteArray(msg, TLV_HEAD_SIZE+nMsgLen);
8. }
```

2. 聊天界面

分析聊天界面的功能：首先，需要具备向服务器发送数据和从服务器接收数据并显示的功能；其次，在服务器确认登录成功时，会返回所有在线客户端的用户名，客户端能将所有用户名添加到自己的用户列表中；最后，在聊天室关闭的同时，发送退出登录的消息给客户端。为了实现聊天功能，还需要将套接字和自己的用户名关联，因此修改得到的类如下。

```
 1. class ChatDialog : public QDialog
 2. {
 3.     Q_OBJECT
 4. 
 5. public:
 6.     explicit ChatDialog(QWidget *parent = nullptr);
 7.     // 重载一个构造函数，从登录界面中获取套接字和用户名
 8.     explicit ChatDialog(QTcpSocket *sock, QString name, QWidget *parent = nullptr);
 9.     ~ChatDialog();
10. 
11.     void closeEvent(QCloseEvent *event);// 处理窗口关闭事件
12.     void addUserList(QStringList listUsers); // 添加用户列表
13. 
14. private slots:
15.     void on_sendPushButton_clicked(); // 发送数据
16.     void dataReceive(); // 接收并处理数据
17. 
18. private:
19.     Ui::ChatDialog *ui;
20.     QTcpSocket *socket;
```

```
21.     QString username;
22.
23.     QByteArray formatMsg(int nMsgType, int nMsgLen, const QString &strMsgContent);
24. };
25.
```

同样，按照分析的设计来一一完成函数的实现。

（1）构造函数

重载一个构造函数，将登录界面中的套接字和用户名设置到聊天界面中。同时将套接字与聊天室的数据接收处理函数连接，代码如下。

```
1. ChatDialog::ChatDialog(QTcpSocket *sock, QString name, QWidget *parent) :
2.     QDialog(parent),
3.     ui(new Ui::ChatDialog)
4. {
5.     ui->setupUi(this);
6.     socket = sock;
7.     username = name;
8.     setWindowTitle(username); // 将聊天界面标题设置为用户名
9.     connect(socket, SIGNAL(readyRead()), this, SLOT(dataReceive()));
10. }
```

（2）发送数据

"发送"按钮的槽函数同样是使用图形界面转到槽功能定义的，发送数据时以用户名加":"加上发送的内容作为 value 的值，然后打包成 TLV 结构数据发送给服务器，代码如下。

```
1. void ChatDialog::on_sendPushButton_clicked()
2. {
3.     QByteArray buf;
4.     QString sendMsg = ui->inputLineEdit->text();
5.     if(sendMsg == "") return ; // 发送消息不为空
6.
7.     QString strMsgContent = username + ":" + sendMsg;
8.     int nMsgLen = strMsgContent.toUtf8().length();
9.     buf = formatMsg(MSG_TO_ALL_REQ, nMsgLen, strMsgContent);
10.     qDebug()<<"send:"<<buf;
11.
12.     socket->write(buf, TLV_HEAD_SIZE+nMsgLen);
13.     ui->inputLineEdit->clear(); // 发送完成，清空输入栏
14. }
```

（3）接收并处理数据

接收数据时主要处理 3 个类型数据，即添加新用户、删除用户和普通的聊天消息。整体函数结构和在登录界面中处理服务器数据接收事件的函数类似，代码如下。

```
1. void ChatDialog::dataReceive()
2. {
3.     /* 先读 8 字节数据，得到后续消息长度，再读出后续消息体 */
4.     QByteArray baMsgHead;
5.     char cMsgHead[TLV_HEAD_SIZE+10];
6.     int nMsgType;
7.     int nMsgLength;
8.     baMsgHead = socket->read(TLV_HEAD_SIZE);
9.     memcpy(cMsgHead, baMsgHead.data(), TLV_HEAD_SIZE);
10.     qDebug()<<"recv:"<<baMsgHead;
```

```
11.        memcpy(&nMsgType, cMsgHead, 4);
12.        memcpy(&nMsgLength, cMsgHead+4, 4);
13.
14.        /* 读出后续消息体 */
15.        QString strMsgData;
16.        if (nMsgLength > 0)
17.        {
18.            QByteArray baMsgData = socket->read(nMsgLength);
19.            strMsgData = QString::fromUtf8(baMsgData);
20.        }
21.
22.        qDebug() << "type:" << Qt::hex << nMsgType << "length:" << nMsgLength << "msg:"
                            << strMsgData;
23.
24.        switch (nMsgType) {
25.        case NEW_USER_RESP:
26.        {
27.            ui->userListWidget->addItem(strMsgData);
28.            QString strMsgToShow = "[" + strMsgData + "]:" + "加入聊天室。";
29.            ui->chatListWidget->addItem(strMsgToShow);
30.            break;
31.        }
32.        case DEL_USER_RESP:
33.        {
34.            QList<QListWidgetItem *> items = ui->userListWidget->findItems(strMsgData,
                                            Qt::MatchExactly);
35.            for (int i = 0; i < items.count(); i++)
36.            {
37.                ui->userListWidget->removeItemWidget(items.at(i));
38.                delete items.at(i);
39.            }
40.            QString strMsgToShow = "[" + strMsgData + "]:" + "退出聊天室。";
41.            ui->chatListWidget->addItem(strMsgToShow);
42.            break;
43.        }
44.        case MSG_RESP:
45.            ui->chatListWidget->addItem(strMsgData);
46.            break;
47.        default:
48.            qDebug()<<"TYPE ERROR!";
49.            break;
50.        }
51. }
```

（4）添加用户列表

调用 QListWidget 提供的 addItems()函数即可添加用户名的条目。在登录界面调用时，使用 QString 的 split()函数，将所有的用户名以 "：" 为分隔符分段储存在 QStringList 中，代码如下。

```
1. void ChatDialog::addUserList(QStringList listUsers)
2. {
3.     ui->userListWidget->addItems(listUsers);
4. }
```

（5）处理窗口关闭事件

首先需要引入头文件 QCloseEvent，然后需要重写 void closeEvent(QCloseEvent *event)函数。这是由

Qt 自己提供的事件处理函数，当窗口被关闭的同时会自动调用该函数，重写该事件可以在其中自定义关闭窗口时可执行的操作。这里需要在窗口关闭时，向服务器发送退出登录的信息，重写的具体实现如下。

```
1. void ChatDialog::closeEvent(QCloseEvent *event)
2. {
3.     QByteArray buf;
4.     int nMsgLen = username.toUtf8().length();
5.     buf = formatMsg(LOGOUT_REQ, nMsgLen, username);
6.     qDebug()<<"send:"<<buf;
7.     socket->write(buf, TLV_HEAD_SIZE+nMsgLen);
8.     event->accept();
9. }
```

（6）打包 TLV 数据包

同登录界面的实现。

登录界面及聊天界面分别如图 12-41 和图 12-42 所示。

图 12-41　登录界面

图 12-42　聊天界面

12.3.6　实现简单聊天室服务器

网络传输基于 TCP，因此无论使用 C 语言还是 C++，都不会影响网络通信的核心功能，有兴趣的读者可以尝试使用 Qt 和 C++ 来编写服务器代码。Qt 为服务器封装了一套 TCP 服务器类，使用户能够很方便地完成服务器代码的编写。不过这里仍旧使用在之前的案例中设计的服务器，并在此基础上进行修改。

与之前的服务器实例相比，此处服务器最大的不同在于收到某个客户端的消息之后，可能需要将一部分消息转发给其他在线的客户端，因此需要单独维护一个在线客户端的列表，方便查询和操作。鉴于客户端的连接和断开可能是动态变化的，所以这里选择链表结构来维护所有的在线客户端信息。该链表的节点结构如下。

```
1. #define MAX_BUFF_SIZE 2048
2. #define MAX_USERNAME_SIZE 128
3.
4. typedef struct UserSock_t
5. {
6.     int sock; // 套接字标识
7.     char username[MAX_USERNAME_SIZE]; // 用户名
8.     struct UserSock_t *nextUser; // 下一个节点地址
9. }UserSock;
```

同时建立链表和配套使用的函数。分析聊天室程序需要的功能，首先是增加客户端和删除客户端，而且在成功增加客户端后需要给新客户端返回所有客户端的用户名。但是考虑到线程安全问题，当多个线程同时修改用户列表时极有可能出现错误，因此需要为增加和删除客户端操作添加线程锁以实现同步，代码如下。

```
 1. #include "usersList.h"
 2.
 3. // 创建一个链表来保存所有客户端的状态
 4. UserSock *userSocksList; //链表头
 5. UserSock *listEnd; //链表尾
 6.
 7. pthread_mutex_t mutex; // 定义互斥量
 8.
 9. void userlist_pthread_mutex_init() // 初始化线程锁
10. {
11.     pthread_mutex_init(&mutex, NULL);
12. }
13.
14. void userlist_pthread_mutex_destroy()// 销毁线程锁
15. {
16.     pthread_mutex_destroy(&mutex);
17. }
18.
19. // 返回 1 表示添加成功，0 表示添加失败
20. int add_new_user(int sock, char *username, int name_len)
21. {
22.     pthread_mutex_lock(&mutex);
23.     // 如果没有节点，先添加一个新的空节点
24.     if(userSocksList == NULL)
25.     {
26.         userSocksList = (UserSock *)malloc(sizeof(UserSock));
```

```
27.            userSocksList->nextUser = NULL;
28.            listEnd = userSocksList;
29.        }
30.        // 有节点就不添加，没有就添加
31.        UserSock *us = NULL;
32.        int ok = 0;
33.        us = find_before_by_username(username);
34.        if(us->nextUser == NULL)
35.        {
36.            UserSock *newUs = (UserSock *)malloc(sizeof(UserSock));
37.            newUs->sock = sock;
38.            memset(newUs->username, 0, MAX_USERNAME_SIZE); // 初始化
39.            memcpy(newUs->username, username, name_len);
40.            newUs->nextUser = NULL;
41.            listEnd->nextUser = newUs;
42.            listEnd = newUs;
43.            ok = 1;
44.        }
45.        pthread_mutex_unlock(&mutex);
46.        return ok;
47. }
48.
49. // 返回1表示删除成功，0表示删除失败
50. int del_user_by_username(char *username)
51. {
52.        pthread_mutex_lock(&mutex);
53.        UserSock *us = NULL;
54.        int ok = 0;
55.        us = find_before_by_username(username);;
56.        if(us->nextUser != NULL)
57.        {
58.            UserSock *delUser = us->nextUser;
59.            us->nextUser = delUser->nextUser;
60.            if(delUser == listEnd)
61.            {
62.                listEnd = us;
63.            }
64.            free(delUser);
65.            ok = 1;
66.        }
67.        pthread_mutex_unlock(&mutex);
68.        return ok;
69. }
70.
```

初始化线程锁和销毁线程锁都需要在主函数中执行，所以需要在服务器的主程序中添加初始化线程锁和销毁线程锁的两条函数调用的语句，其余部分和前面 Web 服务器的代码完全相同，添加两条语句的位置如下。

```
1.    userlist_pthread_mutex_init(); // 初始化线程锁
2.    while(1)
3.    {
4.        clnt_addr_len = sizeof(clnt_addr);
5.        sock_cln = accept(sock_srv, (struct sockaddr *)&clnt_addr, &clnt_addr_len);
6.        …
7.        // 开启新的线程来处理
```

```
8.          pthread_create(&thread_id, NULL, request_handler, (void *)&sock_cln);
9.          pthread_detach(thread_id);
10.     }
11.     userlist_pthread_mutex_destroy(); // 销毁线程锁
```

其次，不论是增加客户端还是删除客户端，都需要查询维护的链表信息中是否已经存在客户端的信息，代码如下。

```
1.  // 找到返回前一个节点，方便操作
2.  UserSock *find_before_by_username(char *username)
3.  {
4.      UserSock *us = userSocksList;
5.      while(us->nextUser)
6.      {
7.          UserSock *usNext = us->nextUser;
8.          if(!strcmp(usNext->username, username))
9.          {
10.             return us;
11.         }
12.         us = usNext;
13.     }
14.     return us;
15. }
```

此外，外部调用时存在需要遍历链表的情况，因此需要函数返回链表头和链表尾，代码如下。

```
1.  UserSock *get_list_head() // 返回链表头
2.  {
3.      return userSocksList;
4.  }
5.  UserSock *get_list_end() // 返回链表尾
6.  {
7.      return listEnd;
8.  }
```

接着需要对请求处理的函数进行修改。因为网络传输协议同样使用 TLV 结构设计，所以只需要在 RPC 的处理方案上修改很少一部分代码就可以。具体来说，只需要对类型的判断和处理函数的接口调用进行修改即可，代码如下。

```
1.  // 对每个客户端都单开一个线程来处理请求
2.  void *request_handler(void *arg)
3.  {
4.      int sock_cln = *((int *)arg);
5.      int recv_len = 0;
6.      unsigned int tlv_type = 0;
7.      unsigned int tlv_length = 0;
8.      char buf[BUFSIZ] = {0};
9.      int alive = 1;
10.     // 循环读取 TLV 数据包
11.     while (alive)
12.     {
13.         recv_len = recv(sock_cln, buf, TLV_HEAD_SIZE, 0);
14.         if(recv_len == -1)
15.         {
16.             printf("recv() ERROR\n");
17.             return NULL;
```

```
18.          }
19.
20.          memcpy(&tlv_type, buf, 4);
21.          memcpy(&tlv_length, buf+4, 4);
22.          printf("recv type:0x%08x\nrecv len:%d\n", tlv_type, tlv_length);
23.          recv_len = recv(sock_cln, buf, tlv_length, 0);
24.          printf("recv data:%s\n", buf);
25.          switch (tlv_type)
26.          {
27.              case LOGIN_REQ:
28.                  send_login(sock_cln, buf, recv_len);
29.                  break;
30.              case MSG_TO_ALL_REQ:
31.                  send_msg(sock_cln, buf, recv_len);
32.                  break;
33.              case LOGOUT_REQ:
34.                  send_logout(sock_cln, buf, recv_len);
35.                  alive = 0; // 终止循环
36.                  break;
37.              default:
38.                  printf("TYPE ERROR!\n");
39.                  alive = 0; // 终止循环
40.                  break;
41.          }
42.      }
43.      return NULL;
44. }
```

最后，需要实现接口函数。下面展示的 3 个接口函数分别用于对应实现登录、退出登录和发送聊天消息。

① 登录。收到客户端发送的登录请求后，先将新的客户端信息添加到维护的客户端链表中。在添加信息的过程中，首先判断用户名是否已经存在，如果不存在则返回 1，表示添加成功。然后需要通知其他所有在线客户端有新的客户端上线，同时也要向新客户端发送所有在线客户端的用户名信息。如果用户名已存在，则会返回 0，服务器向客户端返回用户名重复的信息，代码如下。

```
 1. void printf_sendTLV(TLV tlv_data)
 2. {
 3.      printf("send type:0x%08x\nsend len:%d\n", tlv_data.type, tlv_data.length);
 4.      printf("send data:%s\n", tlv_data.value);
 5. }
 6.
 7. void send_login(int sock, char *name_buf, int len)
 8. {
 9.      char username[MAX_USERNAME_SIZE] = {0};
10.      memcpy(username, name_buf, len);
11.      int ok = add_new_user(sock, username, len);
12.      char buf[MAX_BUFF_SIZE] = {0};
13.      int buf_len = 0;
14.      TLV tlv_data = {0};
15.      size_t tlv_data_len = 0;
16.      if(ok) {// 添加成功
17.          tlv_data = TLV_packet(NEW_USER_RESP , len, username);
18.          tlv_data_len = TLV_HEAD_SIZE + len;
```

```
19.            UserSock *us = get_list_head();
20.            while(us->nextUser != get_list_end())
21.            {
22.                UserSock *user = us->nextUser;
23.                send(user->sock,(const void *)&tlv_data, tlv_data_len, 0);
24.                us = user;
25.            }
26.            buf_len = get_all_usernames(buf);
27.            tlv_data = TLV_packet(LOGIN_OK_RESP , buf_len, buf);
28.            tlv_data_len = TLV_HEAD_SIZE + buf_len;
29.        } else {
30.            tlv_data = TLV_packet(LOGIN_ERR_RESP, 0, NULL);
31.            tlv_data_len = TLV_HEAD_SIZE;
32.        }
33.        printf_sendTLV(tlv_data);
34.        send(sock, (const void *)&tlv_data, tlv_data_len, 0);
35. }
```

② 退出登录。退出登录时，需要将用户信息从链表中删除，同时向剩余在线客户端发送用户下线的信息，代码如下。

```
1. void send_logout(int sock, char *name_buf, int len)
2. {
3.     char username[MAX_USERNAME_SIZE] = {0};
4.     memcpy(username, name_buf, len);
5.     int ok = del_user_by_username(username);
6.     TLV tlv_data = {0};
7.     size_t tlv_data_len = 0;
8.     if(ok)
9.     {
10.        tlv_data = TLV_packet(DEL_USER_RESP, len, username);
11.        tlv_data_len = TLV_HEAD_SIZE + len;
12.        UserSock *us = get_list_head();
13.        while(us->nextUser != NULL)
14.        {
15.            UserSock *user = us->nextUser;
16.            send(user->sock,(const void *)&tlv_data, tlv_data_len, 0);
17.            us = user;
18.        }
19.     }
20. }
```

③ 发送聊天消息。收到聊天消息时，直接向所有客户端发送该消息即可，代码如下。

```
1. void send_msg(int sock, char *buf, int len)
2. {
3.     TLV tlv_data = {0};
4.     size_t tlv_data_len = 0;
5.     tlv_data = TLV_packet(MSG_RESP, len, buf);
6.     tlv_data_len = TLV_HEAD_SIZE + len;
7.
8.     printf_sendTLV(tlv_data);
9.     UserSock *us = get_list_head();
10.    while(us->nextUser)
11.    {
12.        UserSock *user = us->nextUser;
```

```
13.            send(user->sock,(const void *)&tlv_data, tlv_data_len, 0);
14.            us = user;
15.        }
16. }
```

服务器最终运行结果如下。

```
$ ./out/bin/test 9190
server is running:9190!
Connection: 127.0.0.1:52752
recv type:0x00000011
recv len:3
recv data:123
send type:0x00000020
send len:3
send data:123
Connection: 127.0.0.1:36906
recv type:0x00000011
recv len:3
recv data:abc
send type:0x00000020
send len:7
send data:123:abc
Connection: 127.0.0.1:47618
recv type:0x00000011
recv len:9
...
```